国家"十二五"重点图书
规模化生态养殖技术丛书

规模化生态养兔技术

谷子林　主编

中国农业大学出版社
·北京·

内 容 提 要

本书内容包括：规模化生态养兔概况、规模化生态兔场的设计与设备、兔种的选择及繁殖技术、家兔的饲料及营养需要、规模化生态养兔生产管理、规模化生态兔场的环境控制、规模化兔场的卫生与防疫。本书语言通俗易懂，内容丰富全面，贴近生产实际，实用性较强，适合家兔养殖场饲养员、兔场技术人员、广大基层畜牧兽医人员以及农业院校相关专业师生阅读参考。

图书在版编目(CIP)数据

规模化生态养兔技术/谷子林主编，—北京：中国农业大学出版社，2012.12(2017.1 重印)

ISBN 978-7-5655-0581-2

Ⅰ.①规…　Ⅱ.①谷…　Ⅲ.①兔-饲料管理　Ⅳ.①S829.1

中国版本图书馆 CIP 数据核字(2012)第 174003 号

书　　名　规模化生态养兔技术

作　　者　谷子林　主编

策划编辑　林孝栋　赵　中　　　责任编辑　洪重光

封面设计　郑　川　　　责任校对　王晓凤　陈　莹

出版发行　中国农业大学出版社

社　　址　北京市海淀区圆明园西路 2 号　　　邮政编码　100193

电　　话　发行部 010-62818525,8625　　　读者服务部 010-62732336

　　　　　编辑部 010-62732617,2618　　　出　版　部 010-62733440

网　　址　http://www.cau.edu.cn/caup　　　**E-mail** cbsszs @ cau.edu.cn

经　　销　新华书店

印　　刷　涿州市星河印刷有限公司

版　　次　2013 年 1 月第 1 版　　2017 年 1 月第 6 次印刷

规　　格　880×1 230　32 开本　12.625 印张　348 千字

定　　价　23.00 元

规模化生态养殖技术
丛书编委会

主　编　谷子林

副主编　陈赛娟　刘亚娟　赵国先　董　兵
孙利娜　陈宝江　黄玉亭

编　者　（以姓氏笔画为序）
马　辉　王圆圆　王健成　车文利　齐大胜
刘亚娟　孙利娜　谷子林　苏双良　陈丹丹
陈宝江　陈赛娟　李艳军　杨彦才　杨翠军
赵　超　赵国先　赵驻军　赵慧秋　侯　菲
倪俊芬　黄玉亭　崔亚利　董　兵　葛　健
景　翠

总　序

改革开放以来，我国畜牧业飞速发展，由传统畜牧业向现代畜牧业逐渐转变。多数畜禽养殖从过去的散养发展到现在的以规模化为主的集约化养殖方式，不仅满足了人们对畜产品日益增长的需求，而且在促进农民增收和加快社会主义新农村建设方面发挥了积极作用。但是，由于我们的畜牧业起点低、基础差，标准化规模养殖整体水平与现代产业发展要求相比仍有不少差距，在发展中，也逐渐暴露出一些问题。主要体现在以下几个方面：

第一，伴随着规模的不断扩大，相应配套设施没有跟上，造成养殖环境逐渐恶化，带来一系列的问题，比如环境污染、动物疾病等。

第二，为了追求“原始”或“生态”，提高产品质量，生产“有机”畜产品，对动物采取散养方式，但由于缺乏生态平衡意识和科学的资源开发与利用技术，造成资源的过度开发和环境遭受严重破坏。

第三，为了片面追求动物的高生产力和养殖的高效益，在养殖过程中添加违禁物，如激素、有害化学品等，不仅损伤动物机体，而且添加物本身及其代谢产物在动物体内的残留对消费者健康造成严重的威胁。“瘦肉精”事件就是一个典型的例证。

第四，由于采取高密度规模化养殖，硬件设施落后，环境控制能力低下，使动物长期处于亚临床状态，导致抗病能力下降，进而发生一系列的疾病，尤其是传染病。为了控制疾病，减少死亡损失，人们自觉或不自觉地大量添加药物，不仅损伤动物自身的免疫机能，而且对环境造成严重污染，对消费者健康形成重大威胁。

针对以上问题，2010 年农业部启动了畜禽养殖标准化示范创建活动，经过几年的工作，成绩显著。为了配合这一示范创建活动，指导广大养殖场在养殖过程中将“规模”与“生态”有机结合，中国农业大学出版社策划了《规模化生态养殖技术丛书》。本套丛书包括《规模化生态蛋鸡养殖技术》、《规模化生态肉鸡养殖技术》、《规模化生态奶牛养殖技术》、《规模化生态肉牛养殖技术》、《规模化生态养羊技术》、《规模化生态养兔技术》、《规模化生态养猪技术》、《规模化生态养鸭技术》、《规模化生态养鹅技术》和《规模化生态养鱼技术》十部图书。

《规模化生态养殖技术丛书》的编写是一个系统的工程，要求编著者既有较深厚的理论功底，同时又具备丰富的实践经验。经过大量的调研和对主编的遴选工作，组成了十个编写小组，涉及科技人员百余名。经过一年多的努力工作，本套丛书完成初稿。经过编辑人员的辛勤工作，特别是与编著者的反复沟通，最后定稿，即将与读者见面。

细读本套丛书，可以体会到这样几个特点：

第一，概念清楚。本套丛书清晰地阐明了规模的相对性，体现在其具有时代性和区域性特点；明确了规模养殖和规模化的本质区别，生态养殖和传统散养的不同。提出规模化生态养殖就是将生态养殖的系统理论或原理应用于规模化养殖之中，通过优良品种的应用、生态无污染环境的控制、生态饲料的配制、良好的饲养管理和防疫技术的提供，满足动物福利需求，获得高效生产效率、高质量动物产品和高额养殖利润，同时保护环境，实现生态平衡。

第二，针对性强，适合中国国情。本套丛书的编写者均为来自大专院校和科研单位的畜牧兽医专家，长期从事相关课程的教学、科研和技术推广工作，所养殖的动物以北方畜禽为主，针对我国目前的饲养条件和饲养环境，提出了一整套生态养殖技术理论与实践经验。

第三，技术先进、适用。本套丛书所提出或介绍的生态养殖技术，多数是编著者在多年的科研和技术推广工作中的科研成果，同时吸纳了国内外部分相关实用新技术，是先进性和实用性的有机结合。以生态养兔技术为例，详细介绍了仿生地下繁育技术、生态放养(林地、山场、草场、果园)技术、半草半料养殖模式、中草药预防球虫病技术、生态驱蚊技术、生态保暖供暖技术、生态除臭技术、粪便有机物分解控制技术等。再如，规模化生态养鹅技术中介绍了稻鹅共育模式、果园养鹅模式、林下养鹅模式、养鹅治蝗模式和鱼鹅混养模式等，很有借鉴价值。

第四，语言朴实，通俗易懂。本套丛书编著者多数来自农村，有较长的农村生活经历。从事本专业以来，长期深入农村畜牧生产第一线，与广大养殖场（户）建立了广泛的联系。他们熟悉农民语言，在本套丛书之中以农民喜闻乐见的语言表述，更易为基层所接受。

我国畜牧养殖业正处于一个由粗放型向集约化、由零星散养型向规模化、由家庭副业型向专业化、由传统型向科学化方向发展过渡的时期。伴随着科技的发展和人们生活水平的提高，科技意识、环保意识、安全意识和保健意识的增强，对畜产品质量和畜牧生产方式提出更高的要求。希望本套丛书的出版，能够在一系列的畜牧生产转型发展中发挥一定的促进作用。

规模化生态养殖在我国起步较晚，该技术体系尚不成熟，很多方面处于探索阶段，因此，本套丛书在技术方面难免存在一些局限性，或存在一定的缺点和不足。希望读者提出宝贵意见，以便日后逐渐完善。

感谢中国农业大学出版社各位编辑的辛勤劳动，为本套丛书的出版呕心沥血。期盼他们的付出换来丰硕的成果——广大读者对本书相关技术的理解、应用和获益。

中国畜牧兽医学会副理事长 

2012 年 9 月 3 日

前　言

近年来，我国养兔业发展迅速，无论从天涯海角的海南到林海雪原的东北，还是从黄土高坡到黄海之滨，群众性的养兔热潮自发兴起，并呈现出规模化发展趋势。养兔业的快速发展，促进了兔产品加工业的进步，带动了相关产业的全面开展，形势喜人。

我们应该清醒地看到，尽管我国是一个养兔大国，但绝非养兔强国；虽然我们在多项技术方面取得重大进展或突破，但是在诸多方面还存在这样或那样的问题与不足。从总体看我国兔业蒸蒸日上，但同时也面临一些新挑战，尤其是食品安全、饲料安全成为兔业发展中的重大问题；伴随着规模化养兔业的发展，环境污染不同程度地存在；在强调生产性能的同时，伴随产品质量的下降。尤其是兔肉产品中的药物超标、农药残留、重金属残留和微生物超标，不仅影响了我国兔产品的出口创汇，也对消费者的健康形成威胁。正视问题，分析问题，解决问题，以科学发展观统领我们的行动，促进我国兔业的健康持续发展，必须改变思维定势，走生态养兔业的发展道路，我们任重而道远！

为适应家兔规模化生态养殖的新形势，我们组织一批长期从事家兔科研、教学和生产的科技工作者，查阅了国内外有关生态养兔的资料，并将近几年我们完成的“肉兔无公害高效养殖技术研究”、“肉兔高效饲养技术研究与示范”、“山区家兔生态养殖技术集成”、“山区流域生态养殖技术体系及产业化经营模式”、“家兔饲料霉变规律及其生物调控技术研究”、“家兔生物粗饲料及中草药下脚料饲料资源开发和饲料配方设计及应用技术”等科研成果的相关技术进行集成，编写了《规模化生态养兔技术》一书。

本书紧紧围绕规模化生态养兔技术，重点介绍了规模化生态养兔的概念、规模化生态兔场的设计与设备、兔种的选择及繁殖技术、家兔的饲料及营养需要、规模化生态养兔生产管理、规模化生态兔场的环境控制和规模化兔场的卫生与防疫。希望尽力为大家提供一本新颖、系统、全面、通俗、实用和较为理想的普及性指导性参考资料。

由于规模化生态养殖是一个崭新的领域，特别是养兔技术发展相对缓慢和滞后，技术尚处于不断完善之中。限于编著者知识、经验和文字水平的局限性，书中不足之处难免，恳请读者提出宝贵意见和建议。

谷子林

2012 年初冬于保定

本书由 国家兔产业技术体系(CARS-44-B-3) 河北省科技支撑计划(11230405D-3) 项目资助出版

目　录

第一章

概述

导　　读　本章重点介绍我国养兔业的发展特点、主要成绩和存在的问题，规模化生态养兔的概念、现状与展望。

第一节　我国养兔业的发展概况

一、发展特点

如果评价中国兔业，恐怕难以用几句话概括。但总体来说，中国兔业是一个特色产业，起步较晚，前期发展缓慢，波折起伏，动荡较多，发展不平衡，近年发展迅速，产业化格局基本形成。产业总体比重较小，但优势特色明显，是畜牧业中不可或缺的一部分，前景十分光明。

(一)起步较晚

尽管中国养兔文字记载的历史悠久,但是作为产业,其远远落后于目前的其他畜禽,比如:牛、羊、猪和禽。新中国成立初期,中国兔肉和兔毛相继出口,拉开了中国家兔商品生产的序幕,促进了中国兔产业的发展。

(二)波动频繁

中国兔业的发展,外贸系统发挥了积极的、不可磨灭的作用。由于出口创汇的需要,外贸系统制定一系列鼓励养兔的政策,刺激了家兔产量的提高。同时,在全国兴建了众多的兔肉和兔毛加工厂,形成了初级的一条龙产业。但是,国际市场的有限性和波动性,国内生产的盲目性,导致国内生产和国际市场供需产生巨大的矛盾。外贸系统采取的收购价格和收购标准的不断变化,极大地打击了农民养兔的积极性。价格的波动导致生产的起伏。人们以“一年一小波动,三年一中波动,五年一大波动”形容市场动态,以“刀鞭政策”形容当时外贸系统的做法,供大于求时就“砍”,供不应求时就“撵”。1994 年外贸体制改革之后,计划经济逐渐向市场经济过渡,外贸依赖性的家兔产业逐渐改善自己的发展道路,尽管仍有波动,但是在波动中上升,螺旋式发展。

(三)发展不平衡

中国养兔业发展很不平衡,这与当时的市场发育、传统习惯、经济发展状况、科技发展水平和消费状况有很大关系。下面列出我国家兔主要产区 2008 年的出栏和存栏数据,足以说明这一问题(表 1-1)。

表 1-1　2008 年我国家兔主要产区出栏量和存栏量

项目	全国	四川	山东	江苏	河南	河北	重庆	福建
出栏量/万只	41 529.9	15 319.7	8 582.2	3 230.5	3 327.1	2 808.0	2 170.3	1 532.5
比例/%	100	36.89	20.66	7.78	8.01	6.76	5.23	3.69
存栏量/万只	21 835.1	6 552.1	4 998.1	1 429.2	2 857.5	1 450.7	937.6	812.4
比例/%	100	30.01	22.89	6.55	13.09	6.64	4.29	3.72

四川省(包括重庆市)是中国肉兔养殖最多的省份。主要原因在于当地人具有吃兔肉的传统习惯,兔肉的消费市场发育较好,不仅促进了肉兔的养殖,同时带动了兔肉的加工;山东省家兔数量位居全国第二,其特点以外向型经济为主。兔肉和兔毛的出口企业较多,促进了省内养兔业的规模型发展。而江苏、河南和河北等省,是传统的兔肉外贸出口基地。

(四)产业比重较低

中国是世界第一养兔大国和兔产品出口大国,但是在我国畜牧产业中,其比重较低。从表 1-2 可以看出兔业在畜牧业中的比重。

表 1-2 我国主要肉类产品产量比较

肉类名称	年份						
	1985	1999	2004	2005	2006	2007	2008
肉类总量/万吨	1 926.5	5 949.0	6 608.7	6 938.9	7 089.0	6 865.7	7 278.7
兔肉/万吨	5.6	31.0	46.7	51.1	54.5	60.4	66.0
猪肉/万吨	1 760.7	4 005.6	4 341.0	4 555.3	4 650.5	4 287.3	4 620.5
牛肉/万吨	46.7	505.4	560.4	568.1	576.7	613.4	613.2
羊肉/万吨	160.2	251.3	332.9	350.1	363.3	382.6	380.3
兔肉占肉类比重/%	0.29	0.50	0.70	0.74	0.77	0.88	0.91

(五)发展速度快

中国兔业发展的轨迹表明,发展不均衡,呈现前期缓慢,近年发展神速的特点。尤其是近 20 年的增长速度是惊人的。1985 年中国统计年鉴开始有对兔肉产量的统计数据,当年兔肉产量占我国肉类总产量的 0.29%,经过 20 多年的发展,2008 年兔肉产量占我国肉类总产量的比重已增加到 0.91%。从人均占有量来看,根据中国统计年鉴计算,1999 年,我国人均兔肉占有量不足 250 克,2008 年人均兔肉占有量近 500 克;1999 年我国兔肉产量为 31 万吨,占全国肉类总产量的 0.50%,2008 年兔肉产量为 66 万吨(2010 年我国肉兔总产量达到 75 万吨),占全国肉类总产量的0.91%,年平均增长率达12.54%,而同期我国肉类年平均增长率仅为2.5%。

(六)区域特点分明

家兔按照经济用途大体分为3个方向,即肉兔、毛兔和皮兔。从总体来看,肉兔为主体,比重最大,毛兔比例较低,皮兔发展迅速。毛兔主要集中在江浙一带,同时江苏、安徽、山东、河南和四川均有一定数量;獭兔为代表的皮兔,以兔皮加工业较发达的河北为中心,全国各地均有饲养,分布较广;肉兔以兔肉消费市场发育较好的四川、重庆、福建为主,外向型企业发达的山东,以及具有外贸出口基础的江苏、河南、河北和山西等省份也有一定数量。

二、主要成绩

(一)育种工作成绩显著

肉兔育种在20世纪80年代开了个好头。虎皮黄(太行山兔)、塞北兔、大耳黄兔、哈尔滨白兔、安阳灰兔、豫丰黄兔等相继培育而成;改造了肉兔配套系齐卡(德国)-齐兴(四川);也相继培育了几个毛兔中系新品系(皖系、镇海巨高、珍珠、白中王、黑耳、唐行、6735等);獭兔品种的育成也有新的突破(VC、金星、四川白等)。近年,福建黄兔被列入国家地方遗传资源保护清单,浙系长毛兔通过国家畜禽遗传资源委员会审定。近日,康大1号、2号(三系杂交配套系)、3号(四系杂交配套系)通过国家畜禽遗传资源委员会现场审定,这标志着我国家兔育种工作上了一个新的台阶。

(二)兔病防治取得突破

家兔疾病是兔业发展的限制性因素,对生产造成极大的影响。为了有效控制家兔的主要传染病,我国兽医科技工作者先后研制了兔瘟疫苗、A型魏氏梭菌疫苗、肺炎克雷伯氏疫苗、大肠杆菌疫苗、巴氏-波氏杆菌疫苗、葡萄球菌疫苗等。这些疫苗的研发和投入市场，对于相应疾病，尤其是兔瘟的有效控制，保障兔业的健康发展，起到重要作用。此外，在家兔的消化道、呼吸道、体内外寄生虫病的药物研制方面，也均取得一定成效。尤其是微生态制剂和中草药制剂在养兔业中的应用，对于开展家兔的生态养殖，降低抗生素的使用，减少药物残留，保障消费者健康，发挥了积极作用。

（三）家兔饲养标准的制定和全价颗粒饲料得到普及推广

饲养标准的制定是建立在饲养对象营养需求的基础上，通过试验和生产提出的一系列相关营养指标。这也是设计饲料配方的依据。饲养标准的针对性很强，但是，以往我国多参考美国和欧洲（法国和德国）的饲养标准。近年来，我国兔业科技工作者，针对中国兔业的具体情况，研发了一系列的饲养标准，包括肉兔、獭兔和毛兔。尽管这些标准尚未通过国家审定，但是，在生产中已经被广泛应用。伴随着规模化养兔业的发展，我国家兔饲料业发展突飞猛进。据统计，我国各种类型的兔场，颗粒饲料使用率达到85%以上，规模化兔场颗粒饲料使用率达到100%，商品颗粒饲料使用率约为50%。

（四）人工授精技术不断完善和应用

人工授精技术是规模化养兔必须采用的关键技术之一。由于我国养兔业以家庭为主体，中小规模比重较大，人工授精技术长期以来没有得到很好的推广。近年来，伴随着规模化养兔业的快速发展，以人工授精技术为核心的“五同期”（同期发情、同期配种、同期产仔、同期断奶、同期出栏）生产技术，在一些现代化规模化兔场得到应用，为粗放型养兔业向集约化养兔业的过渡奠定了基础。

（五）兔产品加工突飞猛进

以往兔产品加工滞后成为兔业发展的瓶颈。由于我国家兔发展模式的基础是以国际市场为依托,出口的兔产品多以原料或初级加工品为主,如原毛、生皮和冻兔肉。不仅效益低下,而且受制于人的局面难以摆脱。随着我国外贸体制的改革,兔产品市场由国际转向国内,加工业得到发展。目前,原料出口比例越来越少,初级加工、精深加工乃至成品投向市场比例逐年增加。比如:兔毛或兔绒产品,多以服装、面料等形式出现;獭兔皮制品,多以服装服饰形式投入市场,少量兔皮以熟皮或初级加工品(褥子)出口。兔肉出口目前仍以整形或分割为主,但国内市场,熟食加工品或半成品成为市场的主打商品,也是未来发展的方向。

(六)产、加、销一条龙格局初步形成

中国兔业近10年的最大变化在于投资主体的改变。以“投资小、见效快、收益大”和“家养三只兔,解决油盐醋,家养十只兔,解决棉和布,家养百只兔,草房变瓦屋”为象征意义的养兔业,始终与“脱贫”、“农民”和“穷人”密不可分。经过多年的发展,中国兔业由散养逐渐向规模化发展,投资主体也悄然变化。以其他行业涉足兔业的集团公司(如青岛康大集团、内蒙古东达蒙古王集团有限公司)、以兔业为主体的大型公司(如四川哈哥集团)、以其他行业跨越发展的兔业公司(如福建丙午绿洲兔业发展有限公司)等的加盟兔业,为中国兔业质的飞跃奠定了良好基础。这些有实力的企业,在兔业发展方面,均形成了产、加、销一条龙,农、工、贸一体化,吸纳了大量的高科技人才,引进先进技术、设备和优良种兔,融入先进的管理理念和方式,大大增强自身的创造力和发展潜力,成为先进养兔生产力的集中地、成果的创造地和示范地,引领中国兔业发展的方向。

三、存在的问题

(一)品种培育数量多,但发挥作用欠佳

多年来,我国兔业科技工作者在家兔品种的培育方面,付出了巨大

人力、物力和财力，培育了很多品种。尽管在生产中发挥了一定作用，但是，与世界优良品种比较，还有很大差距。主要表现在品种的性能不突出，品种的寿命较短。在目前我国饲养的主要家兔中，当家品种很少是我们自己培育的。这种现象反映出几个问题：

第一，育种体制问题。我们培育的家兔品种，基本上是国家（包括省、市）科技部门投资，大专院校和科研单位的科技人员培育，培育任务完成之后，鉴定或验收或审定报奖，交给社会养殖。而这种体制的前期投入较多，后续工作没有跟上，一旦项目结束，科研到此结束，没有科研经费，后续选育工作不能落实。育种工作如逆水行舟，不进则退。一个新的品种审定，育种工作远远没有结束，否则，将前功尽弃。国外发达国家畜禽的育种，以企业为主体，由专门的育种公司承担。他们将育种作为企业的事业、生存资本和发展动力。因此，在品种培育之后继续选育提高，以满足市场的旺盛需求。

第二，存在急功近利现象。育种是一项长期的工作，很难在短期内完成。目前我们多数科研课题，支持短期见效的项目，育种课题很难列入重点支持项目。即便列入，一般最长 5 年。如果没有一定的研究基础，5 年培育成一个优良品种几乎是不可能的。而一些科研人员，通过 5 年的努力，培育了新品种的雏形，但是远远没有达到遗传稳定、性能优良的地步。出于功利或其他原因，见好就收，急于审定或鉴定，然后报奖。一旦获得奖励，多数停滞不前。近年来我国家兔品种或地方性遗传资源普查表明，很多培育的地方品种，数量微乎其微，有的已经绝迹。

（二）重引种，轻保种

我国先后从国外引入多个优良品种，包括长毛兔、肉兔和獭兔，以及肉兔配套系。但是，重金引入的良种，多数没有真正发挥应有的作用，很快退化。因此，陷入了引种—退化—再引种—再退化的恶性循环的怪圈。引种之前没有进行充分的论证，目的不明确，没有成立专门的引种保种组织和稳定的技术队伍，没有准备应有的保种设施和设备，没有详尽的利用和保种方案,往往是长官意志,拍脑门办事。

(三)疾病较严重,存在滥用药物现象

伴随着规模化养兔的发展,家兔的群发性疾病有逐年发展的趋势。饲养环境恶化,饲料品质不良等,尤其是一些新建兔场的大量涌现,导致消化道疾病、呼吸道疾病、饲料霉菌毒素中毒、球虫病和皮肤真菌病防不胜防。免疫失败,兔瘟在一些兔场不时发生。为了控制疾病,人们自觉或不自觉地投入一些化学药物或抗生素,不仅导致耐药性的产生,而且药物的残留对消费者的身体健康形成威胁,同时对环境造成污染。

(四)硬件设施落后,环境压力增大

多数养兔场在兔场的设计和建造方面,存在因陋就简现象,设计不合理,建造质量差。尤其是在兔场布局方面,从风向到地势方面没有体现以人为本和重点保护的原则,没有落实污染道和清洁道的严格区分及避免交叉。排污系统不健全,设计不合理,绝大多数没有实现粪尿分离和发酵处理。粪尿对大气、土壤和水源造成一定威胁。

(五)科技含量较低,"三低一高"现象严重

多数大型养兔企业为转产企业老板投资,没有养殖基础,从头摸索;多数中、小型兔场,以农民为主体,从小到大滚动发展,依靠精细饲养积累经验,缺乏现代意识和现代技术。技术投入不足,养殖效果不佳,"三低一高"的现象严重,具体表现在繁殖率、出栏率、饲料效率低和死亡率高。

(六)生产规模较小,规范化养殖有待加强

尽管我国家兔养殖总体数量居世界首位,大型养殖企业规模为世界第一。但是,总体来说,以家庭为单元,以农民为主体,饲养规模以中、小型为主。由于农民的资金有限,知识结构和接受新鲜事物的能力有限,在养殖技术的规范化上存在很多问题。比如:品种、兔舍、笼具、

饲料、环境控制、繁育和疾病防控等方面，五花八门，没有统一的规范和标准。品种多样，同一品种差异很大；商品兔出栏时间长短不一，产品规格差异较大；饲料种类繁多，尚无统一标准，因此，效果难以确定；笼具不仅在用材上，在样式和规格上千差万别；环境控制问题最为突出，由于我国地域辽阔，南北环境不同，养殖方式不同，环境控制能力有限，北方的冬季保温，南方的夏季降温降湿，全国各地的通风控制等，与养兔发达国家有相当大的差距；由于规模较小，绝大多数兔场采取自然繁殖，也就是自然发情，本交配种，零散繁殖，无计划生产。“五统一”（统一配种、统一产仔、统一断奶、统一育肥、统一出栏）和全进全出的养殖模式的应用推广有相当的难度。

（七）饲料资源短缺，劳动力成本增加

规模养兔的发展，全价颗粒饲料的应用，导致饲料资源的不足。尤其是优质粗饲料成为家兔规模化养殖发展的瓶颈。苜蓿虽好，奶牛养殖业的旺盛需求，数量上的巨大缺口，价格上的连年猛涨，质量无保障（水分含量高、蛋白质含量差异大和霉菌污染普遍），使苜蓿在中国兔业发展上扮演着不够用、用不起和不敢用的角色，也就是说，苜蓿不能解决中国养兔的粗饲料问题，必须抓好非常规饲料资源的开发。伴随着国家最低工资制度的出台，以及技术工人的匮乏，养兔用工和劳动力成本问题日渐突出。加之饲料成本的剧增，成为目前中国兔业发展的重大限制因素。养兔已经不再是投入小的行业，发展兔业必须解决饲料资源问题，考虑劳动用工和提高劳动效率问题。

（八）重产中，轻产后，产品开发滞后

尽管我国在兔肉、兔皮和兔毛的加工方面，近年来有了较大的飞跃，但是，总体上看，加工业落后于养殖业。产品的初加工较多，深加工较少，科技含量未能充分体现，特别是副产品利用率很低。从我国兔业发展的趋势来看，兔业可持续发展的潜力在于产品加工，加工层次越深，科技含量越高，养兔的综合效益越大，市场越广阔。

(九)市场不稳,价格波动

我国养兔业发展以来,市场不稳和价格波动问题伴随始终。由于近年来兔产品专业市场的不断建立,一条龙企业的兴起和国内外市场的开发,这种波动有所缓解,但总体来说,还未走出3年一小波,5年一大变的局面。农民的无计划盲目发展、无组织生产以及产业化程度低,是这种现象的主要根源。

第二节　规模化生态养兔的概念

规模化生态养兔有两层含义:第一,规模化;第二,生态养殖。

一、规模化养兔的概念

关于规模化问题,没有一个明确的、统一的规定。2010年谷子林在全国兔业会议上有一个专题报告《再论我国规模化养兔现状、问题与对策》,有关规模养兔,给予如下定义:

规模是对某种事物数量描述的词语。家兔规模的定义具有鲜明的时代性和区域性。随着兔业的发展,养兔总体规模和单位规模都在不断扩大,因此,规模养兔的定义也在不断修正,以适应时代的发展。由于养兔发展的不平衡性,规模又具有明显的区域特征。发达地区和欠发达地区的规模有不同的数量概念,甚至差距很大。

规模的定义还涉及衡量规模的单位,即:是以基础母兔为单位,还是以基础兔群为单位?是以出栏商品兔为单位,还是以产品数量为单位(如兔毛、兔肉、兔皮)?是以建筑面积为单位,还是以人员数量及投入品数量为单位?

考虑到大众习惯和参考国际惯例,本文对规模养兔仍以基础母兔数量为依据进行划分。考虑到目前我国兔业发展现状，将中国养兔规模划分为以下5个类型。

第一，散户规模（100只以下）。零星小户，发展初期的庭院兔场，或因为人力、财力、场地和市场的限制而多年稳定的家庭兔场，作为家庭的一项副业，尽管其总体收入不高，但单位收入可观。其不是发展的主流类型，但是经济欠发达地区的主要类型。

第二，大户规模（100～500只）。之所以这样称呼，是因为它是目前中国兔业大军中的主流或主体，其数量最多，效益最佳，多为滚动发展、不断成长成熟的家庭兔场，基本不用雇工，主要依靠家庭剩余劳动力。其规模和养殖方式是适合目前农村家庭生产力水平的一种类型。

第三，中型规模（500～1 000只）。以基础母兔500～800只为主体的兔场，多数是在大户规模基础上发展而来，是大户规模中的佼佼者，由自己动手养兔发展到雇佣一定的劳动力，其养殖数量在不断增加，效益十分可观。

第四，大型规模（1 000～10 000只）。其投资主体多为转产或兼产企业的老板，少数为滚动发展的养兔企业。这在我国养兔企业中数量逐渐增加，效益情况差异很大。

第五，超大规模（>10 000只）。基础母兔在10 000只以上，目前中国最大的规模企业的基础母兔已经超过60 000只。之所以称其为超大规模，是因为其远远超出了传统养兔的范畴，也超越了发达国家一般大型兔场的规模。这种类型多为集团化、产业化的企业，具有经济实力的财团投资兴办。尽管目前企业数量不多，效益并不十分理想，但是，其是先进养兔生产力的集中地、创造地和示范地，涉及人才、技术、设备、产品和成果等等。

并非养殖数量达到一定规模就称其为规模化养兔，其必须具备以下条件。

品种的优良化。要点有四：繁殖力、生长速度、饲料报酬和产品品质。对于肉兔来说，以高产配套系为主。而对于其他家兔来说，均以高产优质品种为当家品种。没有优良的品种，难有规模养兔的效益。

设备的现代化。规模化养兔绝不可使用传统的设备和落后的设施。它是以用现代工业手段装备兔业,先进精良的现代设备武装兔业,既要充分考虑兔子的福利要求,还要考虑管理操作的方便和效率,给兔子提供最适宜的生存环境和生活环境,给劳动者提供最便利的操作空间。因此,规模养兔绝不是打人海战争,而是以较小的人力投入获得较高的经济回报。

饲料的安全高效化。发达国家育肥家兔完全可以自由采食,实行自动化控制。而我国绝大多数兔场不能采取这项技术,其主要原因在于饲料质量。规模化养殖必须强行跨越饲料关——安全、高效!否则,规模化养兔将是一句空话。

经营的产业化。农业产业化的定义是:以市场为导向,以效益为中心,依靠龙头带动和科技进步,对农业和农村经济实行区域化布局、专业化生产、一体化经营、社会化服务和企业化管理,形成贸工农一体化、产加销一条龙的农村经济的经营方式和产业组织形式。

管理的科学化。现代管理理论认为,管理也是生产力,并且是生产力中最重要的构成要素。劳动者、劳动对象、劳动工具,包括科学技术等生产力诸要素,在没有有机结合之时,仅仅是一种潜在的生产力,只有通过管理把诸生产力要素合理地结合成一个有机整体,才可能形成现实生产力。作为现代化规模化养兔企业,更需要重视管理的科学化。包括对兔子的管理、对人的管理和企业的整体运营管理。即运用先进的管理理念和管理手段,把科学技术转化为生产力。管理使生产力要素转为现实生产力,并由此使管理本身转化为现实生产力。

二、生态养兔的概念

生态(eco-)一词源于古希腊字,意思是指家或者我们的环境。简单地说,生态就是指一切生物的生存状态,以及生物之间和生物与环境之间环环相扣的关系。生态学(ecology)的产生最早也是从研究生物个体开始的。1869 年,德国生物学家 E·海克尔(Ernst Haeckel)最早提出生态学的概念，它是研究动植物及其环境间、动物与植物之间及其对生态系统的影响的一门学科。如今，生态学已经渗透到各个领域，“生态”一词涉及的范畴也越来越广，人们常常用“生态”来定义许多美好的事物，如健康的、美的、和谐的等事物均可冠以“生态”修饰。当然，不同文化背景的人对“生态”的定义会有所不同，多元的世界需要多元的文化，正如自然界的“生态”所追求的物种多样性一样，以此来维持生态系统的平衡发展。

人们对生态养殖的定义为：根据不同养殖生物间的共生互补原理，利用自然界物质循环系统，在一定的养殖空间和区域内，通过相应的技术和管理措施，使不同生物在同一环境中共同生长，实现保持生态平衡、提高养殖效益的一种养殖方式。这一定义，强调了生态养殖的基础是根据不同养殖生物间的共生互补原理；条件是利用自然界物质循环系统；结果是通过相应的技术和管理措施，使不同生物在一定的养殖空间和区域内共同生长，实现保持生态平衡、提高养殖效益。其中“共生互补原理”、“自然界物质循环系统”、“保持生态平衡”等几个关键词，明确了“生态养殖”的几个限制性因子，区分了“生态养殖”与“人工养殖”之间的根本不同点。

根据生态经济学的定义和“生态农业”的概念，生态养殖业的概念可描述为：运用生态系统的生态位原理、食物链原理、物质循环再生原理和物质共生原理，采用系统工程方法，并吸收现代科学技术成就，以发展养殖业为主，农、林、草、牧、副、渔因地制宜，合理搭配，以实现生态、经济、社会效益统一的养殖业产业体系，它是技术养殖业的高级阶段。生态养殖业主要包括生态动物养殖业、生态养殖产品加工业和废弃物（粪，尿，加工业产生的污水、污血和毛等）的无污染处理业。

生态养殖的基本内涵，就是按照生态学原理来规划、组织和进行养殖生产。它必须合乎最基本的生态学要求：第一，生产结构的确定、产品布局的安排等都必须做到因地制宜，和当地的环境条件相匹配；第二，对自然资源的利用不能超过资源的可更新能力；第三，在能量和物质的利用上，要做到有取有补，维护生态平衡；第四，在利用可更新自然资源的同时，要注意培育和增殖自然资源，使整个生产的发展走向良性循环。

发展生态养殖业，就是按照科学发展观的要求，推广环保养殖，发展资源节约型、环境友好型养殖业；就是建设人与自然和谐、以人为本的健康型养殖业；就是将养殖业自身的发展和生态经济有机结合，实现资源高效转化、持续利用和环境保护为目的的循环型养殖业。生态养殖业是养殖业发展的最高层次，也是养殖业发展的最佳方式，是保护生态环境，破解国际贸易绿色壁垒，提高我国畜产品国际竞争力，做世界养殖业强国的必由之路。

生态养殖业反映了“安全、优质、高效与无公害”的特征。首先是筛选成熟的健壮无病、抗逆性强的养殖品种，投喂能满足健康生长需求的饲料，动物源产品必须做到安全可靠、无公害，能为社会所广泛接受；其次是养殖方式应该高效、可持续发展；再次是资源利用应该良性循环。因此，在实施生态养殖过程中，安全、高效是目的。安全、高效既包括生产的安全，不因养殖过程而减产，又包括产品的安全，不因产品质量而减收；同时要保持良好的空间环境、水体环境和生态环境。根据不同养殖对象的生理特性选择适宜的养殖模式，保持其自身最合适的生态环境，做到既不能受到环境的污染，也不能对环境造成新的危害。

生态养殖业是以动物养殖为中心，同时因地制宜地配置其他相关产业(种植业、林业、无污染处理业等)，形成一个高效的、无污染的配套系统工程体系，把资源的开发与生态平衡有机地结合起来。生态养殖业系统内的各个环节和要素相互联系、相互制约、相互促进，如果某个环节和要素受到干扰，就会导致整个系统的波动和变化，失去原来的平衡。

生态养殖业系统内部以“食物链”的形式不断地进行着物质循环和能量流动、转化，以保证系统内各个环节上的生物群的同化和异化作用的正常进行。在生态养殖业中，物质循环和能量循环网络是完善和配套的，通过这个循环网络，系统的经济值增加，同时废弃物和污染不断减少，以实现增加效益与净化环境的统一。生态养殖模式涉及的科学技术领域要比工厂化养殖范围宽泛得多，它不仅需要应用科学的养殖方法，还需要应用植物学、生物学、生态学等其他科学的有用成果。

三、规模化生态养兔

一提规模化养殖，人们自然联想到集约化、工厂化养殖方式，充分利用养殖空间，在人造的环境中，使畜禽采食添加有促生长素在内的配合饲料，在较短的时间内饲养出栏大量的畜禽，以满足市场对畜禽产品的量的需求，从而获得较高的经济效益。尽管这种方式动物的生长快，产量高，但其产品品质、口感均较差。而一提起生态养殖，必然联系到农村一家一户少量散养畜禽，不喂全价配合饲料，以采食自然饲料和在野外生态环境下生长，生产性能低，但其产品品质与口感均优于集约化、工厂化养殖方式饲养出来的畜禽。

本书所提倡的规模化生态养兔，既不同于发达国家的集约化、工厂化养殖，也不同于农村传统的小规模散养方式，而是将生态养殖的原理应用于规模化养殖之中，通过优良品种的应用、生态无污染环境的控制、生态饲料的配制，良好的管理和防疫技术的提供，满足动物福利需求，获得高效生产效率、高质量动物产品和高额养殖利润。尽管这一技术正在探讨和实践中，有些地方还不十分成熟，但是，是未来发展的方向，也是畜牧业发展的必由之路。

第三节　规模化生态养殖业的现状与展望

一、国外生态畜牧业的概况

20世纪初以来，为了克服常规农业发展带来的环境问题，许多国家发展了多种农业方式以期替代常规农业，如生态农业、生物农业、有机农业等，生产的食品称为自然食品、有机食品和生态食品等。尽管叫法不同，但宗旨和目的均是指在环境与经济协调发展思想的指导下，按照农业生态系统内物种共生，物质循环，能量多层次利用的生态学原理，因地制宜利用现代科学技术与传统农业技术相结合，充分发挥地区资源优势，依据经济发展水平及“整体、协调、循环、再生”原则，运用系统工程方法，全面规划，合理组织农业生产，实现农业高产优质高效持续发展，达到生态和经济两个系统的良性循环和“三个效益”的统一。

发达国家生态养殖业可分为3种类型，即以美国为代表的集约型，以新西兰为代表的草地型和以日本为代表的小型家庭农场型。

（一）美国生态畜牧业

畜牧业在美国的国民经济中占有重要地位，其生产技术和生产效益居于世界领先水平。在20世纪70年代，美国的牲畜饲养量就位居世界第一，且以高度集约化为基本特征。首先，集约化水平高。以奶牛产业为例，从拌料、投料、挤奶、牛舍清扫等几乎全部机械化。这种集约化、工厂化的生产管理，不但提高了生产效率，降低了成本，而且大大提高了畜产品的产量和质量。第二，科技含量高。具有政府、大学、农场和企业等多元化的农业科研及成果推广体系，在饲料生产、育种与品种改良、畜禽标准化饲养管理、畜产品加工等方面的科技含量和贡献率均居于世界领先地位。第三，畜产品加工业十分发达。美国畜产品生产过剩，须大量出口，其畜禽加工产业采取机械化和自动化道路。第四，规范化的疾病防治体系。政府实行官方兽医和职业兽医制度，联邦政府和各州政府都设立了相应的畜禽疫病防治管理机构，兽医官代表政府执行公务，对各地的畜禽疫病防治情况进行监督检查，一旦发现动物疫情，政府做出快速反应。

他们的主要措施如下。

第一，高效利用畜牧业资源。在合理区划、生产畜牧业发展所需要

的饲料饲草资源的基础上，不断开发新的技术，实现资源的高效转化，大力推广和普及先进技术，采用高效率的经营模式和管理方法，以提高畜牧业科技含量和经济效益。

第二，大力治理畜牧业对环境的污染。美国联邦和地方政府在治理畜牧业环境污染方面采取了一系列的强制性和干预性政策与措施，取得了良好的效果。在养牛行业中已有45%的牛场参加了政府环保计划，64%的牛场参加了私人环保计划。一方面通过技术的措施，另一方面则依靠强制的法律约束，使畜牧业发展中的环境污染问题得以大幅度缓解。

第三，确保饲料安全生产。“安全的饲料＝安全的食品”的理念早已在美国深入人心。重点采取如下措施：其一是推行HACCP管理，建立畜产品生产的质量保证体系。其二是防止饲料原料污染，实现源头管理。其三是加强饲料用药的管理，要求所有加药饲料必须保证有关药物含量、比例、检签标注等所有方面均合乎要求。饲料生产企业必须按照美国食品药品管理局的管理办法进行注册和常规审查，按照生产质量规范进行生产，并不得擅自使用未经批准的药物。联邦法律规定，禁止兽医为饲料生产者开兽药处方，而饲料生产企业根据国家已批准的药品进行生产即可。这些规定有效地保证了饲料的安全生产和质量控制。

第四，可持续性合理利用草地资源。制定较为完善的法律、法规，依法保护草场资源，实行科学的放牧制度(如季节放牧、轮牧制、延迟放牧、休牧-轮牧制等)，合理分布畜群并严格控制载畜量，及时清除灌木和杂草以保护牧草；与此同时，实行草地补播，以改良劣质低产草场，提高牧草质量和产量。

第五，引导、支持和扶持发展有机畜牧业。20世纪末期，政府对包括有机畜牧业在内的有机农业的扶持、支持及管理政策，使其走上快速健康的发展道路，产生了积极的推动作用。

(二)新西兰生态畜牧业

新西兰位于南半球太平洋之中,是一个美丽的绿色岛国,总面积26.9万平方千米,草地面积为1 400万公顷,其中940万公顷为改良草地,460万公顷为天然草地。新西兰的畜牧业发展虽然时间较短,仅有160多年的历史,但却是世界上草地畜牧业最发达的国家之一。畜牧业用地占农业用地的96%,从事畜牧业的人口占农业人口的80%,畜牧业产值占农业总产值的80%以上,畜产品的出口比重高达90%,羊毛出口量仅次于澳大利亚,居世界第二位。可以说,新西兰的畜牧业已成为国民经济最重要的支柱产业之一。其主要特点:第一,建立低投入高产出的草地畜牧业系统。第二,以出口创汇为目标的国际市场开发。其畜产品的加工、储运、销售系统比较完备,畜产品的质量很高,国际竞争力很强。第三,实行专业化生产、集约化经营。第四,社会化服务体系健全。

(三)日本生态畜牧业

日本是一个人多地少的岛国,畜牧业以家庭经营为主,经营规模远远落后于欧美发达国家。由于发展畜牧业的资源有限,因而日本是世界畜产品自给率较低的国家之一。约有30%的畜产品需要从国外进口,日本进口畜产品主要来自发达国家,美国是日本畜产品最大进口来源国。日本进口牛肉的40%、家禽肉的45%均来自美国。其生态畜牧业的特点:第一,生产规模较小。农户家庭经营一直居主导地位,畜牧业经营规模比较小。第二,区域化布局明显。根据本国自然和资源特点,政府对畜牧业进行了合理的区域化布局,肉牛饲养业、奶牛饲养业、养猪业和蛋鸡饲养业分布在不同的区域。第三,畜牧业生产服务体系较为发达。第四,实施系列保护政策。如价格补贴政策、采用先进技术的扶持政策、税收减免政策,以达到稳定畜牧业生产和提高畜产品自给率的目的。

日本生态畜牧业的发展重点:第一,环保生态型畜牧业。政府相继

出台了同畜禽环保相关的法律、法规及其实施细则，同时积极开展各种畜禽粪尿治理技术和有关处理设备的研究工作。第二，再生饲料资源利用。作为资源小国，日本政府非常重视资源的循环再利用，比如：使豆腐渣、乌梅渣、剩饭剩菜等废弃物变成了畜牧业发展中所需要的优质饲料。第三，有机畜牧业。政府于 2004 年出台了《有机畜产品农业标准》，在有机饲料、家畜家禽饲养、设施条件、卫生保健、生物制剂的使用等方面制定了比欧盟、美国、国际有机联盟更为严格的标准，有效地保护了日本的畜禽生产和加工环境，保证了有机畜产品的生产质量。第四，畜牧业生态旅游。把畜牧业与观光休养、体验和游乐等结合在一起。通过大力发展畜牧业生态旅游，既促进了环境的改善，也提高了牧场主的收入，促进了畜牧业经济的可持续发展。

二、国外生态养兔业的发展现状

相对于养牛业、养羊业、养猪业和养鸡业，养兔业发展相对滞后。世界养兔业发达国家集中在欧洲，成为生态养殖的引导者。其主要特点如下。

(一)规模化

尽管欧洲的兔业也是以家庭农场为主体，但是，兔场的数量逐渐减少，单位兔场的规模逐渐扩大。一个劳动力饲养基础母兔 800 只左右，因此，规模兔场基础母兔多在 1 000 只以上。而规模化兔场建设符合生态环保的要求，建立在秀美的田野或林地果园周边。

(二)集约化

由于劳动力成本的增加，发达国家以较高的设备和环境控制能力提高自动化水平，减少劳动力的使用，因此，集约化程度非常高。在日常管理中，饲养人员主要工作是人工授精、接产、断奶和疫苗注射，而喂料、饮水、消毒、清粪、通风、温度和光照控制等，全部实现自动化。在集约化生产的全过程中，体现了生态养兔的基本理念。

(三)规范化

养兔的科技含量较高，技术比较成熟而规范，包括品种(配套系)、饲料、繁殖技术、管理、防疫，以及断奶到育肥出栏，均有相应的操作规范和标准，实现了产品规格化。尤其是在粪便的处理、饲料的质量控制和药物的使用方面，执行严格的质量标准。

(四)专业化

发达国家的家兔产业体现了社会化大生产的理念，育种、繁殖和育肥，饲料、设备、屠宰加工和销售，均有专门公司负责，整个社会形成一个大的产业链条，各链条之间以合同的形式建立供销合作，以销定产，产销挂钩，环环相扣，有机结合。

三、我国生态养兔及其展望

我国养兔起步阶段，基本上是属于“传统生态”养殖的范畴。所谓传统生态，是指以原始的养殖技术为基础，自然饲料(青草)，地下洞穴，自然交配，“自我”(兔子本身)管理，基本上没有现代药物和配合饲料的使用。随着养殖规模的扩大，养殖方式改变(笼养)，配合饲料逐渐普及，疾病控制力度加大，药物使用普遍。尤其是规模扩张迅速，规划不合理，设施不到位，环境污染和疾病发生成为限制发展的重要因素，也由于药物残留导致我国兔肉多次遭受发达国家“绿色壁垒”的拒绝。

顺应时代潮流，中国兔业在前进中不断探索和创新，在生态养殖方面取得了一定进展。

(一)抗生素替代品的开发

抗生素的滥用已经成为食品安全和生态安全的重大隐患，受到政府和人们的普遍关注。因此，抗生素替代品的开发是生态养殖发展中的重大课题。多年来,我国科技工作者在养兔生产中开展了卓有成效的工作。尤其是中草药和微生态制剂的开发效果显著。不仅有效地预防和治疗家兔疾病,而且克服了药物残留和环境污染问题,同时具有明显的提高生产性能的作用。近年来抗菌肽的开发展示出其巨大的发展前途。

(二)粪便的无害化处理

目前多数规模化兔场重视粪便的无害化处理,避免对环境的污染。一般通过以下途径:第一,粪便堆积发酵,作为有机肥料;第二,生产沼气,作为新的生物能源;第三,生物处理,作为再生饲料,养殖蚯蚓、地鳖(土元)、蝇蛆、草鱼,甚至饲喂猪和家兔等。

(三)洞穴仿生养兔技术开发

模仿野生穴兔洞穴生活行为,利用地下洞穴光线黯淡、环境安静和温度恒定的特点,人工建造地下洞穴,采取地上养殖,地下繁育相结合的办法,为家兔生活和生产创造了良好的条件,节约了能源,显著提高了繁殖力、成活率和经济效益。该技术是目前我国北部地区中、小型兔场低碳养殖技术的典型,也是提高养兔效益和效率的重大措施。

(四)家兔野养——生态放养技术开发

野生条件下,家兔的祖先自己打洞,穴居生活,采食野草野菜。有机养殖,必须采取放养的基本条件。在适当的地区,采取两种方式进行家兔野养。第一种是种兔笼养,育肥兔放养。即将断奶后免疫的育肥兔,放入牧草丰富的草地,增设一定防范措施,用围栏隔离。根据生态平衡的原理,控制一定饲养密度。待育肥到一定体重,统一捕捉出栏。第二种是全部放养。在条件适宜的荒山荒坡,周边设置围栏,放入一定数量的基础母兔和公兔,可以人工建造洞穴,设置固定补料和饮水场所。让兔子自然繁殖和生长。一定时期,捕捉达到出栏标准的商品兔。

生态放养需要一定的场地,野外环境恶劣,需要防范天敌(鹰、犬、黄鼬、蛇等),需要设置隔离带,防止疾病的传入。缺青季节需要补充饲料。适宜在牧草丰富、气候比较干燥而温暖的地区。由于条件的限制和技术尚未成熟,因此,开展生态放养成功的例子不多。

中国是世界第一养兔大国,也是养兔业发展速度最快的国家。由于我国家兔商品生产的起步是以外向型经济为主,因此,与国际市场接轨和技术交流有着优良的传统和广泛的基础。结合中国国情,借鉴发达国家的先进经验,形成有中国特色的养兔业。特别是近几年国家对于生态养殖业的提倡和支持,人们在观念上普遍接受,市场对于绿色产品的迫切期待和青睐,这些都将对中国生态养殖业,包括生态养兔业快速发展产生积极的推动作用。相信今后中国的规模化生态养兔业会有更好更快的发展。

思考题

1. 我国养兔业发展特点如何?取得哪些成就?存在的主要问题是什么?

2. 什么叫规模化养兔?什么叫生态养兔?什么叫规模化生态养兔?

3. 国内外生态养兔的现状如何?

第二章

规模化生态兔场的设计与设备

导　读　兔场是饲养兔子与进行以兔和兔产品为主的商业活动的场所，兔场经营好坏关系重大。本章重点介绍生态兔场场址选择及规划、生态兔舍的设计和兔场设备等。

第一节　生态兔场场址选择及规划

生态兔场与传统兔场的区别在于“生态”二字。传统兔场的选址和建设主要是根据家兔的生物学特性、兔场的经营方式、生产特点、生产的集约化程度以及掌握资金的情况等条件，结合当地的地势、地形、土质、水源、交通、电力以及社会联系等实际情况进行的。生态兔场在此基础上根据当地的生态环境，因地制宜进行灵活规划，保证产品供应的同时，提高生态系统的稳定性和持续性，增强养殖发展后劲。

一、兔场场址的选择及注意的问题

生态兔场场址选择就是要选择最适宜家兔生活的环境，在尽量不使用药物的情况下将疫病的发生控制在最低，并适宜兔场的经营管理。

（一）地势、地形及面积

兔场应建在地势高燥，地下水位低，背风向阳的地方。地势高，空气流通顺畅，能有效减少病菌聚集，防止疫病大规模爆发，还能避免雨季洪水的威胁。干燥，符合家兔喜干燥厌潮湿的生物学特性，潮湿环境容易滋生疥螨和球虫等寄生虫，空气流通不畅，影响家兔体温调节，同时还将严重影响兔场房屋的使用年限。兔场地下水位应在 2 米以下。地势要背风向阳，背风能在冬春季节减少风雪侵袭；向阳有利于兔场保持相对稳定的温热环境，并且保证家兔一定的光照时间。兔场应建在平坦宽阔，有适当坡度（1％～3％为宜）且排水良好的地方，不可建在山坳处，因为这些地方空气流通不畅、污浊，容易造成疫病流行。

兔场地形要平整、紧凑，不应过于狭长或不规则，以减少道路、管道和线路的长度，便于管理。灵活运用天然地形作为场界和天然屏障。

兔场面积根据经营方式、生产特点、饲养规模、集约化程度而定。一般生态化养殖所需面积会稍微大些。在保证顺利生产的前提下，既要节约成本，减少投资，又要为今后发展保留空间。

（二）水源及水质

兔场需要大量、优质的水源。

首先，家兔饮水、兔舍兔笼清洁用水、消毒用水以及生活用水等用水量很大，所以建设兔场必须保证有足够的水源。兔场水源可分为三大类：第一类为地面水，浑浊度较大，细菌含量较高；第二类为地下水，是饮用水最常用的水源；第三类为降水，水质无保证，并且水量无保证，

贮存困难，一般不采用此类水源。综上所述，兔场较理想的水源是泉水、自来水和卫生达标的深井水。

其次，兔场水源的水质直接影响家兔和人员的健康。家兔消化系统极其脆弱，若水质达不到卫生标准，极易感染消化道疾病，成为家兔生产的一大隐患，因而水质也应作为兔场场址选择的考虑因素。兔场生产和生活用水应清洁无异味，不含过多的杂质、细菌和寄生虫，不含腐败有毒物质，矿物质含量不应过多或不足，各项指标符合无公害畜禽饮用水标准（表 2-1）。

表 2-1 畜禽饮用水水质安全指标

<table>
<tr><th colspan="2" rowspan="2">项目</th><th colspan="2">标准值</th></tr>
<tr><th>畜</th><th>禽</th></tr>
<tr><td rowspan="7">感官性状及一般指标</td><td>色</td><td colspan="2">≤30</td></tr>
<tr><td>浑浊度</td><td colspan="2">≤20</td></tr>
<tr><td>臭和味</td><td colspan="2">不得有异臭，异味</td></tr>
<tr><td>总硬度（以 $CaCO_3$ 计）/(mg/L)</td><td colspan="2">≤1 500</td></tr>
<tr><td>pH</td><td>5.5～9.0</td><td>6.5～8.5</td></tr>
<tr><td>溶解性总固体/(mg/L)</td><td>≤4 000</td><td>≤2 000</td></tr>
<tr><td>硫酸盐（以 SO_4^{2-} 计）/(mg/L)</td><td>≤500</td><td>≤250</td></tr>
<tr><td>细菌学指标</td><td>总大肠菌群/(MPN/100 mL)</td><td colspan="2">成年畜 100，幼年畜和禽 10</td></tr>
<tr><td rowspan="8">毒理学指标</td><td>氟化物（以 F^- 计）/(mg/L)</td><td>≤2.0</td><td>≤2.0</td></tr>
<tr><td>氰化物/(mg/L)</td><td>≤0.20</td><td>≤0.05</td></tr>
<tr><td>砷/(mg/L)</td><td>≤0.20</td><td>≤0.20</td></tr>
<tr><td>汞/(mg/L)</td><td>≤0.01</td><td>≤0.001</td></tr>
<tr><td>铅/(mg/L)</td><td>≤0.10</td><td>≤0.10</td></tr>
<tr><td>铬（六价）/(mg/L)</td><td>≤0.10</td><td>≤0.05</td></tr>
<tr><td>镉/(mg/L)</td><td>≤0.05</td><td>≤0.01</td></tr>
<tr><td>硝酸盐（以 N 计）/(mg/L)</td><td>≤10.0</td><td>≤3.0</td></tr>
</table>

注：摘自中华人民共和国农业行业标准 NY 5027—2008《无公害食品 畜禽饮用水水质》。

mg，毫克；L，升；mL，毫升；MPN，最可能数。

(三)土质

兔场土质应考虑土壤的透气性、吸湿性、毛细管特性、抗压性以及土壤中的化学成分等因素。

黏土透气、透水性差,吸湿性强,被家兔粪尿或其他污染物污染后,容易产生有害气体,使场区空气受到污染;遇到阴雨天气,地面潮湿易造成病原微生物、蝇蛆的滋生和蔓延,威胁家兔健康;另外,潮湿土壤若不及时改善,会影响建筑物地基,缩短其使用寿命。

沙土透气、透水性强,吸湿性小,毛细管作用弱,易于保持干燥;透气性好,耗氧微生物活动占优势,促进有机物分解。但沙土的导热性大,热容量小,造成兔场昼夜温差大,也不适合用于建造兔场。

兔场用地最好是沙质壤土。这类土壤透水性强,能保持干燥,有利于防止病原菌、寄生虫卵的生存和繁殖,有利于土壤本身净化,导热性小,有良好的保温性能,可为兔群提供良好的生活条件。沙质壤土的颗粒较大,强度大,承受压力大,在结冰时不会膨胀,能满足建筑上的要求。

(四)交通、电力

规模化兔场建成投产后,物流量大,如饲料、饲草等物资的运进,兔产品和粪肥的运出等。这就要求兔场与外界交通方便,否则会给生产和工作带来困难,甚至会增加兔场的开支。但又要与公路、铁路、村庄保持一定距离。一方面,家兔胆小怕惊,建场时必须选择僻静处,远离工矿企业、交通要道、闹市区及其他动物养殖场等;另一方面,家兔养殖过程中形成的有害气体及排泄物会对大气和地下水产生污染,易感染多种疾病。从卫生防疫角度出发,兔场距离交通主干道应在 300 米以上,距离一般道路 100 米以上,以便形成卫生缓冲带。兔场与居民区之间应有 200 米以上的间距,并且处在居民区的下风口,尽量避免兔场成为周围居民区的污染源。

任何规模化兔场都离不开电力设施,集约化程度越高,对电力的依

赖性越强。照明、通风换气甚至清粪等，都需要电力消耗，生态化养兔也不例外。所以，兔场应设在供电方便的地方，且需离输电线路较近，以便节省通电费用。

二、兔场的设计及布局

(一)兔场的分区设计

规模化兔场多采用分区规划、分区管理，以保证人、畜健康，并有利于组织生产、环境保护、节约用地。一般分成生产区、管理区、生活区和兽医隔离区 4 个部分。这 4 个部分既有区分又互有联系，各区的顺序应根据当地全年主导风向和兔场地势来安排。

生产区是兔场的核心部分，其管理的好坏，代表了整个兔场的管理水平，甚至关系到整个兔场的存亡。生产区内部建筑又分为种兔舍(种公兔舍和种母兔舍)、繁殖舍、育成舍、幼兔舍或育肥舍几部分。核心群种兔关系到整个兔场的兔群质量，因而应安置在环境最佳的位置，紧邻繁殖舍和育成舍，以便转群。幼兔舍和育肥舍选择靠近兔场出口，以减少外界的疫情对场区深处传播的机会以及便于出售种兔或商品兔。

管理区主要有饲料仓库、饲料加工车间、干草库、水电房、维修间等。饲料原料仓库和饲料加工间应靠近饲料成品间，便于生产操作；饲料成品间与生产区应保持一定距离，以免污染，但又不能太远，以提高生产人员的工作效率。

生活区包括办公室、接待室等办公用地以及职工宿舍、食堂等生活设施，应在生产区的上风向，也可以与其平行。考虑到工作方便和兽医隔离，生活区与生产区既要保持一定距离，又不能离得太远。办公室、接待室应尽可能靠近大门口，使对外交流更加方便，也减少对生产区的直接干扰。

兽医隔离区包括兽医诊断室、病兔隔离室、无害化处理室、蓄粪池和污水处理池等。该区是病兔、污物集中之地，是卫生防疫、环境保护工作的重点。为了防止疫病传播，应设在全场下风向和地势最低处，并设隔离屏障(栅栏、林带和围墙等)。隔离及粪便尸体处理区应符合兽医和公共卫生的要求，与兔舍保持一定的距离。生产区与隔离区之间的距离不少于 50 米，兽医室、病死兔无害化处理室、蓄粪池与生产区的间距不少于 100 米。隔离区应单独设出入口，出入口处设置进深不小于运输车车轮一周半长，宽度与大门相同的消毒池，旁边设置人员消毒更衣间(图 2-1)。

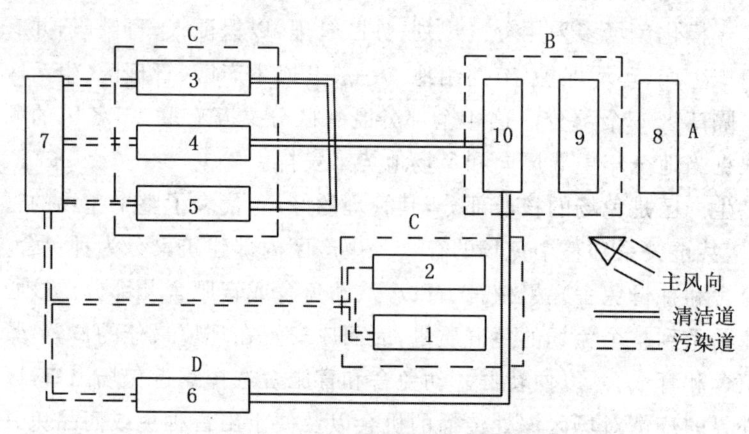

图 2-1　兔场建筑物布局示意图

A. 生活区　B. 管理区　C. 生产区(养殖区)　D. 兽医隔离区

1,2. 种兔舍　3,4,5. 育肥舍　6. 病兔隔离舍　7. 粪场　8. 职工宿舍

9,10. 饲料仓库等

(二)兔场的布局

1. 兔舍的朝向、排列与间距

兔舍朝向根据太阳光照、当地主导风向来确定，多采用坐北朝南形式。我国大部分地区，夏季以东南风为主，冬季以西北风为主，坐北朝南冬季阳光容易射入舍内，增加温度，又可防止夏季暴晒，兼顾温度和采光的双重要求。而且坐北朝南兔舍，各列兔笼光照时间几乎相同，可

以明显提高兔群的整齐度。另外，可根据当地的地形、通风等条件，偏东或偏西调整一定角度。

多栋兔舍平行排列情况下，无论采光还是通风，后排兔舍势必受到前排兔舍的影响。一般间距在舍高的4～5倍时，才能保证后排兔舍正常通风，但这种方法占地面积太大，实际生产中很难达到，一般情况下，兔舍间距不应少于舍高的1.5～2倍，以利于通风透气和预防疫病传播。

2. 道路

场区道路是联系场区与外界、场区内交通与运输的必备设施，不仅关系到场内运输、组织生产活动的正常进行，而且对卫生防疫、提高工作效率都具有重要作用。在设计时要求采用直线道路，保证建筑物之间最便捷的联系；路面坚实，略有弧度，排水良好。道路宽度根据场内车辆流量而定，主干道连接场区与场外运输道在场内各分区之间要保证顺利错车，宽度在5～6米，支干道主要连接各分区内的建筑物，宽度在2～3米。

场内道路按用途分为运输饲料、产品的清洁道和运输粪便及病、死兔的污染道。清洁道和污染道不能通用、交叉，兽医隔离区要有单独道路，以保证兔场有效防疫。污染道运输污物后要进行彻底的喷雾消毒，以减少病原微生物的传播。

3. 场区绿化

生态兔场场区内绿化，不仅能够美化环境、减少噪声、防火防疫，还能够改善小气候。场区种植树木和草，阻挡和吸收太阳的直接辐射，改善空气质量，降低温度，增加湿度。另外，植物可减少空气中灰尘含量，细菌失去附着物，因而数目减少。绿化树木选择也有讲究，场界周边种植乔木、灌木混合林带。场区之间设隔离林带，分隔场内各区，宜种植树干高、树冠大的乔木，株间距稍大。在靠近建筑物的采光地段，不宜种植枝叶过密，过于高大的树种，以免影响采光。兔舍墙边栽种葛藤、爬山虎等藤蔓植物，藤蔓植物生长快，枝叶茂盛，遮阴最为理想。

第二节 生态养兔兔舍设计

一、兔舍设计的原则

兔舍是兔场的核心建筑，也是家兔生长的小环境。由于我国对家兔的研究起步较晚，兔舍设计和建造更是存在随意、盲目等弊端，直接影响了养兔业的健康发展和规范化程度。兔舍设计合理就能提高家兔的健康水平，有助于生产力的发挥，同时降低饲养人员的劳动强度。并且能够充分利用风能、光照等自然资源，减少后期资金、设施的投入，降低对环境的污染，从而实现生态养兔。如何设计和建造兔舍，要求把握以下原则。

(一)符合家兔的生物学特性

归根结底兔舍是建造给家兔的，不管出于动物福利还是经济效益的考虑，兔舍的设计要充分考虑家兔的生物学特性。只有满足家兔对环境的要求，才能够保证家兔健康地生长和繁殖，有效提高其产品的数量和质量。家兔喜干燥厌潮湿，兔舍就应建造在地势高燥，便于排水的地方，而且通风良好；家兔不耐高温天气，兔舍就应保证夏季能够隔热降温；家兔胆小怕惊，兔舍应该隔音良好，封闭严实，能防止其他动物的闯入；家兔有啮齿行为，兔笼门的边框、产仔箱的边缘等凡是能被家兔啃到的地方，都应采取必要的加固措施，可选用合适的、耐啃咬的材料。

(二)有助于提高劳动生产率

兔舍的设计要便于饲养人员的日常管理操作。如多层兔笼一般不要超过 3 层(高 1.75～1.85 米)，否则操作困难，且不利于通风；多列式

兔舍过道宽 1.5 米左右为宜，太窄不利于清扫、消毒和饲料运输；粪尿沟宽度不小于 0.3 米，以便于清粪。

在兔舍形式、结构及设施的选择上都应突出经济效益，选材要因地制宜，就地取材，经济实用。

(三)综合考虑投入产出比例

设计兔舍时，在满足家兔生理要求前提下，从自身的经济条件出发，因地制宜、因陋就简，不要盲目追求兔舍的现代化，搞形象工程。要讲求实效，注重整体合理、协调，在结合生产经营者的发展规划和设想，为以后的长期发展留有余地的情况下，尽量减少投入，以便早日收回投资。资金回收期一般小型兔场 1～2 年，中型兔场 2～4 年，大型兔场 4～6 年。

二、兔舍设计与建筑的一般要求

兔舍既是家兔的生活空间，又是生产车间，所以兔舍设计与建筑，既有建筑学方面的技术要求，又有家兔习性方面的专业要求。具体要求如下。

(一)地基

地基是建筑的基础，必须具备足够的强度即承重能力，沉降量需控制在一定范围内，而且不同部位的地基沉降差不能太大，否则建筑物上部会产生开裂变形，要有防止产生倾覆、失稳方面的能力。此外还应具备坚固、耐火、抗机械作用能力及防潮、抗震、抗冻能力，一般地基比墙宽 10～15 厘米。

(二)墙

墙是兔舍分隔、围护和承重的主要结构，对舍内温度、湿度等环境恒定起重要作用。对墙壁总的要求是：坚固耐久，抗震、防水、防火、抗冻，结构简单，便于清扫消毒，同时具备良好的保温与隔热性能。墙的保温与隔热能力取决于所采用的建筑材料和厚度。选用空心砖代替普通红砖，墙的热阻系数可提高41%，而用加气法混凝土块则可提高6倍，但造价也大大提高，在建造选材时应量力而为。

（三）舍顶及天棚

舍顶是兔舍上部的外围护结构，用以防止降水、风沙侵袭以及隔绝太阳辐射热，无论对冬季的保温和夏季的隔热，都有重要意义。主要有平顶式、双坡式、单坡式、联合式、半钟楼式、钟楼式、拱式和平拱式等形式（图2-2）。

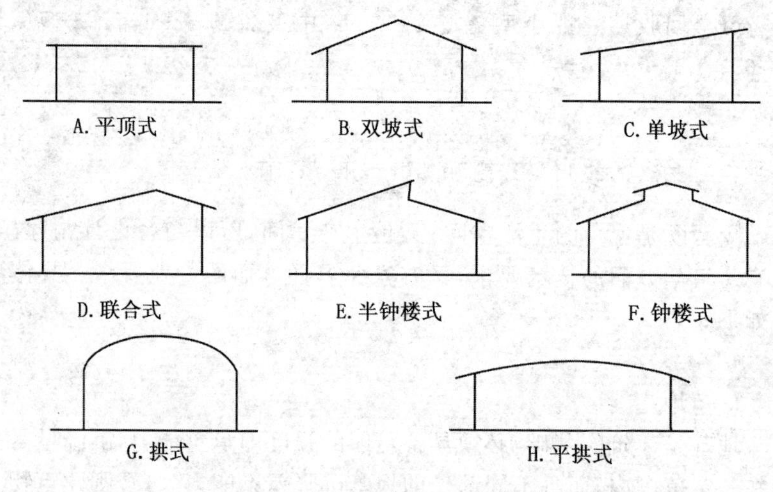

图2-2　兔舍顶部形状示意图

生产中，单坡式和平顶式适合于跨度较小的兔舍，联合式、钟楼式、半钟楼式适合于采光条件不好，从顶部补充光照和辅助换气的兔舍，双坡式、拱式和平拱式适合跨度较大的工厂化养殖的兔舍。近年来工厂化兔场以拱式顶为多。

天棚又称顶棚，是将兔舍与舍顶下空间隔开的结构，主要功能是加

强冬季保温和夏季防热，同时也利于通风换气。屋顶坡度常采用高跨比表示。一般高跨比为 1∶(2～5)。在寒冷积雪和多雨地区，坡度应大些，高跨比 1∶2 即 45°坡，适于多雨雪的寒冷地区。

(四)地面

兔舍地面质量，不仅影响舍内小气候与卫生状况，还会影响家兔的健康及生产力。对地面总的要求是：坚固致密，平坦不滑，抗机械能力强；耐消毒液及其他化学物质的腐蚀，耐冲刷；易清扫消毒，保温隔潮；能保证粪尿及洗涤用水及时排走，不致潴留及渗入土层。生产中兔舍多为水泥地板。水泥地板坚固抗压、耐腐蚀、不透水，易于清扫和消毒。但其导热性强，虽有利于炎热季节的散热，却在寒冷季节散热量大。因此，水泥地板不宜直接做兔的运动场。为防雨水及地面水流入兔舍，便于粪尿的清理及自然流出，兔舍地面要高出舍外地面 20～30 厘米。

(五)门

门是兔舍与外界的连接通道，也是兔舍通风换气的有效途径之一。一般采用木门或铁丝网门(可在其上覆盖软塑纱网，以防蚊蝇的飞入)，也有现代化大型兔场采用自动控制系统设计自动门。舍门要求结实耐用，开启方便，封闭严实，防兽害，保证生产过程(如运料、清粪等)的顺利进行。兔舍门向外开，大小和位置因情况而异，门上不应有尖锐突出物，不设门槛，不设台阶。

(六)窗

窗户在畜舍外围护结构中是用于畜舍通风换气和获取阳光的基本门户。窗户的装置和结构对兔舍的光照度、温湿度和空气的新鲜度等都有重大影响，窗户面积越大，进入舍内的光线越多。窗户的设置也有原则可循，在保证采光系数的前提下，尽量少设；为保证畜舍采光的均匀，窗户在墙壁上应等距分布，窗间壁的宽度不应超过窗宽的 2 倍；在总面积相同时，大窗户比小窗户有利于采光。

窗户面积的大小，以采光系数来表示，即窗户的有效采光面积同舍内地面面积之比。兔舍的采光系数一般为：种兔舍 1∶10 左右，育肥舍 1∶15 左右。入射角也可以表示窗户的采光能力，是兔舍地面中央一点到窗户上缘所引的直线与地面水平线之间的夹角。入射角越大，越有利于采光。兔舍窗户的入射角一般不小于 25°。

窗户形式上分为立式和水平式两种。从采光效果看，立式窗户比水平式窗户好，但立式窗户散热较多，不利于冬季保温。所以建议寒冷地区可以在兔舍南墙设立式窗户，在北墙设水平式窗户。为增加保温能力，寒冷地区窗户可设双层玻璃。

(七)排污系统

排污系统是兔舍环境控制不可或缺的重要设施，如果兔舍内没有排水设施或排水不良，将会产生大量的氨、硫化氢和其他有害气体，污染环境。因而设置排污系统，对保持舍内清洁、干燥和应有的卫生状况，均有重要的意义。排污系统主要由排粪沟、沉淀池、暗沟、关闭器和粪水贮集池组成。

排粪沟：主要用于排出舍内兔粪、尿液、污水。根据不同笼舍的具体情况可设在墙脚内外，或设在每排兔笼的前后。粪尿沟的宽度根据兔笼的粪便排出方式、清粪方式等而定，过窄会影响清粪，过宽与大气接触面增大，粪尿挥发影响舍内环境。沟底面要有一定弧度，便于清理粪尿沟。粪尿沟应有一定坡度，一般为 1%～1.5%。粪尿沟必须不透水，表面光滑，一般以水泥抹制。

沉淀池：是一个四方小井，作尿液和污水中固体物质沉淀之用，它既与排水沟相连，也与地下水道相接。为防止排水系统被残草、污料和粪便等堵塞，可以在污水等流入沉淀池的入口处设置金属滤隔网，敞口上加盖。

暗沟：是沉淀池通向粪水贮集池的管道，其通向粪水池的一端，最好开口于池的下部，以防臭气回流，管道要呈直线，并有 3%～5%的

斜度。

关闭器:设在粪尿沟出口处的闸门,用以防止分解出的不良气体由粪水池流入兔舍内,同时防止冷风倒灌,鼠、蝇等从粪沟钻入兔舍。关闭器要严密、耐腐蚀,坚固耐用。

粪水贮集池:用于贮集舍内流出的尿液和污水,应设在舍外5米远的地方,池底和周壁应坚固耐用,不透水。除池面上保留有80厘米×80厘米的池口外,其他部分应密封,池口加盖。池的上部应高出地面5~10厘米或以上,以防地面水灌入池内。

(八)舍高

兔舍高度通常以净高即地面至天棚(天花板)的高度表示。兔舍高有利于通风,但不利于保温,适于炎热地区;舍低有利于保温,但不利于夏季防暑。因此,寒冷地区净高一般为2.8~3.0米,炎热地区应加大0.5~1米。

为了改善兔舍环境,缓解高密度养殖造成的舍内环境恶化的状况,给家兔提供更加适宜的条件,兔舍高度尽量增加一些。

(九)兔舍跨度和长度

兔舍的跨度要根据家兔的生产方式、兔笼形式和排列方式以及气候环境而定。一般单列式兔舍跨度不大于3米,双列式4.5米左右,三列式5.5米左右,四列式7米左右。兔舍跨度过大使得兔舍整体通风不畅,后排兔笼采光不良,而且对舍顶大梁要求很高,给建筑带来困难,一般控制在12米以内。

兔舍的长度可根据场地条件、建筑物布局灵活掌握。为便于兔舍的消毒和防疫以及粪尿沟的坡度,兔舍长度应控制在50米以内。举例说明:以兔舍长度为50米计算,粪尿沟坡度按1%标准,兔舍两端高度差为0.5米,即兔舍一端需垫高0.5米。即使采用中间高两端低的形式,中间也需垫高0.25米。

三、兔舍的类型

我国幅员辽阔，各地气候条件和经济发展情况不同，直接导致兔舍的建筑形式也不尽相同。即使同一地区，饲养目的、饲养方式、饲养规模以及经济能力不同，也会使兔舍建筑形式和结构有所差异。但无论何种形式都应本着高效性、经济性和实用性的宗旨。以下介绍几种比较典型的兔舍建筑形式，以供参考。

（一）传统兔舍

传统兔舍即现在使用较多、较普遍的兔舍形式，例如棚式兔舍、开放式兔舍、封闭舍等。

1. 棚式兔舍

棚式兔舍又叫敞棚式兔舍。屋顶多用苇席、木材等建成双坡式，四面无墙，靠木或水泥做成的屋柱支撑（图 2-3）。敞棚式兔舍通风透气性良好，光照充足，造价低廉，能够很快投产。但由于该舍只能起遮风挡雨的作用，不能防兽害，无法进行环境控制，在寒冷的地方需配套建仔兔保育舍。棚式兔舍是我国南方温暖地区，或小规模季节性饲养的常用形式。

图 2-3　棚式兔舍示意图

2. 开放式兔舍

开放式兔舍正面无墙或有半截墙，敞开或设丝网，其余三面有墙与顶相连。这种设计有利于空气流通，能有效减少呼吸道疾病，光照充足，造价低，投产快。但冬季保温性差，寒冷地区需在舍外加封塑料膜或挂棉门帘(棉门帘保温性优于塑料膜，但透光性差，影响采光)，注意协调通风透光与保温之间的矛盾。此外，开放式兔舍不利于对兔舍内小环境的控制，不利于防兽害，只适用于中、小规模兔场(图 2-4)。

图 2-4 开放式兔舍

3. 封闭舍

封闭舍是我国养兔业应用最为广泛的一种兔舍建筑形式，由于其封闭式设计，兔舍能够有效保温、隔热，可采用熏蒸消毒，便于进行环境控制。主要包括有窗舍和无窗舍两种形式。

有窗舍四面设墙与屋顶相连，在南北墙大约 1 米高度处，每隔 3 米留一个窗口，在离地面 20 厘米处，每隔 3 米留地窗，用钢丝网封闭，东西墙上安装排风扇。通风换气主要靠门、窗、排风扇完成，为提高通风透光性可在南墙设立式窗户，北墙设双层水平窗户。兔舍屋顶用玻璃棉或塑料泡沫等隔热材料吊顶。该种形式的不足之处是，粪尿沟设在室内，粪尿分解产物会使舍内有害气体浓度升高，家兔呼吸道疾病、眼疾增加，冬季情况尤其严重(图 2-5)。

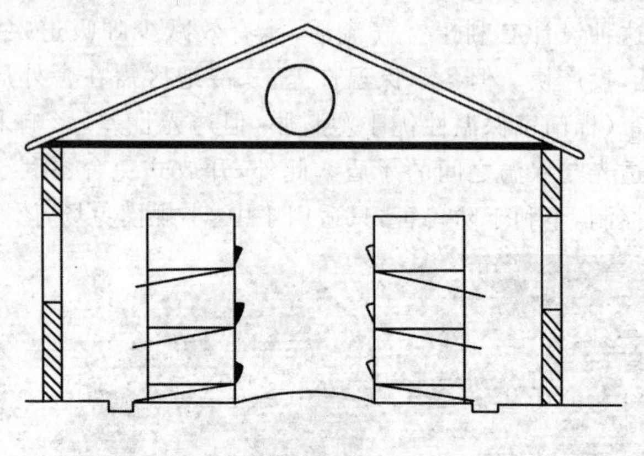

图 2-5　封闭舍示意图

(二)无窗舍

无窗舍又叫环境控制舍，是封闭式兔舍的一种特殊形式。不留窗户(或设应急窗，平时不使用)，舍内温度、湿度、光照等小气候完全由特殊装置自动调节，机械自动喂水喂料，人员基本不进入兔舍。兔群周转实行“全进全出”制，便于管理，能够有效控制疾病。但是需要科学的管理，周密的生产计划；要求兔群没有特定病原菌，否则有可能全群感染；而且对建筑物及机械设备要求很高，对电力依赖性强。目前一些养兔发达的国家如法国等已采用无窗舍(图 2-6)。我国在家兔生产中推行无窗舍尚需一段时间。

(三)其他类型

1. 室外笼舍

室外笼舍是兔笼和兔舍的统一体，即在室外用砖、石、水泥等砌成的笼舍合一结构。通常为两层或三层重叠，舍顶用水泥预制板覆盖(图

2-7）。石棉瓦虽然价格低廉，但一方面，石棉瓦单薄，冬季保暖性能不佳；另一方面，风吹日晒情况下，石棉瓦所含的大量玻璃纤维老化为粉尘，影响家兔的呼吸器官，要慎重选择。室外笼舍通风透光性好，家兔很少发生疾病，而且造价低廉，牢固耐用。但温度、湿度很大程度上受外界环境的影响，不易进行环境控制，难以彻底消毒。

图 2-6　国外无窗舍

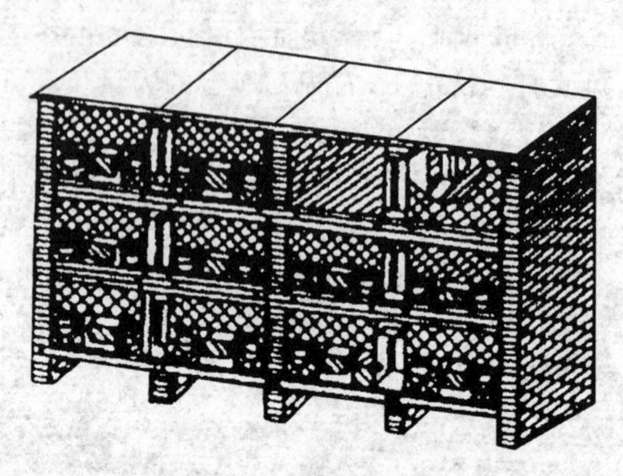

图 2-7 砖砌室外笼舍

2.笼洞结合式笼舍

笼洞结合式兔舍是将兔笼建在靠山向阳处，紧贴笼后壁挖洞，使兔可以自由出入(图 2-8)。笼内通风透光性好，洞内光线暗淡，安静，温度稳定、适宜，有利于家兔的生长，还可以大量节省基建费用。缺点是洞内通风不畅，湿度难控制，清理消毒不方便；家兔有打洞习性，容易逃走。适于干旱山区及半山区。

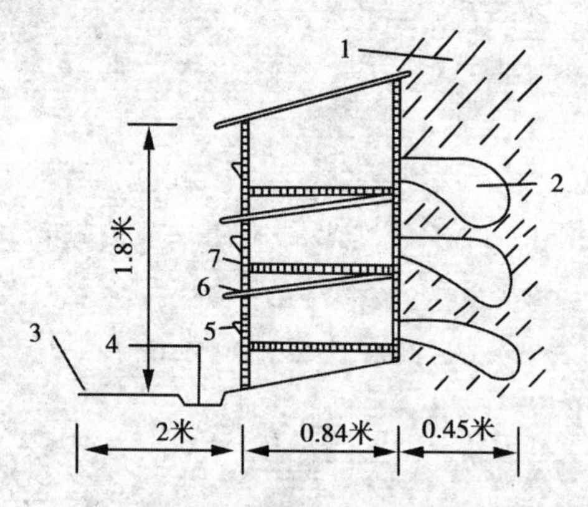

图 2-8 笼洞结合式兔舍

1.山坡 2.人工产仔洞 3.走道 4.粪尿沟 5.料槽 6.承粪板 7.踏板

3.组装舍

组装舍即墙壁、门、窗都是可组装、拆卸的。夏季,可将其全部或部分拆卸,形成开放式、半开放式兔舍,保证其通风、散热;冬季,可将墙壁、门窗组装,形成封闭舍,保证兔舍温度的控制。但反复拆卸对家兔有一定的影响,而且对于组装零件的质量要求较高,因而,国内应用较少,仅在发达国家用于临时性兔场或移动性兔场。

第三节　兔场规模化生态养殖所需的设施和设备

一、兔笼

现代化养兔离不开兔笼,生态养兔也不例外。家兔的采食、排泄、运动、休息等全部生命活动都是在兔笼里进行的。笼具的结构、大小、形式等能够影响到家兔的正常生长发育以及生产潜力的发挥。因此,兔场要根据家兔的品种、年龄、生产目的、管理水平以及资金情况,科学合理地设计和制作兔笼,以期获得理想的经济效益。

(一)兔笼的设计要求

首先,兔笼要符合家兔的生活习性。家兔属啮齿动物,需要不断啃咬硬物,防止牙齿的过度生长。所以,要求兔笼耐啃咬。家兔喜干燥厌潮湿,要求兔笼耐腐蚀,通风透光性良好,易于清扫、消毒、保持干燥卫生。

其次,兔笼规格和结构既适于家兔生长又便于人员管理。笼的大小要保证家兔能够自由活动,又不能太大,以免浪费空间;配置要合理,便于人员操作。

再次，兔笼距离地面的高度也对家兔的成活率有一定影响，距离地面越高，湿度越小，光照越好，通风越好，因此家兔的健康状况越佳，成活率越高，反之越低。所以，在不影响工作人员操作的情况下兔笼距离地面尽量高一些。

最后，选材在保证坚固耐用的基础上尽量经济、实惠。

(二)兔笼的结构

一个完整的兔笼由笼体及附属设备组成。笼体由笼门、底网、侧网、顶网及承粪板等组成。

1. 笼门

笼门一般采用转轴式前开门、上开门或双开门，左右开启或上下开启，多为铁丝网、铁条、竹板或塑料等材料制作。笼门要设计合理、坚固耐用，并保证启闭方便，关闭严实，耐啃咬。草架、食槽等附属设备均可挂在笼门上，以增加笼内活动空间，乳头式自动饮水器多安装在笼后壁或顶网上。尽量做到不开门喂食，以节省工时。

2. 底网

底网是兔笼最关键的部分(图 2-9)。家兔几乎全部的活动都在底网上进行，底网的材质、网丝间隙、网孔大小、平整度都会影响到家兔的健康状况、生产性能的发挥以及兔笼的清理。一般底网的制作材料有竹板、金属焊丝和镀塑金属等。竹板底网经济实用，较耐啃咬，板条宽度一般为 2.5～3 厘米，能有效减少脚皮炎的发生，但制作时应注意竹节锉平，边棱不留毛刺，钉头不外露，否则容易因为扎伤感染而引发脚皮炎；竹板间平行，防止卡腿而造成骨折；竹片钉制方向应与笼门垂直，以防兔脚打滑形成向两侧的划水姿势。金属焊丝底网耐啃咬，易清洗，但易腐蚀，网丝较细，饲养大型家兔易发生脚皮炎。镀塑金属底网即在普通金属网表面镀一层塑料，较金属焊网柔软，能有效降低脚皮炎的发生，但造价高。底网间隙既要保证粪尿顺利漏出，又不能过宽出现卡脚，一般断奶后幼兔笼为 1.0～1.1 厘米，成兔笼为 1.2～1.3 厘米。

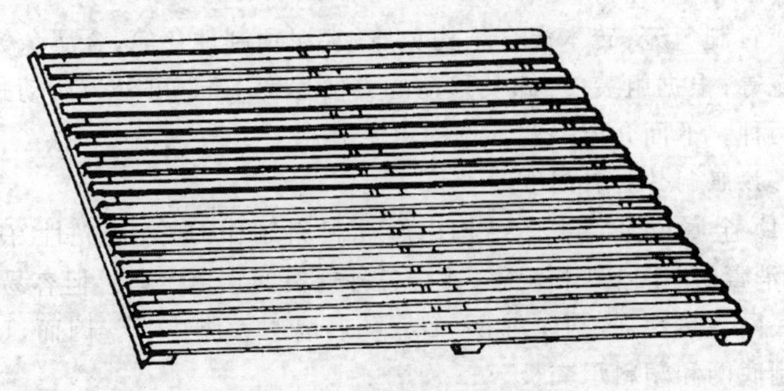

图 2-9　兔笼底网(踏板)

3. 侧网及顶网

家庭兔场一般用水泥板或砖、石垒砌,能够将兔有效隔离,避免相互殴斗、咬毛,但通风透光性不及竹板条或网丝。无论何种材质,要求平滑,防止损伤兔体或钩挂兔毛。网丝间距繁殖母兔笼为 2 厘米,大型兔或专为饲养幼兔、育肥兔、青年兔及产毛兔的兔笼为 3 厘米。

4. 承粪板

重叠式和部分重叠式兔笼需在底网下面安装承粪板,以免上层笼内家兔排出的粪尿、污物直接落入下层,造成污染。承粪板需呈前高后低式倾斜,坡度为 10%～15%,前沿超出下层笼壁 3 厘米,后沿超出 5～8 厘米。制作承粪板的材料种类很多,水泥预制板和石棉瓦承粪板耐腐蚀,造价低,但表面粗糙,重量大;镀锌铁皮承粪板表面光滑,但不耐腐蚀,造价高;玻璃钢承粪板耐腐蚀,光滑,轻便,但造价高;塑料承粪板耐腐蚀,表面光滑,轻便,但易老化,不耐火焰消毒。

5. 支撑架

兔笼组装时通常使用角铁作为支撑和连接的骨架。支撑架要求坚固,弹性小,不变形,重量较轻,耐腐蚀。

(三)兔笼类型

兔笼的形式有多种多样。根据构建兔笼的主体材料不同,可分为木制或竹制兔笼、砖木混合结构兔笼、水泥预制件兔笼、金属兔笼和塑料兔笼等;根据组装、拆卸及移动的方便程度不同,可分为活动式和固定式两种。下面介绍一些常见的兔笼形式。

1.按照制作材料划分

(1) 金属兔笼　主体结构由金属材料制作,通风透光性好,耐啃咬,易消毒,便于管理和观察,适合各种规模的家兔生产。但容易锈蚀,金属底网导热性强,网丝细,大型家兔容易引发脚皮炎。因而,可以搭配竹制底网和塑料承粪板。

(2)砖、石、水泥制兔笼　兔笼主体由砖、石或者钢筋水泥构成,多与竹制底网和金属笼门搭配使用。这种兔笼坚固耐用、耐腐蚀、耐啃咬、耐多种方法消毒、造价低。但通风透光性差,难以彻底消毒,导热性强,保温性差。

(3)竹(木)制兔笼　在山区竹木用材较为方便、兔子饲养量较少的情况下,可采用竹木制兔笼。优点就是轻便,取材方便。但不耐啃咬,难以彻底消毒,易松动变形,不宜长久使用。

(4)塑料兔笼　以塑料为原料,先用模具压制成单片零部件,然后组装而成,或一次压模成型。塑料兔笼轻便,易拆装,便于清洗和消毒,规格一致,便于运输,适用于大规模的家兔生产。但塑料容易老化,不耐啃咬,成本高,因而使用不很普遍。

2.按兔笼组装排列方式划分

(1)平列式兔笼　兔笼全部排列在一个平面上,门多开在笼顶,可悬吊于屋顶,也可用支架支撑,粪尿直接流入笼下的粪沟内,不需设承粪板。兔笼平列排列,饲养密度小,兔舍的利用率低。但管理方便,环境卫生好,透光性好,有害气体浓度低,适于饲养繁殖母兔(图 2-10)。

(2)重叠式兔笼　兔笼组装排列时,上下层笼体完全重叠,层间设承粪板,一般 2～3 层(图 2-11)。重叠式兔笼应确保上层不污染下层,兔粪、尿能顺利排走。这样兔舍的利用率高,单位面积饲养密度大。但层数多了不足之处也很明显,以 3 层兔笼为例,底层离地面太近,湿度大,有害气体浓度高,家兔生长缓慢,清粪困难;第二、第三层笼底板距

图 2-10　平列式兔笼

离承粪板太近，笼内空气质量不好；第三层位置偏高，操作不便；而且兔笼的温度和光照时间、强度不均匀，兔群整齐度差。所以比较来说二层兔笼更为科学合理，符合生态养殖的宗旨，值得大力推广。

图 2-11　重叠式兔笼

(3)全阶梯式兔笼　兔笼组装排列时,上下层笼体完全错开,粪便直接落入设在笼下的粪尿沟内,不设承粪板。饲养密度较平列式高,通风透光好,观察方便。由于层间完全错开,层间纵向距离大,上层笼管理不方便。同时,清粪也较困难。因此,全阶梯式兔笼最适于二层排列和机械化操作(图 2-12)。

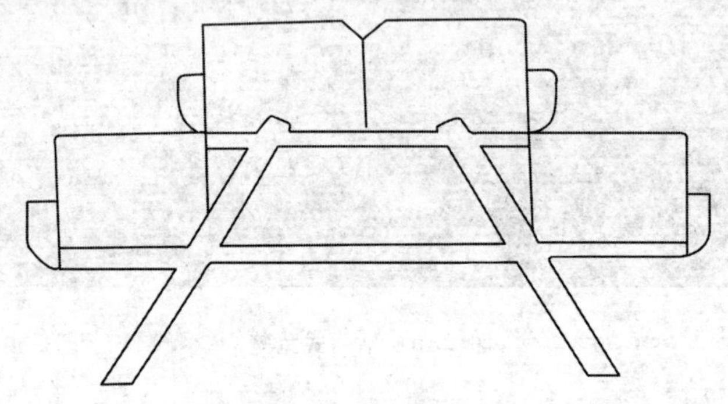

图 2-12　全阶梯式兔笼示意图

(4)半阶梯式兔笼　上下层兔笼部分重叠,重叠部分设承粪板。因为缩短了层间兔笼的纵向距离,所以上层笼较全阶梯式易于观察和管理。半阶梯式兔笼较全阶梯式饲养密度大,兔舍的利用率高。它是介于全阶梯式和重叠式兔笼中间的一种形式(图 2-13),既可手工操作,也适于机械化管理。因此,在我国有一定的实用价值。

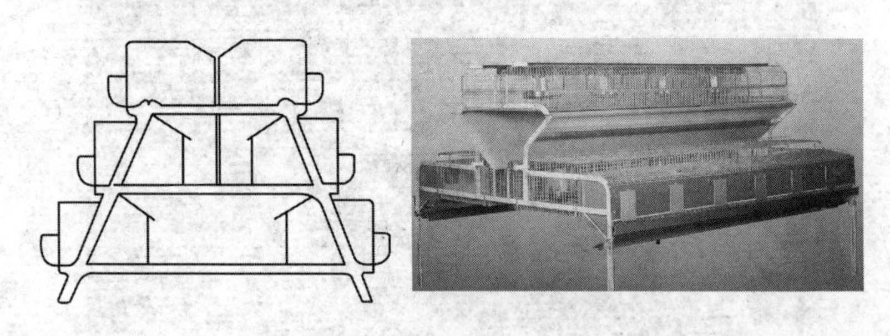

图 2-13　半阶梯式兔笼

(四)兔笼大小

兔笼的大小,应根据兔场性质、家兔品种、性别和环境条件,本着符合家兔的生物学特性、便于管理、成本较低的原则设计。兔笼过大,虽然有利于家兔的运动,但成本高,笼舍利用率低,管理也不方便。兔笼过小,密度过大,不利于家兔的活动,还会导致某些疾病的发生。

一般而言,种兔笼适当大些,育肥笼宜小些;大型兔应大些,中、小型兔应小些;毛兔宜大些,皮兔和肉兔可小些;炎热地区宜大,寒冷地带宜小。若以兔体长为标准,一般笼宽为体长的1.2～1.3倍,笼深为体长的1.1～1.3倍,笼高为体长的0.8～1.2倍。但是近年来欧洲流行窄而深的兔笼。成年种兔所需面积为0.25平方米,母兔及其一胎仔兔所需面积为0.25～0.35平方米,育肥兔每平方米18～22只。参考国内外有关资料,结合我国家兔生产实际,介绍以下几种兔笼单笼规格(表2-2至表2-4)。

表2-2 德国家兔笼规格

兔别	体重	笼底面积/米^2	宽/厘米×深/厘米×高/厘米
种兔	<4.0千克	0.2	40×50×30
种兔	<5.5千克	0.3	50×60×35
种兔	>5.5千克	0.4	55×75×40
育肥兔	<2.7千克	0.12	30×40×30
长毛兔	1只	0.2	40×50×35

表2-3 我国传统兔笼一般规格 厘米

饲养方式	种兔类型	笼宽	笼深	笼高
室内笼养	大型	80～90	55～60	40
	中型	70～80	50～55	35～40
	小型	60～70	50	30～35
室外笼养	大型	90～100	55～60	45～50
	中型	80～90	50～55	40～45
	小型	70～80	50	35～40

表 2-4　法国克里莫育种公司兔场兔笼规格

种兔类型	体重/千克	笼底面积/米^2	宽/厘米×深/厘米×高/厘米	其中产箱/厘米
种母兔	＜5	0.35	38×92.5×40	22.5×38
种母兔	＞5	0.43	46×92.5×40	22.5×40
种公兔	＜5	0.43	46×92.5×40	无

育肥兔笼，肉兔宜 6～8 只一笼，根据国外研究结果，以每平方米兔笼饲养 18 只左右效果最理想。这样可基本保证同窝仔兔同笼饲养，减轻断奶的应激。同时，可充分利用笼具，便于管理。考虑我国各地的饲养条件和环境控制能力，以每平方米饲养育肥兔夏季 14～16 只，冬季 16～18 只，每 6～7 只为一笼。单笼尺寸为：宽 66～86 厘米、深 50 厘米、高 35～40 厘米。但是，对于獭兔育肥后期，宜单笼饲养，其规格一般为宽 25～30 厘米，深 45 厘米，高 30～35 厘米。

二、饲槽

饲槽是用于盛放配合饲料，供兔采食的必备工具。对饲槽的要求是：坚固，耐啃咬，易清洗消毒，方便采食，防止扒料和减少污染等。

（一）饲槽种类

饲槽应根据饲喂方式、家兔的类型及生理阶段而定。饲槽的制作材料，有金属、塑料、竹、木、陶瓷、水泥等，按规格又可分个体饲槽和自动饲槽等。

（1）大肚饲槽　以水泥或陶瓷制作而成，口小中间大，呈大肚状（图 2-14），可防扒食和翻料。该饲槽制作简单，原料来源广，投资少。但只能置于笼内，不能悬挂，适于小规模兔场使用。

（2）翻转饲槽　以镀锌板制作而成，呈半圆柱状。两端的轴固定在笼门上，并可呈一定角度内外翻转。外翻时可往槽内加料，内翻时兔子

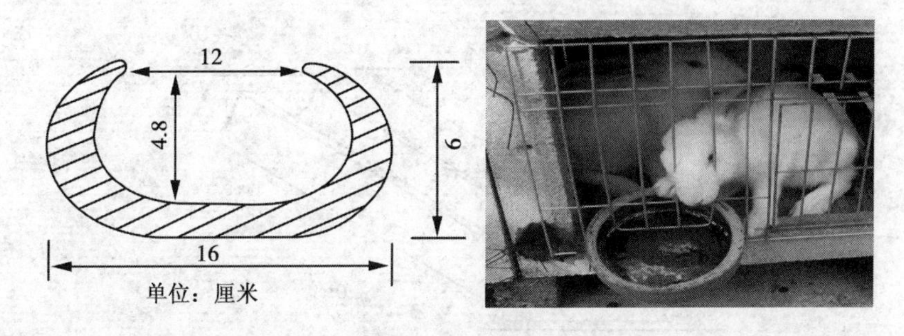

图 2-14　大肚饲槽

采食(图 2-15)。为防兔子扒食,内沿往里卷 0.8～1 厘米的沿。此槽加料方便,可防止饲料污染。但饲槽高度一经确定不能调整,适用于笼养种兔和育肥兔。

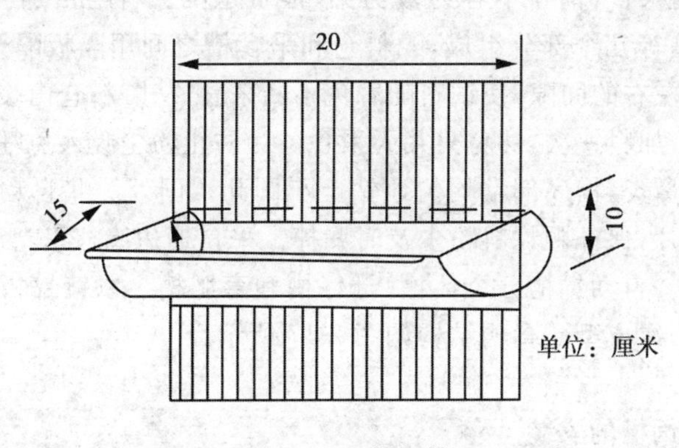

图 2-15　翻转饲槽

(3)群兔饲槽　以木板、铁板制作而成或将直径 10～15 厘米的竹竿劈半或劈去 1/3,两端用木板钉上,并以此代脚(图 2-16),放在兔笼或运动场上,大小可根据具体情况而定。该饲槽投资小,制作简单。但小兔能够轻易地横卧到饲槽中,容易扒食,饲料易被污染,饲槽容易被啃坏。因此,一般用于定时喂料,并及时取出。

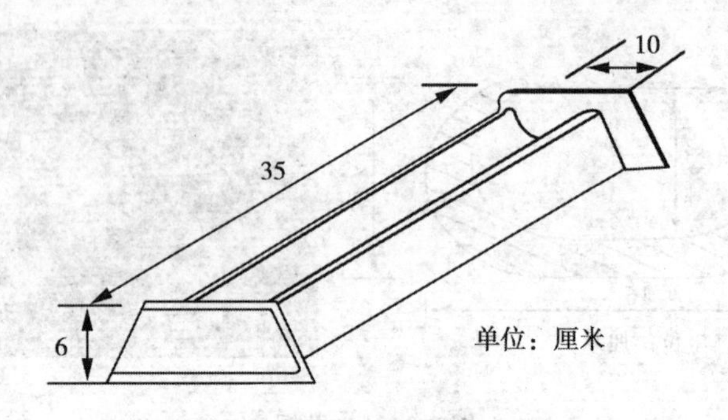

图 2-16　群兔饲槽

(4)自动饲槽　又称自动饲喂器,兼具饲喂和贮存作用,多用于大规模兔场及工厂化、机械化兔场。饲槽悬挂于笼门上,笼外加料,省时省力;笼内采食,饲料不容易被污染,浪费也少。料槽由加料口、贮料仓、采食槽等几个部分组成,贮料仓和采食槽之间用隔板隔开,仅底部留 2 厘米左右的间隙,使饲料随着兔不断采食,从贮料仓内缓缓补充到采食槽内,加料一次,够兔只几天采食。为防止粉尘吸入兔呼吸道而引起咳嗽和鼻炎,槽底部常均匀地钻上小圆孔。国外一些自动饲槽底部为金属网片,保证颗粒料粉尘及时漏掉。采食槽边缘往里卷沿 1 厘米,以防扒食。自动饲槽分个体槽、母仔槽和育肥槽。以镀锌板制作或塑料模压,一次成型。食槽结构如图 2-17 所示。

(二)饲槽的安装

将饲槽置于兔笼前壁预留的饲槽孔中,用直径为 1.6 毫米的圆丝,从饲槽对称孔中穿过,系于兔笼壁的铁栏上,固而不死,可做上下滑动;兔笼前壁饲槽的上方焊上带帽的铁钉,安装时将铁钉的铁帽从饲槽进料箱下孔的大孔穿出,然后将兔饲槽向下滑动到小孔后即安装完毕可投入使用。

图 2-17　自动饲槽

(三)饲槽的清洗

饲槽需要清洗消毒时，将进料箱提起，使铁钉从小孔滑入大孔，即可将饲槽翻转，进行清洗、消毒。

三、草架

草架是投喂粗饲料、青草或多汁饲料的饲具。使用草架可保持饲草新鲜清洁，减少脚踏和粪尿污染所造成的浪费，预防疾病，还可以节省喂草时间。草架是养兔必备的工具。国外大型工厂化养兔场，尽管饲喂全价颗粒饲料，仍设有草架，来投放粗饲料供兔自由采食，以预防消化道疾病。

草架多设在笼门上，以铁丝、木条、废铁皮条制成，呈 V 形。槽架内侧缝隙宜宽 4～6 厘米，便于兔子食草，外侧缝隙要窄，为 1～1.5 厘米，或用钢丝网代替，以防小兔钻出笼外(图 2-18)。

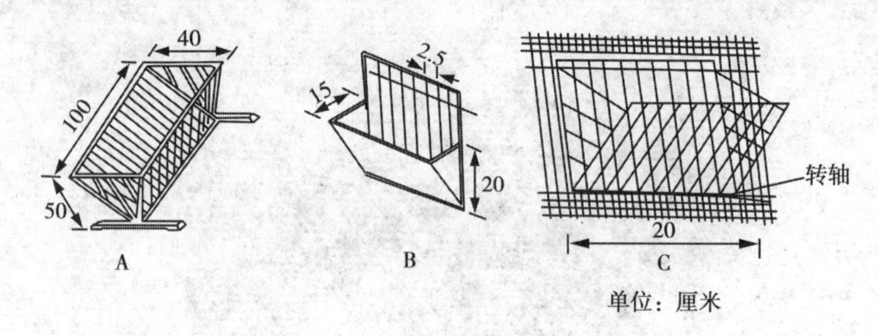

图 2-18 草架

A. 运动场群兔草架 B. 门上防漏草架 C. 门上可摇摆草架

四、供水设备及饮水器

(一)供水设备

供水系统由水源、水泵、水塔、水管网和饮水设备组成。水从水源被水泵抽吸和压送到水塔的贮水箱,并在水管网内形成压力。在此压力下,水流向各饮水设备。饮水设备包括过滤器、减压装置、饮水器及其附属管路。

(1)过滤器 用来滤除水中杂质,以保证减压阀和饮水器能正常工作。为保证过滤效果,滤芯要定期清洗和更换。

(2)减压装置 降低自来水或水塔的水压,以适应饮水器对水压的要求,有水箱式减压装置和减压阀两种,前者使用更普遍。

工厂化养兔多采用乳头式自动饮水器。其采用不锈钢或铜制作,由外壳、伸出体外的阀杆、装在阀杆上的弹簧和阀杆乳胶管等组成。饮水器与饮水器之间用乳胶管及三通相串联,进水管一端接水箱,另一端则予以封闭。平时阀杆在弹簧的弹力下与密封圈紧密接触,使水不能流出。当兔子口部触动阀杆时,阀杆回缩并推动弹簧,使阀杆与密封圈产生间隙,水通过间隙流出。兔子便可饮到清洁的饮水。当兔子停止

触动阀杆时，阀杆在弹簧的弹力下恢复原状，水停止外流。这种饮水器使用时比较卫生，可节省喂水的工时，但也需要定期清洁饮水器乳头，以防结垢而漏水。

(二)饮水器

饮水器的形式较多，主要根据经济条件选择，经济实用的饮水器有陶制水钵、竹碗、水泥水槽等。但随着养殖规模的扩大，其缺点也逐步显现：需人工添水，工作量大；不易清洁，易滋生病菌；易被家兔践踏或粪便污染，所以新的自动饮水设备被越来越多的养殖场所接受。饮水器大致分为以下几种。

1. 瓶式饮水器

将瓶倒扣在特制的饮水槽上，瓶口离槽底1～1.5厘米，槽中的水被兔饮用后，空气随即进入瓶中，水流入槽中，保持原有水位(即瓶口与槽底之间的高度)，直至将瓶中水喝完，再重新灌入新水。饮水器固定在笼门一定高度的铁丝网上，饮水槽伸入笼内，便于兔子饮水，而又不容易被污染。水瓶在笼门外，便于更换。瓶式饮水器投资较少，使用方便，水污染少，防止滴水漏水，但需每日换水，适合小规模兔场(图2-19)。

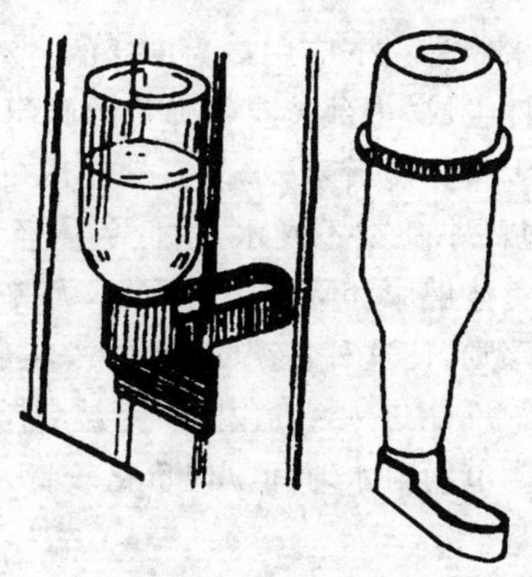

图2-19　瓶式饮水器

2. 弯管瓶式饮水器

一个由带有金属弯管的塑料瓶。将塑料瓶倒悬于笼门上，弯管伸入笼内。当兔饮水时触及弯头头部，破坏了水滴的表面张力，水便从弯管中流出。当兔嘴离开弯头头部时，会再有半滴水将管头封住，水不再流出。弯管固定在瓶盖上，当水饮完后，拧掉瓶盖灌入新水即可。此种饮水器在国外小型兔场普遍采用(图 2-20)。

图 2-20 弯管瓶式饮水器

3. 乳头式自动饮水器

乳头式自动饮水器是当下应用最为广泛的自动饮水设备。外壳由带有螺纹的金属配件组成，内部装有带弹簧的阀门，并有金属活塞通至壳外。兔饮水时用舌头舔碰活塞，水即自动流出(图 2-21)。饮水器安装的高度要适宜，过高小兔饮不到水，过低兔体经常碰到活塞而漏水，兔毛被水浸湿有损兔体健康和降低兔毛质量，尤其夏季高温时，家兔被水浸润而有凉爽的感觉，使这种情况更加严重，甚至引发真菌病。连接饮水器头部的塑料管不能进入兔笼内，以免被兔啃咬。用自动饮水器饮水，符合卫生要求，节约喂水时间。但价格较贵，并易漏水，要经常检查和维修。

使用和安装乳头式自动饮水器应注意以下问题。

(1)安装高度要适宜　应使兔自然状态下稍抬头即可触及到乳头。

图 2-21　乳头式自动饮水器

安装过高家兔饮水不便，过低易被兔身体触碰而发生滴水现象。一般幼兔笼乳头高度 8～10 厘米，成兔笼 15～18 厘米。不用担心安装过高小兔喝不到水，它可以双腿搭在侧网上抬头够水嘴。

(2)一定的倾斜角度　乳头应向下倾斜 10°左右。因为水平和上仰都会使水滴不能顺阀杆流入兔嘴里。

(3)清洁管理　使用前要清洗水箱、供水管、乳头饮水器，以防杂质堵塞乳头活塞造成滴漏不止，还要定期检查，淘汰漏水水嘴。

(4)输水管选择　输水管应选用深色的塑料管，透明管易滋生苔藓，造成水质不良和堵塞饮水器。

五、产仔箱

产仔箱又称巢箱，是人工模拟洞穴环境供母兔分娩、哺育仔兔的重要设施。产仔箱一般用木板钉成，木板要刨光滑，没有钉、刺暴露。箱口钉以厚竹片，以防被兔咬坏。目前，我国各地兔场采用的产仔箱有两种类型，一种为平放式，另一种为悬挂式。

(一)制作产箱应注意的问题

(1)选材应坚固，导热性小，较耐嘴咬，不吸水，易清洗消毒，容易维修。

(2)产箱要有一定高度,既要控制仔兔在自然出巢前不致爬落箱外,哺乳后不被母兔带到箱外,又便于母兔跳入和跳出。一般入口处高度要低些,以10～12厘米为宜。

(3)产箱应尽量模拟洞穴环境,给兔创造一个光线暗淡、安静、防风寒、保温暖、防打扰和一定透气性的环境。因此,产箱多建成封闭状态,上设活动盖,只留母兔出入孔。

(4)产箱大小要适中,产箱过大占据面积大,仔兔不便集中,容易到处乱爬。太小了哺乳不方便,仔兔堆积,影响发育。一般箱长相当于母兔体长的70%～80%,箱宽相当于兔胸宽的2倍。

(5)产箱表面要平滑,无钉头和毛刺。入口处做成圆形、半圆形或V形,以便母兔出入。入口处最好与仔兔聚集处分开,以防母兔突然进入时踩伤仔兔。箱底有粗糙锯纹,并开有小洞,使仔兔不易滑倒并有利于透气和排出尿液。

(6)箱内要铺保温性好的柔软垫草,无异味。巢箱要整理成四周高中间低的形状,以便仔兔集中和母兔舒适。

(二)产箱类型

按照安放状态不同产箱分平放式、悬挂式和下悬式3种。

1.平放式产箱

(1)月牙形缺口产箱　产箱一侧壁上部呈月牙形缺口,以便母兔出入,顶部有6厘米宽的挡板(图2-22)。我国应用较普遍,以木板钉制为主。月牙形缺口产仔箱高度要高于平口产仔箱。

(2)平口产箱　上口呈水平,箱底可钻小孔,以利透气,一般为木制。母兔产后和哺乳后可将产箱重叠排放,以防鼠害。此种产箱制作简单,但不宜太高,适于小规模兔场定时哺乳。由于其低矮,母兔产仔或哺乳时,在外暴露,不隐蔽,母兔有一种不安全感,因此,影响母兔的精神和泌乳性能。此种类型仅仅在我国一些投资不大的兔场采用。

(3)斜口产箱　产箱上口不在一个平面上,多呈长方形,低处为母

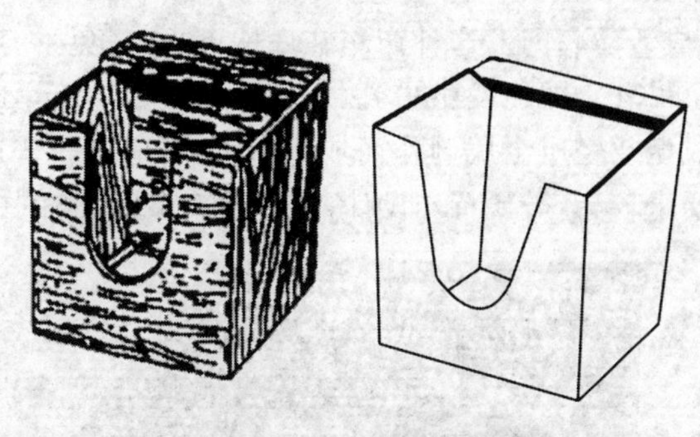

图 2-22 月牙缺口形产箱

兔入巢处，对面为仔兔集中处。由于仔兔集中处远离母兔入巢处，可防止母兔的踩踏。

(4)V 形口产箱 产箱上口一侧留一个 V 形缺口，以便母兔入巢哺乳，以金属或塑料较多见。

(5)电热产箱 在普通产箱的箱底放一块大小适中的电热板，供产后几日内仔兔取暖。在寒冷季节可提高仔兔成活率，国外已有定型产品。

2. 悬挂式产箱

产箱悬挂于笼门上，在笼门和产箱的对应处留一个供母兔出入的圆形、半圆形或方形孔。产箱的上部最好设置一活动的盖，平时关闭，使产箱内部光线暗淡，免受外界打扰，适应母兔和仔兔的习性。打开上盖，可观察和管理仔兔。由于产箱悬挂于笼外，不占用兔笼的有效面积，不影响母兔的活动，管理也很方便(图 2-23)。因此，被国外多数规模化兔场采用，并有定型产品出售。

图 2-23 悬挂式产箱

3. 下悬式产箱

产箱悬挂于母兔笼的底网上。产仔前，将母兔笼底网一侧的活动网片取下，放上悬挂式产箱，让母兔产仔。仔兔出巢后一定时间，将产箱取出,更换成活动底网。这种产箱在底网下面,仔兔不容易爬出来,所以很少发生吊乳。即使发生吊乳,仔兔也能爬回产箱。此种产箱多以塑料模压成型或轻质金属制作而成,国外兔场应用较普遍。缺点是对产箱底网要求较高,需要特殊设计,拆卸时工作量较大(图 2-24)。

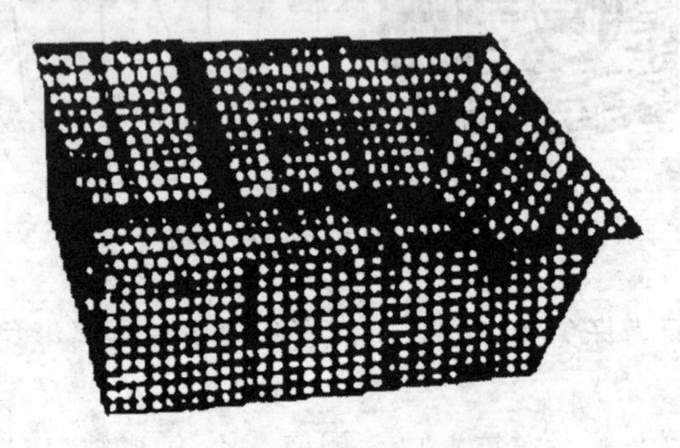

图 2-24　下悬式产箱

4.组装式产箱

近年来流行于欧洲养兔发达各国。母兔用金属笼养殖,通常为一层,也有两层的。在空怀期和怀孕前中期不安排产箱。但在产仔前几天,在母兔笼具的外端,以固定插板与笼具结合,组成一个小空间——产仔箱(图 2-25)。产仔箱底部铺垫带有小孔的柔软垫板。产箱与母兔活动空间的隔板上,留有一个可供进出的圆洞,并设有开关。可以控制母兔和仔兔的进出。仔兔可以单独补料。由于产箱和母兔活动室形成两个相对独立的空间,便于母兔体力的恢复和仔兔的健康。

六、清粪设备

小型兔场一般采用人工清粪,即用扫帚将粪便集中,再装入运输工具内运出舍外。大型兔场机械化程度较高,则采用自动清粪设备。常用的有导架式刮板清粪机、传送带式清粪机。

导架式刮板清粪机一般安装在底层兔笼下的排粪沟里,由导架和

图 2-25　组装式产箱

刮板组成。导架由两侧导板和前后支架焊接而成,四角端由钢索与前后牵引钢索相连。刮板由底板和侧板焊接构成。导架式刮板清粪机适于阶梯式或半阶梯式兔笼的浅明沟刮粪。其工作可由定时器控制,也可人工控制。缺点是粪便刮得不太干净,钢丝牵引绳易被腐蚀。

传送带式清粪机是在两排兔笼之间或兔笼底部安装的清粪设备,使粪便直接降落在传送带上,然后定时开动清粪机械,将粪便传送到外面。其优点是噪声小,清粪干净,缺点是对传送带的材料要求较高(图2-26)。

七、饲料机械

并不是一把草一把料就叫生态养兔,生态养兔是把生态的理念运用到养兔中去,所以生态养兔也可以使用全价饲料,而且应该提倡营养全面、搭配合理的全价饲料,更应该不断开发新型饲料资源,运用到全价配合饲料中来。所以饲料机械也应该是我们需要掌握的知识。

图 2-26　传送带式清粪机

(一)饲料粉碎机械

饲料粉碎是全价颗粒饲料调制的第一步,将大棵(颗)饲料原料粉碎成要求的粒度有以下几种方法,所选方法不同,机械也就不同。

1. 击碎

主要是利用安装在粉碎室内许多高速回转的工作部件(如锤片、齿片、磨块等)对物料撞击产生碎裂。这种粉碎方法的优点是:适用性好,生产率高,粉末较少。缺点是耗能高。利用这种方法工作的有锤式、爪式粉碎机。

2. 磨碎

利用两个磨盘上刻有齿槽的坚硬表面,对物料进行切削和摩擦而使物料碎裂。一般用于加工干燥而且不含油的物料。

3. 压碎

利用两个表面光滑的压辊,以相同的速度相对转动,物料受挤压和与工作表面发生摩擦而粉碎。压碎的方法不能充分地粉碎饲料,应用较少,适用于加工脆性物料。

4. 锯切碎

利用两个表面有齿而转速不同的磨辊，将饲料锯切碎。这种粉碎方法特别适宜制作面粉和粉碎谷物饲料，并可以获得各种不同粒度的成品，产生的粉末也很少，但不能用来粉碎含油的和湿度大于 18%的饲料，否则会产生沟槽堵塞，饲料发热。

（二）饲料混合机械

混合是生产配合饲料的关键程序，混合是将配合后的各种物料在外力作用下相互掺和，使各种饲料能均匀地分布，尤其对用量很少的微量元素、药剂和矿物质等更要求均匀分布。因此，在养殖场饲料加工中，饲料混合是保证配合饲料质量和提高饲料效果的重要环节。搅拌混合过程主要有以下 5 种方式。

（1）扩散混合　混合料中个别粉粒无定向、不规则地向四周变换位置而产生的混合作用，与气体或液体中的分子向外扩散的现象相似。

（2）对流混合　物料由于混合机部件的作用，成群的物料从料堆的一处移到另一处，而另一群物料则以相反方向移动，这两股物料在对流中进行相互渗透变位而进行混合。对流混合效果好，所需混合时间短。

（3）剪切混合　物料受混合部位的作用产生物料间的相对滑动而进行混合。

（4）冲击混合　在物料与壁壳碰撞的作用下，造成数个物料颗粒分散。

（5）粉碎混合　物料颗粒变形和搓碎。

在混合过程中这 5 种混合形式是同时存在的，但对于某一种混合设备来讲，其中有一种是主要的混合形式，如立式混合机以扩散混合为主，卧式混合机以对流混合为主，桨叶式混合机以剪切混合为主。

（三）饲料成型机械

家兔颗粒料是由饲料原料料粉经压制成颗粒状，大致过程：料粉从料仓流入喂料器和调质器，在此加进蒸汽和各种液体。经过调质的粉末进入制粒室进行制粒，再送到冷却室。热颗粒经过冷却器被来自风机的气流冷却。冷却气带走的细粉在集尘器被分离出来，返回到制粒机中重新制粒，冷却了的颗粒从冷却器排出，然后根据所压制的产品种类，可经过破碎机破碎或绕过破碎机，最后经过筛分装置进行分离。合格的颗粒被送到成品仓，而细粉和筛上物返回到制粒机重新制粒。

1. 对颗粒饲料的生产要求

(1)颗粒形状均匀，表面光滑，硬度适宜，颗粒直径3～4毫米，长度是直径的1.5～2倍。

(2)含水率在9%～14%，南方地区应在12%以下。

(3)颗粒密度将影响压力机的生产率、能耗、硬度等，颗粒密度以1.2～1.3克/厘米^{3}为宜。

(4)粒化系数(成型饲料的重量与进入压粒机饲料重量之比)表示压粒机及压粒工艺的性能，一般要求不低于95%。

2. 颗粒饲料制粒机的类型

按成型部件的工作原理，可将制粒机分为型压式、挤压式和冲压式三类。型压式是靠一对回转方向相反、转速相等而带型孔的压辊之间对物料的压缩作用而成型的。挤压式具有通孔的压模，压辊将调制好的物料挤出模孔，是靠模孔对物料的摩擦阻力而压制成产品。我国现在用得最多的环模、平模和螺杆式的制粒机都属此类。

按成型部件的结构特点，可将制粒机分为以下4种。

(1)辊式压粒机　即双辊式制粒机。用一对等速相对旋转的压辊来压制颗粒，因压缩作用时间短，颗粒强度小，生产率低，故应用很少。

(2)螺杆式制粒机　工作时靠旋转螺旋将配合饲料从模孔压出，形成圆柱状，再用固定切刀切断成颗粒。

(3)环模制粒机　工作时压辊将饲料压入环模模孔，挤出模孔压成圆柱形并随环模旋转，再用固定切刀切断成颗粒。其主要特点是环模与压辊接触线上各处线速度相等，所以无额外摩擦力，全部压力被用来压粒。

(4)平模制粒机　工作时压辊将饲料压入模孔而形成圆柱状颗粒

料。平模压粒机的平模和压辊上各处的圆周速度不相等。

八、编号工具

为便于兔场做好种兔的管理和良种登记工作，仔兔断奶时必须编号。家兔最适宜编号的部位是耳内侧部，因此称为耳号。目前常用编号工具有耳号钳和耳标。

1. 耳号钳

我国常用的耳号钳配有活动数码块，根据耳号配好数码块后，先对兔耳和数码块消毒，然后在数码块上涂上墨汁，接着钳压兔耳，最后再在打上数码的兔耳上涂抹墨汁，这样经数日后可留下永久不退的数字。这种耳号钳每打一个耳号就要变换一次数码块，费工费时。国外耳号钳的数码是固定的，只要旋转数码块就可以变换耳号，比国内的使用方便(图 2-27)。

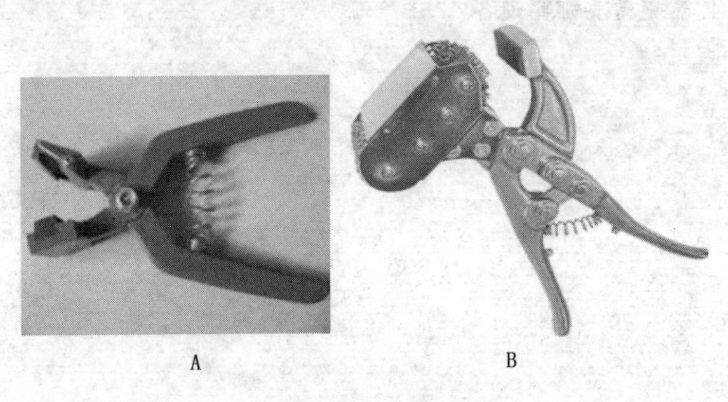

A　　　　B

图 2-27　耳号钳

A. 普通型耳号钳　B. 滚动型耳号钳

2. 耳标

耳标有金属和塑料两种，后者较常用。将所编耳号事先冲压或刻画在耳标上，打耳号时直接将耳标卡在兔耳上即可，印有号码的一面在兔耳内侧。耳标具有使用方便、防伪性能好、不易脱落等特点，并且可根据自己兔场的需要印上品牌商标(图 2-28)。

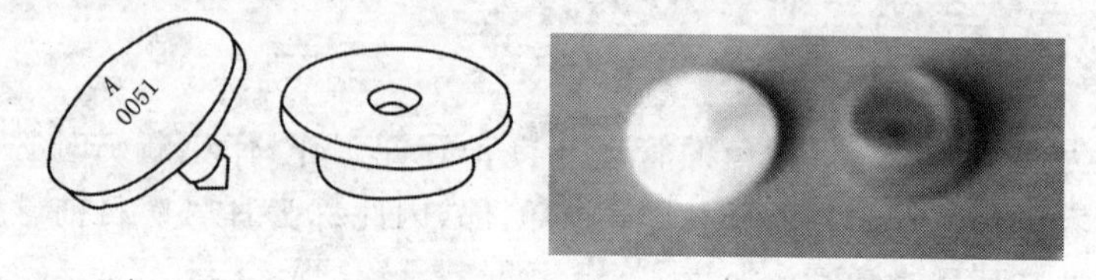

图 2-28 耳标

思考题

1. 规模化生态养兔场场址选择应该注意哪些问题?
2. 兔场布局的基本原则是什么?
3. 兔舍设计和建筑的一般要求是什么?
4. 养兔需要哪些设备?

第三章

兔种的选择及繁殖技术

导　读　本章介绍兔种的选择和繁殖技术。重点包括家兔品种的分类，家兔的引种、配种技术和家兔的人工授精技术。

第一节　家兔品种分类

家兔品种是家兔养殖的基础，目前全世界共有家兔品种近70个，品系达200多个。按经济用途可划分为毛用品种、皮用品种、肉用品种、皮肉兼用品种、实验用品种、观赏品种。按体型大小可分：成年兔体重约6千克为大型兔，如比利时的弗朗德巨兔、德国蝶斑兔等；成年兔体重4～5千克为中型兔，如新西兰白兔、德系安哥拉兔等；成年兔体重2～3千克为小型兔，如中国白兔、俄罗斯兔等。现就我国常用的一些兔品种进行介绍。

一、肉(兼)用品种及配套系

肉(兼)用品种主要适用于生产兔肉,兼生产皮。肉用品种的主要外貌要求为头较轻,体躯宽深,呈圆柱状,背腰平直,臀围宽广,大腿长,被毛长3厘米左右。适合高效养殖和生态放养的品种及配套系如下。

(一)新西兰兔

新西兰兔原产于美国,是当代著名的中型肉用品种,是世界肉兔业中的主要品种之一,在美国、新西兰等国家除肉用外,也是主要的实验用兔品种之一。

新西兰兔除白色外,还有红黄色和黑色等毛色品系,其中以新西兰白兔最为著名,系用弗朗德兔、美国白兔和安哥拉兔等杂交选育而成。新西兰白兔主要外貌特征为:体型中等,全身皮毛为白色,眼睛红色,头圆额宽,耳较宽厚,体躯浑圆,背腰宽,全身丰满,后躯发达,臀圆,是典型肉用体型(图3-1)。

图3-1 标准新西兰白兔

早期生长速度快是新西兰兔的主要特点,90日龄体重可达1.5千克以上,成年母兔体重4.0～5.0千克,公兔4.0～4.5千克。饲养报酬高,肉质好,产肉力高,屠宰率52%左右。繁殖力强,年产5胎以上,平

均胎产6～8只。

新西兰白兔的缺点是，皮毛品质欠佳；耐粗饲较差，对营养和饲料管理条件要求高，在中等偏下的营养水平，早期增重快的优势不能发挥；在南方春夏季仔幼兔成活率低。新西兰白兔与加利福尼亚兔、比利时兔杂交能取得较好的杂种优势，尤其是在产肉性能和兔肉品质方面杂种优势明显，是规模化、工厂化养殖的优良品种。

(二)加利福尼亚兔

加利福尼亚兔原产于美国加利福尼亚州，所以又称加州兔，属中型肉用品种，是现代主要肉用品种之一。它是以加利福尼亚兔与标准青紫蓝兔的杂交公兔，再与新西兰母兔杂交而培育的肉兔新品种。

加利福尼亚兔(图3-2)体型匀称，身体浑圆，颈粗短，眼睛红色，被毛整体为白色，两耳、鼻端、四肢下部及尾部为黑褐色，具有“八点黑”特征，其毛色深浅变化亦相似，俗称“八点黑”。黑色部位的颜色随气温、季节、年龄、个体、地区、饲养方式和饲料营养水平变化呈现出规律性变化。高温和夏季条件下颜色稍浅，青壮龄兔颜色深；低营养水平较高营养水平下颜色浅而不均匀；在室内饲养颜色较深。

图3-2　加利福尼亚兔

加利福尼亚兔早期生长发育快，日增重高，3月龄可达2.5千克以上，成年体重略低于新西兰白兔，成年母兔体重3.5～4.5千克，公兔3.5～4.0千克。该品种较耐粗饲，抗病力强，肉质好，产肉率高，屠宰率高达55%以上。繁殖力强，年产4～6胎，窝产仔数平均7～8只。

母兔性情温顺，母性好，泌乳力强，仔兔断奶成活率高达90%，40天断奶重达1～1.2千克，是著名的“保姆兔”。商品兔生产中是优秀的杂交母本。

(三)弗朗德巨兔

该兔起源于比利时北部弗朗德一带，是最早、最著名、体型最大的肉用型品种。弗朗德巨兔体型大，结构匀称，骨骼粗重，背部宽平，根据毛色分为钢灰色、黑灰色、黑色、蓝色、白色、浅黄色和浅褐色7个品系(图3-3)。

图3-3　弗朗德巨兔

美国弗朗德巨兔多为钢灰色，体型稍小，背偏平，成年母兔体重5.9千克，公兔6.4千克。英国弗朗德巨兔成年公兔体重6.8千克，母兔5.9千克。法国弗朗德巨兔成年母兔体重6.8千克，公兔7.7千克。白色弗朗德巨兔为白毛红眼，头耳较大，被毛浓密，富有光泽；黑色弗朗德巨兔眼为黑色。

弗朗德巨兔生长速度快，产肉性能好，肉质优良。成熟较晚，遗传性能不稳定，母兔繁殖力低。该兔适应性强，耐粗饲。

(四)垂耳兔

垂耳兔(Lop ear)是著名的大型肉皮兼用品种，因头型似公羊，我国称之为公羊兔(图3-4)。垂耳兔是一个古老的品种，已有近百年历

史，分布于许多国家，如法国、比利时、荷兰、德国、美国等。由于引入国选育方式不同，现分别形成法系、英系和德系3种类型。

公羊兔的主要特点是两耳特别长而大且下垂。耳最长者可达70厘米，耳宽20厘米，头重而大，短而宽，酷似公羊，故称“公羊兔”；毛色很杂，有白、黑、黄、棕等色；眼小颈短，背腰宽，臀圆骨粗，体质疏松肥大，性情温顺，反应迟钝，不喜活动。适应性强，较耐粗饲，该品种早期生长速度快，40天断奶体重可达1.5千克，一般成年兔体重5千克以上，有的达6～8千克，少数可达10～11千克。窝产仔7～8只，仔兔初生重80～100克，早期生长发育快。

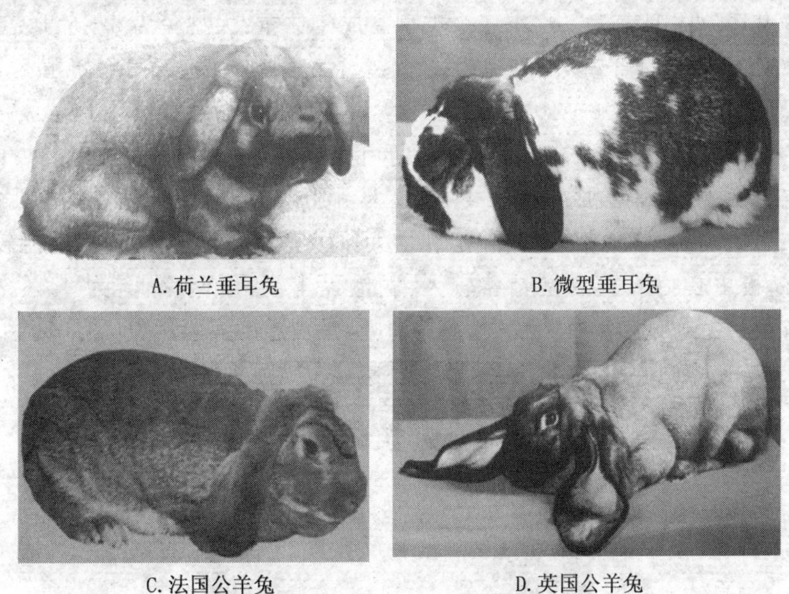

A. 荷兰垂耳兔　B. 微型垂耳兔

C. 法国公羊兔　D. 英国公羊兔

图3-4　不同类型的垂耳兔

目前国外养兔者将其列为观赏品种。我国曾引进法系中型公羊兔，毛色为棕褐色，分布于上海、江苏、河北、四川、黑龙江等地，对改良我国地方品种和培育新品种曾起过一定的作用，塞北兔的育成，就曾引入公羊兔血液。优点为早期生长发育快，抗病力强，耐粗饲。但出肉率不高，肉质较差，受胎率低，母性差，易患脚皮炎，纯繁效果不佳，适宜作为杂交的父本。

（五）日本白兔

日本白兔原产于日本，由中国白兔和日本兔杂交选育而成，又称日本大耳兔。

日本大耳兔属中型皮肉兼用品种，外貌特征为：被毛纯白，紧密而柔软；头小而清秀；两耳直立，耳大，耳端尖，形似柳叶；眼为粉红色。日本大耳兔体型有大、中、小三个类型。成年体重：大型兔为5～6千克，中型兔为3～4千克，小型兔为2～2.5千克。繁殖力较高，年繁殖5～6胎，平均产仔数8～10只。

该品种早期生长速度快，初生重平均60克，2月龄平均重1.4千克，4月龄3千克，成年体长44.5厘米，胸围33.5厘米。适应性好，耐寒耐粗，我国各地都有饲养，泌乳量大，母性好，肉质较佳，产肉性能较好，板皮良好。缺点是骨骼较大，胴体欠丰满，屠宰率低，为44%～47%。由于该品种耳大皮白，血管清晰，是理想的实验用兔（图3-5）。

图3-5　日本白兔

(六)青紫蓝兔

青紫蓝兔(Chinchilla)原产于法国，是古老而著名的皮肉兼用品种，该品种用灰色野生穴兔、喜马拉雅兔和蓝色贝韦伦兔等品种杂交育成。有 3 种体型，标准型(小型兔)、中型兔(美国型)和巨型。成年体重分别为 2.5～3 千克、4～5 千克、6～7 千克。其毛色很像产于南美洲的珍贵毛皮兽青紫蓝，并由此而得名。

青紫蓝兔虽然有体型之分，但 3 种类型的被毛有共同特点：被毛总体呈蓝灰色，并夹杂有全黑或全白的枪毛，每根毛纤维由毛尖到毛根依次为黑色、白色、珠灰色、乳白色、深灰色，风吹被毛时呈彩色漩涡，十分美观。该品种头粗短，耳厚直立，耳尖与耳背为黑色，尾底、腹下及眼圈为灰白色，体型较丰满，背部宽，臀部发达。仔兔初生重 50～60 克，90 日龄体重 2～2.5 千克，平均胎产仔数 7～8 只(图 3-6)。

图 3-6　标准青紫蓝兔

该品种我国引进较早，已完全适应我国的自然条件，深受生产者的欢迎，全国各地均有饲养。该兔毛皮品质好，适应性和繁殖力较强，肉质好，但生长速度较其他肉用品种低，近年有逐渐被取代的趋势。

(七)太行山兔

太行山兔亦称虎皮黄兔，原产于太行山地区井陉县及威州一带，由河北农业大学选育而成，定名为太行山兔，属皮肉兼用品种(图 3-7)。

外貌特征：太行山兔有两种毛色，一种全身毛色为粟黄色，腹部毛为淡白色，头清秀，耳较短、直立，体型紧凑，背腰平宽，四肢健壮，眼球棕褐色，眼圈白色。另一种全身为深黄色，在背部、后躯、两耳上缘、鼻端及尾背部毛尖为黑色，这种黑色毛梢，在4月龄前不明显，随年龄增长而加深，眼球及触须为黑色。头粗壮，耳长直立，背腰宽长，后躯发达。该品种抗病力强，适应性好，耐粗饲，成年兔体重3～4千克，屠宰率53%左右。繁殖力高，窝产仔7～8只，初生个体重50～60克，断奶重800克。毛皮质地似狐狸皮颜色，深受群众欢迎。

图3-7　太行山兔

(八)塞北兔

塞北兔是由原河北省张家口农业高等专科学校培育的大型皮肉兼用型品种。1978年选用法系公羊兔、比利时兔和弗朗德巨兔为亲本，采用二元轮回杂交并经严格选育而成。1988年通过河北省省级鉴定，定名为塞北兔(图3-8)。该品种具有个体大、生长快、皮张面积大、繁殖率高、耐粗饲和抗病力强等特点，根据毛色分为Ⅰ(A)系褐色塞北兔、Ⅱ(B)系纯白色塞北兔、Ⅲ(C)系橘红色塞北兔、Ⅳ(D)系青紫蓝色塞北兔和Ⅴ(E)系纯黑色塞北兔。

Ⅰ(A)系褐色塞北兔：体形为长方形，体质为结实型，被毛为标准型。呈黄褐色或深褐色，头中等匀称、呈方形，眼大有神，嘴方正，下颌骨宽大，耳面宽大，多数一耳直立，一耳下垂(斜耳)，少数两耳直立或两

A. 褐色塞北兔

B. 纯白色塞北兔

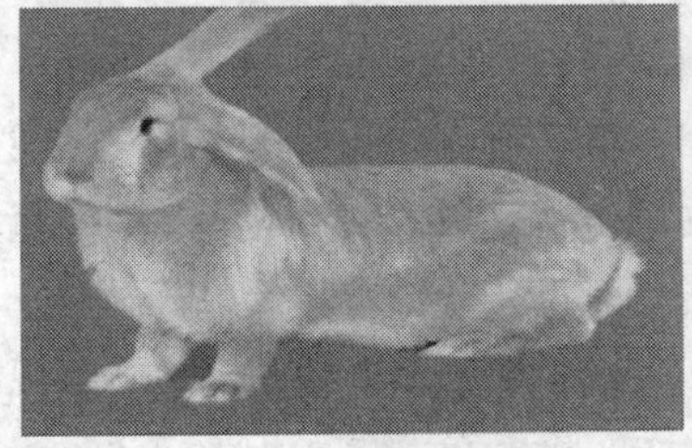

C. 橘红色塞北兔

D. 青紫蓝色塞北兔

图 3-8　不同毛色的塞北兔

耳下垂。颈粗短，成年母兔有肉髯，前胸肩宽广，胸宽深，背腰平直，后躯丰满，肌肉发达，四肢粗短而健壮。母兔有 4 对乳头，泌乳力高，母性好。成年兔平均体重 5.5～6.5 千克，少数可达 7～7.5 千克。年平均产仔 6 胎，每胎平均产仔 7.2 只，仔兔初生重 65～80 克，在一般粗放饲养条件下，生长期 3～4 个月，日增重 29～37 克，肉料比为 1∶3.2，体重可达 2.5～3.5 千克，屠宰率为 54%～56%，肉质细嫩，味道鲜美。

Ⅱ(B)系纯白色塞北兔：除毛色与Ⅰ(A)系褐色塞北兔不同外，其他外貌特征则完全相同。成年兔平均体重 5.5～6.5 千克，少数可达 7～8 千克。每胎平均产仔 7～8 只，3～4 月龄生长期间，在粗放饲养管理条件下，日增重 27～37 克，生长期肉料比为 1∶3.29。4～5 月龄的青年兔，在一般饲养条件下，全净膛屠宰率可达 55%以上。

Ⅲ(C)系橘红色塞北兔:除毛色与Ⅰ(A)系褐色塞北兔和Ⅱ(B)系纯白色塞北兔不同外,其他外貌特征亦完全相同。成年兔平均体重5.5~6.5千克,少数可达7~8千克。年平均产仔6~8胎,每胎平均产仔7~8只,仔兔初生重平均60~80克。3~4月龄生长期间的青年兔,在粗放饲养管理条件下,日增重30克以上,体重可达3~4千克,全净膛屠宰率达55%以上。

Ⅳ(D)系青紫蓝色塞北兔:利用Ⅰ(A)系褐色塞北兔和Ⅱ(B)系纯白色塞北兔杂交选育而成,其毛色的特点是每根枪毛分成3段,根部为浅灰色,中段基本近于白色,毛的尖端上1/3左右为黑褐色或深褐色,其内的绒毛多为浅灰色。该品系除毛色与其他品系不同外,其他外貌特征亦完全相同。成年兔平均体重6~6.5千克。每胎平均产仔8只。幼兔期间生长发育较快,在一般粗放饲养条件下,3~4月龄青年兔平均体重为3~4.5千克,全净膛屠宰率为55%~57%。

Ⅴ(E)系纯黑色塞北兔:是在塞北兔三系配套繁殖过程中,出现极少数纯黑色被毛的个体基础上选育而成,除毛色与其他品系不同外,其他外貌特征基本相同,只是体型偏小。成年兔平均体重为4.5~5.5千克。

(九)福建黄兔

福建黄兔又名福建黄毛兔,黄毛系,是福建省地方畜禽优良品种。2000—2004年间采用综合指数选择,结合同质选配,闭锁繁育等育种方法,对原福建黄兔进行提纯、复壮,形成了外貌特征相对一致、生产性能比较稳定的地方品种。

主要特点:被毛黄色(幼兔色淡,成年兔色深),从下颌沿胸腹部至胯下呈带状白色。双眼蓝黑色。头部偏小,嘴尖额宽,两耳短厚,稍向前倾,四肢灵活,后躯高而钝圆。具有耐粗饲、繁殖性能好、抗病力强等优点。其野性较强,肉质鲜美可口,深受当地消费者喜爱。1、3、4月龄体重分别达到412.3、1 491和1 883克,90~120日龄平均日增重12.5克,饲料报酬3.2∶1,成年体重:母兔2.0~2.25千克,公兔约

2.8 千克；体长：母兔 40～43 厘米，公兔 43～45 厘米。

性成熟为 3 月龄，初配年龄公兔 5～5.5 月龄，母兔 4.5～5 月龄。单次配种受胎率 85.3%，年产 6 胎，胎均产仔 6.4 只，初生重 50.5 克，初生窝重 323.21 克，21 日龄平均个体重 232 克。全期（30 天）泌乳量 2 511 克，30 日龄断奶仔兔数 5.46 只，断奶窝重 2 251.52 克。存活率 92.5%。

福建黄兔是福建省优良地方畜禽品种，2006 年列入国家级畜禽遗传资源保护名录。

（十）福建黑兔

福建黑兔又称黑毛福建兔，是福建省古老的地方品种，主要分布在闽中山区。它具有体型小、生长慢、毛色杂，以及繁殖性能良好、耐粗饲、抗病力强、肉质好等特点。由于盲目经济杂交，忽视了对地方品种的保护，致使出现品种混杂、种质退化、遗传性能和生产性能不稳定、体型逐渐变小、种群越来越小的现象。大田县畜牧局 2001 年开始采取几代选育法进行 3 个世代连续选育，并于 2003 年 12 月 19 日通过专家验收。

品种特征：毛色纯黑，头目清秀，耳长中等，略向前倾。胎均产仔 7.26 只，胎均产活仔 7.16 只，4 周龄断乳体重 513.45 克；13 周龄体重 1 678.32 克，4～13 周龄平均日增重 18.49 克，料重比 3.3∶1。成年体重：母兔 2 809.38 克，公兔 2 728.56 克；体长：母兔 46.16 厘米，公兔 47.07 厘米；胸围：母兔 36.17 厘米，公兔 36.08 厘米。

该品种属于中、小型地方品种，肉质鲜美，深受当地消费者欢迎。

（十一）齐卡兔

齐卡（ZIKA）肉兔配套系：齐卡肉兔专门化配套系是德国齐卡家兔基础育种兔公司（家兔育种专家 Zimmermann 博士和 L. Dempsher 教授）用 10 年的时间，于 20 世纪 80 年代初选育而成，是当今世界上最著名的肉兔配套系之一。我国在 1986 年由四川省畜牧科学研究院（原四川省农业科学院畜牧研究所)首次引进该配套系。

齐卡肉兔配套系由齐卡巨型白兔(G)、齐卡大型新西兰白兔(N)和齐卡白兔(Z)3个品系组成。其配套模式为:G系公兔与N系中产肉性能(日增重)特别优异的母兔杂交产生父母代公兔,Z系公兔与N系中母性较好的母兔杂交产生父母代母兔,父母代公母兔交配生产商品代兔。

齐卡巨型白兔(G):为德国巨型兔,属大型品种。全身被毛浓密,纯白,毛长3.5厘米,红眼,两耳长大直立,3月龄耳长15厘米,耳宽8厘米,头粗壮,额宽,体躯长大丰满,背腰平直,3月龄体长45厘米。成年兔平均体重7千克左右。产肉性能特别优异。母兔年产3～4胎,每窝产仔6～10只,年育成仔兔30～40只。初生个体重70～80克,35天断奶体重1 000克以上,90日龄体重2.7～3.4千克,日增重35～40克。该兔耐粗饲,适应性较好。性成熟较晚,6～7.5月龄才能配种,夏季不孕期较长。

齐卡大型新西兰白兔(N):为新西兰白兔,属中型品种,分为两种类型,一类是在产肉性能(日增重)方面具有优势,另一类是在繁殖性及母性方面比较突出。全身被毛洁白,红眼,两耳短(长12厘米)而宽厚,直立,头短圆粗壮,体躯丰满,背腰平直,臀圆,呈典型的肉用砖块形。3月龄体长40厘米左右,胸围25厘米。初生个体重60克左右,35天断奶体重700～800克,90日龄体重2.3～2.6千克,日增重30克以上。母兔母性较好,年产胎次5～6窝,每窝产仔平均7～8只,最高者达15只。产肉性能好,屠宰净肉率82%以上,肉骨比5.6∶1。

齐卡白兔(Z):为合成系,由数十个品种组合而成,不含新西兰白兔血缘,属小型品种。全身被毛纯白,红眼,两耳薄,直立,头清秀,体躯紧凑。成年兔平均体重3.5～4.0千克,90日龄体重2.1～2.4千克,日增重26克以上。其最大特点为繁殖性能好,年产胎次多,平均每窝产仔7～10只,母兔年育成仔兔50～60只,幼兔成活率高。适应性好,耐粗饲,抗病力强。

齐卡商品兔:齐卡三系配套生产的商品兔,全身被毛纯白,90日龄

育肥体重平均2.53千克，最高的达3.4千克，28～84日龄饲料报酬为3：1（在粗蛋白质18%、粗纤维14%的营养水平下），日增重32克以上，净肉率81%。

（十二）艾哥

艾哥（ELCO）肉兔配套系：我国又称布列塔尼亚兔，是由法国艾哥（ELCO）公司培育的大型白色肉兔配套系，该配套系具有较高的产肉性能和繁殖性能以及较强的适应性。该配套系由4个品系组成，即GP111系、GP121系、GP172系和GP122系。其配套杂交模式为：GP111系公兔与GP121系母兔杂交生产父母代公兔（P231），GP172系公兔与GP122系母兔杂交生产父母代母兔（P292），父母代公母兔交配得到商品代兔（PF320）。

GP111系兔：毛色为白化型或有色，我国引进的是白化型。性成熟期26～28周龄，成年体重5.8千克以上。70日龄体重2.5～2.7千克，28～70日龄饲料报酬2.8：1。

GP121系兔：毛色为白化型或有色，我国引进的是白化型。性成熟期平均121天，成年体重5.0千克以上。70日龄体重2.5～2.7千克，28～70日龄饲料报酬3.0：1，每只母兔年可生产断奶仔兔50只。

GP172系兔：毛色为白化型，性成熟期22～24周龄，成年体重3.8～4.2千克。公兔性情活泼，性欲旺盛，配种能力强。

GP122系兔：性成熟期平均113天，成年体重4.2～4.4千克。母兔的繁殖能力强，每年可生产成活仔兔80～90只。

父母代公兔（P231）：毛色为白色或有色，性成熟期26～28周龄，成年体重5.5千克以上，28～70日龄日增重42克，饲料报酬2.8：1。

父母代母兔（E292）：毛色白化型，性成熟期平均117天，成年体重4.0～4.2千克，窝产活仔9.3～9.5只，28天断乳成活仔兔8.8～9.0只，出栏时窝成活8.3～8.5只，年可繁殖商品代仔兔90～100只。

商品代兔（PF320）：70日龄体重2.4～2.5千克，饲料报酬（2.8～2.9）：1。

需要说明的是，我国在20世纪90年代引入该配套系的祖代兔。目前已不复存在。

（十三）伊拉

伊拉（HYLA）肉兔配套系：伊拉肉兔配套系是法国欧洲兔业公司用9个原始品种经不同杂交组合和选育试验，于20世纪70年代末选育而成。山东省安丘市绿洲兔业有限公司于1996年从法国首次将伊拉肉兔配套系引入我国。该配套系由A、B、C和D 4个品系组成，4个品系各具特点。该配套系具有遗传性能稳定、生长发育快、饲料转化率高、抗病力强、产仔率高、出肉率高及肉质鲜嫩等特点。其配套模式为：A品系公兔与B品系母兔杂交产生父母代公兔，C品系公兔与D品系母兔杂交产生父母代母兔，父母代公、母兔杂交产生商品代兔。在配套生产中，杂交优势明显。

A品系：具有白色被毛，耳、鼻、四肢下端和尾部为黑色。成年公兔平均体重为5.0千克，成年母兔4.7千克。日增重50克，母兔平均窝产仔8.35只，配种受胎率为76%，断奶成活率为89.69%，饲料报酬为3.0∶1。

B品系：具有白色被毛，耳、鼻、四肢下端和尾部为黑色。成年公兔平均体重为4.9千克，成年母兔平均体重4.3千克。日增重50克，母兔平均窝产仔9.05只，配种受胎率为80%，断奶成活率为89.04%，饲料报酬为2.8∶1。

C品系：全身被毛为白色。成年公兔平均体重为4.5千克，成年母兔平均体重4.3千克。母兔平均窝产仔8.99只，配种受胎率为87%，断奶成活率为88.07%。

D品系：全身被毛为白色。成年公兔平均体重为4.6千克，成年母兔4.5千克。母兔平均窝产仔9.33只，配种受胎率为81%，断奶成活率为91.92%。

商品代兔：具有白色被毛，耳、鼻、四肢下端和尾部呈浅黑色。28天断奶重680克，70日龄体重达2.52千克，日增重43克，饲料报酬为

(2.7～2.9)∶1。

我国山东安丘市绿洲兔业有限公司和青岛康大集团先后引入该配套系的曾祖代,几年来的生产表现良好。

(十四)伊普吕

伊普吕(Hyplus)肉兔配套系:该配套系是由法国克里莫股份有限公司经过20多年的精心培育而成。伊普吕配套系是多品系杂交配套模式,共有8个专门化品系。1998年以来,我国山东省菏泽市颐中集团科技养殖基地、山东青岛康大集团等多家单位从法国克里莫股份有限公司引进该配套系,其主要组合情况如下。

标准白:由PS19母本与PS39父本杂交而成。母本白色略带黑色耳边,性成熟期17周龄,每胎平均产活仔9.8～10.5只,70日龄体重2.25～2.35千克;父本白色略带黑色耳边,性成熟期20周龄,每胎平均产活仔7.6～7.8只,70日龄体重2.7～2.8千克,屠宰率58%～59%;商品代白色略带黑色耳边,70日龄体重2.45～2.50千克,70日龄屠宰率57%～58%。

巨型白:由PS19母本和PS59父本杂交而成。父本白色,性成熟期22周龄,每胎产活仔8～8.2只,77日龄体重3～3.1千克,屠宰率59%～60%;商品代白色略带黑色耳边,77日龄体重2.8～2.9千克,屠宰率57%～58%。

标准黑眼:由PS19母本与PS79父本杂交而成。父本灰毛黑眼,性成熟期20周龄,每胎产活仔7～7.5只,70日龄体重2.45～2.55千克,屠宰率57.5%～58.5%。

巨型黑眼:由PS19母本与PS119父本杂交而成。父本麻色黑眼,性成熟期22周龄,每胎产仔8～8.2只,77日龄体重2.9～3.0千克,屠宰率59%～60%。

二、毛用品种

安哥拉兔(Angora)是世界上最著名的毛用兔品种,也是已知最古老的品种之一，全身被毛白色，毛绒密而长，俗称长毛兔。1734 年最早发现于英国，因其毛与安哥拉山羊毛相似，故命名为安哥拉兔。18 世纪中叶以后，输送到世界上许多国家，如德国、法国、日本、中国。各国家根据自己的自然和社会经济条件，采用不同的饲养方式，培育出了品质特性各异的若干品种类群，比较著名的毛兔有德系和法系，以及我国各地培育的高产长毛兔。

（一）德系安哥拉兔

德系安哥拉兔又称西德长毛兔，是目前饲养最普遍，产毛量最高的一个品种系群。该兔体型较大，成年体重 3.5～5 千克，高者可达 5～7 千克。其外貌特征为：全身被毛白色、眼睛红色、头较方圆或尖削略呈长方形；耳较大，绝大部分耳端有一撮长绒毛，耳背无长毛，有些是“全耳毛”，有些是“半耳毛”；面部绒毛不一致，有的无长毛，有的有少量额颊毛，有的额颊毛丰富；头毛的类型与其主要产毛量无相关性。德系安哥拉兔体躯尤其是背腹部的被毛厚密，有小束的毛丛结构，呈波状弯曲，毛质好，枪毛与绒毛的比例适宜，枪毛占 7%，被毛不易缠绕。四肢及趾间绒毛密生，背线平直，四肢健壮。年产毛量高，达 0.9～1.2 千克，最高可达 1.6～2.0 千克；体长 45～50 厘米，胸围 30～35 厘米。年产 3～4 胎，胎均产仔 6～7 只，最高可达 13 只。德系安哥拉兔具有产毛量高，毛细致柔软，不易缠绕的优点，但适应性、生活力、抗病力均较差，配种困难，母性差，不耐热，对饲养管理条件要求较高。

我国自 1978 年 12 月引入德系安哥拉兔以来，经十几年的风土驯化和选育，其产毛性能、繁殖性能、适应性等均有较大提高，对改良中系安哥拉兔起了重要作用。

（二）法系安哥拉兔

法系安哥拉兔选育历史较长，是世界上著名的粗毛型长毛兔。该兔体型较大，骨骼较粗重，成年体重 3.5～4 千克，体长 43～46 厘米，胸围 35～37 厘米；外貌特征为全身被毛白色，头稍尖削，面长鼻高，耳大

而薄，耳、额颊毛少，脚毛较少，俗称“光板”；体型健壮，粗毛含量高，其他外貌与德系安哥拉兔相似；一次剪毛 140～190 克，年产毛量 0.8～0.9 千克，最高可达 1.3 千克，粗毛含量 13%～20%；年繁殖 4～5 胎，胎产仔数 6～8 只。

我国 1926 年开始饲养，1980 年以后又先后引进几批新法系兔，该品种具有粗毛含量高，体质健壮，适应性强，耐粗饲，繁殖性能和泌乳性能好的特点。但被毛密度差，其产毛量和体重不及德系兔，该品系适合于拔毛方式采毛，不宜剪毛，主要用于粗毛生产和杂交培育粗毛型兔。

(三)浙系长毛兔

浙系长毛兔系采用多品种杂交选育，并经种群选择、继代选育、群选群育、系统培育等技术，结合良种兔人工授精配种繁殖等措施，经 4 个世代选育，形成拥有嵊州系、镇海系、平阳系 3 个品系的浙系长毛兔新品种，并于 2010 年 7 月通过了国家畜禽遗传资源委员会的品种审定。研究表明：浙系长毛兔具有体型大、产毛量高、兔毛品质优、适应性强等优良特性，遗传性能稳定(图 3-9)。

A. 平阳系

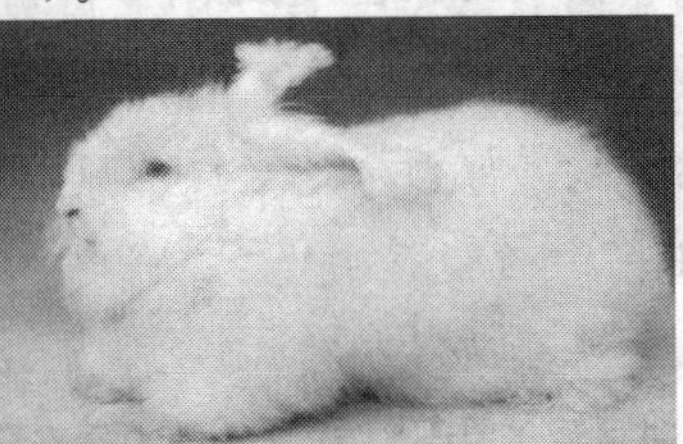

B. 嵊州系

C. 镇海系

图 3-9　浙系长毛兔

1. 体型外貌

浙系长毛兔体型长大，肩宽，背长，胸深，臀部圆大，四肢强健，颈部肉髯明显；头部大小适中，呈鼠头或狮子头型，眼红色，耳型可分为半耳毛、全耳毛和一撮毛3种类型；全身被毛洁白、有光泽，绒毛厚、密，有明显的毛丛结构，颈后、腹毛及脚毛浓密。

2. 体重、体尺

成年(11月龄)体重公兔5 282克、母兔5 459克；成年体长公兔54.2厘米、母兔55.5厘米；成年胸围公兔36.5厘米、母兔37.2厘米。其中：嵊州系成年体重公兔5 290克、母兔5 467克；镇海系成年体重公兔5 495克、母兔5 648克；平阳系成年体重公兔4 905克、母兔5 112克。

3. 产毛性能

11月龄，估测年产毛量公兔1 957克、母兔2 178克，平均产毛率公兔37.1%、母兔39.9%。其中：嵊州系估测年产毛量公兔2 102克、母兔2 355克；镇海系估测年产毛量公兔1 963克、母兔2 185克；平阳系估测年产毛量公兔1 815克、母兔1 996克。

4. 繁殖性能

胎平均产仔数(6.8±1.7)只，3周龄窝重(2 511±165)克，6周龄体重(1 579±78)克。

5. 兔毛品质

绒毛率公兔98.7%、母兔99.2%；绒毛长度公兔4.6厘米、母兔4.8厘米；绒毛细度公兔13.1微米、母兔13.9微米；绒毛强度公兔4.2厘牛顿、母兔4.3厘牛顿；绒毛伸度公兔42.2%、母兔42.2%；粗毛率，嵊州系公、母兔分别为4.3%和5.0%，镇海系公、母兔分别为7.3%和8.1%，平阳系(手拔毛)公、母兔分别为24.8%和26.3%。料毛比见表3-1。

2009年12月，国家畜禽遗传资源委员会其他畜禽专业委员会派遣专家组对浙系长毛兔生产性能进行了现场测定，结果见表3-2。

表 3-1　浙系长毛兔料毛比测定结果

年份	测定阶段	性别	嵊州系	镇海系	平阳系	三系平均
2008	180～253 日龄(8.5 月龄)	♂	35.5	38.9	41.5	39.2
	73 天养毛期	♀	32.8	34.8	37.3	34.5
	254～327 日龄(8.5 月龄)	♂	34.7	37.2	40.2	37.3
	73 天养毛期	♀	31.0	33.4	36.6	33.5

表 3-2　浙系长毛兔生产性能现场测定结果

品系	10 月龄体重/克		10 月龄单次剪毛量/克		估测年剪毛量/克		成年体重/克	
	♂	♀	♂	♀	♂	♀	♂	♀
嵊州系	3 841	3 911	519	538	2 076	2 152	5 155±338	5 385±312
镇海系	3 677	3 764	445	450	1 780	1 800	4 850±379	5 190±329
平阳系	3 839	4 001	409	392	1 636	1 568	5 010±305	5 208±307
三系平均	3 789 (n=51)	3 892 (n=99)	461 (n=51)	458 (n=99)	1 844	1 832	5 005 (n=30)	5 261 (n=60)

目前,浙系长毛兔已在国内 20 多个省、市、自治区中试应用 300 多万只,并为河南、四川、重庆等地的长毛兔新品系选育提供了育种素材。

(四)皖系长毛兔

皖系长毛兔是由安徽省农业科学院畜牧兽医研究所、安徽省固镇种兔场、颍上县庆宝良种兔场等单位,以德系安哥拉兔、新西兰白兔为育种素材,经杂交选育而成,属中型粗毛型长毛兔(图 3-10)。2010 年 7 月 1 日至 2 日该品系通过国家畜禽遗传资源委员会其他畜禽专业委员会的审定。

专家现场对皖系长毛兔进行了 12 月龄体重及产毛量现场测定,主体养毛期 62 天,12 月龄体重:公兔(n＝20)4 115 克、母兔(n＝32)4 000克;单次剪毛量:公兔(n＝20)276 克、母兔(n＝32)305 克;11 月龄粗毛率:公兔 16.2%、母兔 17.8%;11 月龄毛纤维的平均长度、平均细度、断裂强力、断裂伸长率，粗毛分别为 9.5 厘米、45.9 微米、24.7 厘牛顿、40.1%，细毛分别为 6.9 厘米、15.3 微米、4.8 厘牛顿、43.0%；平均胎产仔数 7.21 只。

皖系长毛兔已在国内 10 多个省、市、自治区中试应用 230 万余只，生产性能稳定，适应性广。

图 3-10　皖系长毛兔

三、皮用品种

力克斯兔(Rex)又称獭兔和天鹅绒兔，于 1919 年由法国普通兔中出现的突变种培育而成，因被毛可与水獭皮媲美，短密、平整而得名，原产于法国，是世界著名的毛用兔品种。最初育成的力克斯兔，背部绒毛呈深红褐色，从体侧至胸腹部颜色渐淡，腹部基本为浅黄色，被毛为单一的海狸毛色。1924 年，首次在巴黎国际家兔展览会展出后，引起极大的轰动，之后，纷纷被其他国家引进，人们为获得多姿多彩的天然裘用皮，德、英、日、美等国经 70 年的选育，又培育出了许多不同毛色类型。如英国有 28 个品系，德国有 15 个品系，美国有 14 个品系。我国有多种色型獭兔，毛色有白色、黑色、海狸色、八点黑、红棕色、青紫蓝色、巧克力色、蓝色、银灰色、山猫色、紫丁香色、宝石花色、乳白色、黑貂色、海豹色等，其中以纯白、蓝和红棕色较为名贵。

力克斯兔被毛平整美观，可与水獭毛皮相媲美，我国通称“獭兔”。

我国饲养的主要是美国型力克斯兔，体型匀称而清秀，腹部紧凑，后躯丰满，头小而尖；眼大，不同的品系眼睛色泽不同，有粉红色、棕色、深褐色等；耳长中等，竖立呈V形，有些成年兔有肉髯；四肢强健，活泼敏捷；被毛短而平齐，竖立，柔软而浓密，具有绢丝光泽，见日光永不褪色，且保暖性强。全身被毛呈现不同的颜色，共有20多种。枪毛少并与绒毛等长，出锋整齐、坚挺有力、毛被平整、手感舒适。被毛标准长度1.3～2.2厘米，以往认为理想长度1.6厘米，但是近年来随着皮毛加工业技术的进步和对制裘材料的新要求，被毛长度在2.0～2.2厘米更受市场欢迎。

目前我国饲养的獭兔，除了有从国外引入的美系、德系和法系以外，还有国内培育的一些品系。

(一)美系獭兔

我国多次从美国引进獭兔，由于引进的年代和地区不同，特别是国内不同兔场饲养管理和选育手段的不同，美系獭兔的个体差异较大(图3-11)。其基本特征为：头小嘴尖，眼大而圆，耳长中等直立，转动灵活；颈部稍长，肉髯明显；胸部较窄，腹腔发达，背腰略呈弓形，臀部发达，肌肉丰满；毛色类型较多，美国国家承认14种，我国引进的以白色为主。根据谷子林测定，该品系成年体重(3 605.03±469.12)克，体长(39.55±2.37)厘米，胸围(37.22±2.38)厘米，头长(10.43±0.74)厘米，头宽(11.45±0.69)厘米，耳长(10.43±0.76)厘米，耳宽(5.95±0.56)厘米。繁殖力较强，年可繁殖4～6胎，胎均产仔数(8.7±1.79)只，断乳只数(7.5±1.5)只。初生体重45～55克。母兔的泌乳力较强，母性好。小兔30天断乳个体重400～550克，5月龄时体重达2.5千克以上，在良好的饲养条件下，4月龄可达到2.5千克以上。

美系獭兔的被毛品质好，粗毛率低，被毛密度较大。据谷子林测定，5月龄商品兔每平方厘米被毛密度在13 000根左右(背中部)，最高可达到18 000根以上。与其他品系比较，美系獭兔的适应性好，抗病力强，繁殖力高，容易饲养。其缺点是群体参差不齐，平均体重较小，一些地方的美系獭兔退化较严重,应引起足够的重视。

图 3-11　美系獭兔

(二)德系獭兔

1997 年北京万山公司从德国引进獭兔 300 只,在国内饲养、风土驯化、繁育和保种。经过几年多的饲养观察和风土驯化,该品系基本适应了我国的气候条件和饲养条件,表现良好。

该品系体型大,被毛丰厚、平整,弹性好,遗传性稳定和具有皮肉兼用的特点。外貌特征为体大粗重,头方嘴圆,尤其是公兔更加明显。耳厚而大,四肢粗壮有力,全身结构匀称。胎均产仔数 6.8 只,初生个体重 54.7 克,平均妊娠期 32 天。早期生长速度快,6 月龄平均体重 4.1 千克,成年体重在 4.5 千克左右(图 3-12)。其主要体尺如表 3-3 所示。

图 3-12　德系獭兔

表 3-3　德系獭兔主要体尺测定结果　　厘米

性别	胸围	体长	头宽	耳长	耳宽	毛长
公兔	31.1	47.3	5.6	11.28	5.94	2.07
母兔	30.93	48	5.43	11.00	5.5	2.14

以德系獭兔为父本，以美系獭兔为母本，进行杂交，生产性能有较大幅度的提高。杂交二代的生产性能和外貌特征与德系纯种较接近：平均产仔数 6.4 只，仔兔初生重 53.7 克，平均妊娠期 32 天。主要体尺(厘米)：胸围 31，体长 46.7，头宽 5.3，耳长 11.2，耳宽 5.7，毛长 1.99。30 日龄断乳个体重 500 克以上，110 日龄体重 2 311 克。

该品系被引入其他地区后，表现良好。特别是与美系獭兔杂交，对于提高生长速度、被毛品质和体型，有很大的促进作用。但是，该品系的繁殖力较低，其适应性稍差。由于该獭兔引入之后逐渐流放到全国各地家庭兔场饲养，忽视选育和保种工作，品系之间的杂交和退化现象比较普遍，目前纯种德系獭兔已经很少。

(三)法系獭兔

獭兔原产于法国。1998 年 11 月，我国山东省荣成玉兔牧业公司从法国引入法系獭兔(图 3-13)。其主要特征特性如下。

图 3-13　法系獭兔

体型外貌：体型较大，体尺较长，胸宽深，背宽平，四肢粗壮；头圆颈粗，嘴巴平齐，无明显肉髯；耳朵短，耳壳厚，呈V形上举；眉须弯曲，被毛浓密平齐，分布较均匀，粗毛比例小，毛纤维长度1.6～1.8厘米。

根据荣成玉兔牧业公司测定，法系獭兔生长速度快，成年体重较大。一般1月龄断奶体重650克，3月龄2 460克，5月龄3 850克，成年体重4 850克。

繁殖性能：初配时间25～26周(公)，23～24周(母)；分娩率80%；胎产活仔数8.5只；每胎断奶仔兔数7.8只，断奶成活率91.76%；断奶至3月龄死亡率5%；胎均出栏数7.3只；母兔每年出栏商品兔数42只；仔兔21天窝重2 850克；35日龄断奶个体重800克。母兔的母性良好，护仔能力强，泌乳量大。

商品质量：商品獭兔出栏月龄5～5.5月龄，出栏体重3.8～4.2千克，皮张面积1.2平方尺以上，被毛质量好，95%以上达到一级皮标准。

由于该獭兔引入之后逐渐流放到全国各地家庭兔场饲养，忽视选育和保种工作，品系之间的杂交和退化现象比较普遍，目前该纯种獭兔已经很少。

(四)四川白獭兔

四川白獭兔是四川省草原研究所，以白色美系獭兔和德系獭兔杂交，采用群体继代选育法，应用现代遗传育种理论和技术，经过连续5个世代的选育，培育出了体型外貌一致、繁殖性能强、毛皮品质好、早期生长快、遗传性能稳定的白色獭兔新品系。2002年6月，经过四川省畜禽品种委员会审定，四川省畜牧食品局批准命名为四川白獭兔(图3-14)，并荣获四川省人民政府科技进步一等奖。

外貌特征：全身被毛白色，丰厚，色泽光亮，无旋毛，不倒向。眼睛呈粉红色。体格匀称、结实，肌肉丰满，臀部发达。头型中等，公兔头型较母兔大。双耳直立。腹毛与被毛结合部较一致，脚掌毛厚。成年体重3.5～4.5千克，体长和胸围分别为44.5厘米和30厘米左右，被毛密度23 000根/厘米^2；细度16.8微米，毛丛长度为16～18毫米。属

图 3-14　四川白獭兔

中型兔。

生产发育：8 周龄体重（1 268.92±98.09）克，13 周龄体重（2 016.92±224.18）克，22 周龄体重（3 040.44±263.34）克，体长（43.39±2.24）厘米，胸围（26.57±1.29）厘米，6～8 周龄，日增重（29.85±3.61）克，8～13 周龄，日增重（24.71±1.10）克，13～22 周龄，日增重（16.10±1.19）克，22～26 周龄，日增重（9.57±1.45）克。

繁殖性能：4～5 月龄性成熟；6～7 月龄体成熟；初配月龄母兔 6 月龄，公兔 7 月龄，种兔利用年限 2.5～3 年。窝产仔数（7.29±0.89）只，产活仔数（7.10±0.85）只，受孕率（81.80±5.84）%，初生窝重（385.98±41.74）克。3 周龄窝重（2 061.40±210.82）克，6 周龄活仔数（6.61±0.54）只，6 周龄窝重（4 493.48±520.70）克，断奶成活率（94.03±0.10）%。

毛皮性能：22 周龄，生皮面积（1 132.3±89.45）厘米^2；毛密度（22 935±2 737）根/厘米^2，细度（16.78±0.94）微米，毛长（17.46±1.09）毫米，皮肤厚度（1.69±0.27）毫米，抗张强度（13.74±4.13）牛/44 毫米^2；撕裂强度（33±6.75）牛/44 毫米^2；负荷伸长率（34±3.52）%，收缩温度（87.3±2.67）℃。

产肉性能：22 周龄，半净膛屠宰率（58.86±4.07）%，全净膛屠宰率（56.39±4.07）%，净肉率（76.24±5.21）%，肉骨比 3.21±0.99。

生产效果：四川白獭兔在农村饲养条件下，平均胎产仔 7.3 只，泌乳力 1 658 克，仔兔断奶成活率 89.3%，13 周龄体重 1 786 克，毛皮合格率 84.6%，具有较好的适应性和良好的生产性能。利用该品系公兔改良社会獭兔，仔兔断奶成活率提高 3.6%，成年体重增加 14%，毛皮合格率提高 18 个百分点，改良效果显著。适合广大农村养殖，具有广阔的应用前景。

(五)吉戎兔

由原解放军军需大学于 1988 年利用日本大耳白母兔和加利福尼亚色型的美系公兔杂交，经过 5 个世代选育形成，共 32 个家系，含加利福尼亚色型獭兔血液 75%，日本大耳白兔血液 25%，于 2003 年 11 月通过国家畜禽品种审定委员会特种动物品种专家审定(图 3-15)。

图 3-15　吉戎兔

吉戎兔体型外貌基本一致，体型中等，成年兔平均体重 3.5～3.7 千克，其中全白色型较大，“八黑”(两耳、鼻端、四肢下部、尾为黑褐色)色型的较小，被毛洁白、平整、光亮。体型结构匀称，耳较长而直立，背腰长，四肢坚实、粗壮，脚底毛粗长而浓密。皮毛品质优良，平均被毛密度 14 000 根/厘米^2，毛长 1.68～1.75 厘米，毛纤维细度 16.48～16.70 微米，粗毛率 4.45%～5.70%。指标已达到皮用兔品种审定标准，遗传性稳定。

繁殖力强，育成率高，平均窝产仔数 6.9～7.22 只，初生窝重

351.23～368 克，初生个体重 51.72～52.9 克，泌乳力 1 881.3～1 897 克，断乳成活率 94.5%～95.1%。

适应性强，较耐粗饲，在金属网饲养条件下，脚皮炎发病极少，优于国内饲养的其他品种皮用兔。吉戎兔群体数量大，核心群 920 只，32 个家系，生产群 4 200 只以上。仅吉林饲养 3 万只以上。

（六）金星獭兔

江苏省太仓市獭兔公司，在南京农业大学等教学科研单位的帮助下，从 1996 年开始进行獭兔杂交选育，利用分布于我国北方、南方和江苏的獭兔优良群，在系统选育基础上进行杂交，并对杂交后代进行严格选择和淘汰，组成核心群进行精心培育，经过近 8 年的努力，于 2003 年年底育成了獭兔新品系，定名为金星獭兔。

金星獭兔的种质特性：体型大，毛皮品质好；耐粗饲，抗病力强。体型外貌可分为 3 种类型：皱襞型、中耳型和小耳型。

皱襞型(A)：头型中等，耳厚竖立，体型偏大，成年体重 4.5 千克左右；四肢、后躯发达，自颈部至胸部形成明显的皱襞，皮肤宽松，形似美利奴羊，皮张面积比同体型的其他类型獭兔大 15%～25%。该类型兔是重点选育和推广的对象(图 3-16)。

图 3-16　金星獭兔(皱襞型)

中耳型(B)：头大小中等、略圆，耳中等大、厚而竖立，身体匀称；四肢和后躯发达。生长发育接近于 A 型，成年体重 4.0～4.5 千克。

小耳型(C):头大小适中、稍圆,耳偏小、厚而竖立;四肢、身体发育匀称。生长发育接近于B型,成年体重4.0千克左右。

被毛:被毛密度平均为肩部17 010根/厘米^2,背部22 170根/厘米^2,臀部37 122.50根/厘米^2;粗毛比例平均为肩部5.665%,背部5.675%,臀部3.775%;被毛长度平均为肩部绒毛1.83厘米、粗毛1.79厘米,背部绒毛1.93厘米、粗毛1.88厘米,臀部绒毛2.06厘米、粗毛2.01厘米。

繁殖性能:窝均产仔8.02只,初生窝重447.2克,21日龄窝重2 660.3克,35日龄断奶个体重586克,断奶成活率90%。

生长发育:3月龄个体重2.0千克,4月龄达到2.5千克以上,5月龄达2.75千克以上。5月龄毛皮品质一级品率40%以上,二级品率50%以上。

据不完全统计,金星獭兔选育工作开展以来,先后向全国24个省市、自治区200多个市(特别是西部贫困地区)推广金星獭兔3万只左右。2003年12月,中国畜牧业协会兔业分会组织有关专家,经过资料审核、实地考察,对现场600只群体核心群种兔、7 000只青年种兔群测定,通过"AAA"级评审。

第二节　兔的引种

一、家兔的选种要求

选种就是根据目标性状的表现,把高产优质、适应性强、饲料报酬高、遗传性稳定等具有优良遗传和生产性能的公、母兔选留作繁殖后代的种兔,同时把品质不良或较差的个体加以淘汰,是改良现有品种、培育新品种(系)的基本方法。

(一)肉兔的选种要求

肉兔的最主要目标性状是母兔年产活仔数、断奶活仔数、断奶体重、早期生长速度、饲料转化率、屠宰率等。

1.体质外貌

外貌是肉兔生理结构的反映,与生产性能有着密切关系。从整体上看,被选个体应具有该品种或品系特征,体质结实,肌肉丰满,发育良好,健康无病,无缺陷,体型大小适中,体躯呈圆柱形或方砖形,被毛浓密、柔软、富有光泽和弹性。从局部来看,头型大小适中、粗短紧凑,与躯体各部位协调相称;眼大明亮;肩宽广,胸宽深,背腰平直宽长且丰满,臀部宽圆而缓缓倾斜,腹部充实,中躯紧凑,后躯丰满,四肢端正,强壮有力。公兔要求雄性特征明显,性情活泼,睾丸发育良好,大而匀称,性欲旺盛;母兔要求母性强,繁殖力强,中后躯发育好,性温顺,无恶习,乳头4～5对,外阴部洁净。凡驼背、背腰下凹、狭窄、尖臀、八字腿、牛眼者不宜留作种用。

2.生长育肥

饲养肉兔就是要获得数量多、质量好的兔肉产品,所以种兔应具有生长发育快的特点。肉兔主要看体重、体尺的增长,凡被选个体要求体重、体长、胸围、腿臀围达到或超过本品种标准。良种肉用兔一般要求75天体重达2.5千克,肥育期日增重35克以上,饲料报酬3.5∶1之内。不同品种肉用兔的体尺、体重要求见表3-4和表3-5。

表3-4　不同品种一级成年兔体尺最低要求　　　厘米

品种	成年体长	成年胸围
新西兰白兔	48	34
加利福尼亚兔	50	34
弗朗德兔	55	36
法国公羊兔	52	34
日本大耳白兔	57	37
中国白兔	38	24
喜马拉雅兔	39	24
德国花巨兔	57	36

表 3-5 不同品种家兔体重最低要求 千克

品种	一级兔		二级兔	
	4月龄	成年	4月龄	成年
新西兰白兔	2.5	4.5	2.4	4.0
加利福尼亚兔	2.7	4.5	2.4	4.0
弗朗德兔	3.6	6.0	3.3	5.5
法国公羊兔	3.1	5.2	2.6	4.7
日本大耳白兔	3.3	5.5	2.7	5.0
中国白兔	1.1	2.3	1.0	2.0
喜马拉雅兔	1.8	3.1	1.6	2.7
德国花巨兔	3.6	6.0	3.0	5.5

3. 繁殖性能

优良种兔必须具有较高的繁殖性能，为生产兔群提供更多的优良种兔。繁殖性能主要是指受胎率、产仔数、产活仔数、初生窝重、泌乳力和断奶窝重等。每个基础肉用母兔要求年提供商品兔 30 只以上，凡在 9 月至翌年 6 月份连续 7 次拒配或连续空怀 3 次者不宜留种；连续 4 胎产仔数不足 20 只的母兔也不宜留种；断奶窝重小、母性差的应予淘汰。公兔要求配种能力强，精液品质好，受胎率高，性欲旺盛。凡隐睾、单睾，阴茎或包皮糜烂，射精量少，精子活力差的公兔不宜留种。表3-6

表 3-6 不同品种母兔繁殖性能的最低要求 只/窝

品种	一级兔	二级兔
新西兰白兔	6.0	5.0
加利福尼亚兔	6.5	5.5
弗朗德兔	6.0	5.0
法国公羊兔	4.5	4.0
日本大耳白兔	6.0	5.0
中国白兔	8.0	6.0
喜马拉雅兔	8.0	6.0
德国花巨兔	4.5	4.0

是不同品种母兔繁殖性能的最低要求。

4. 胴体品质

肉兔良种要求屠宰率高，胴体质量好，肉质好。屠宰率一般要在50%以上，胴体净肉率82%以上，脂肪率低于3%，后腿比例约占胴体的1/3。

(二)毛兔的选种要求

毛兔的最主要的目标性状是年产毛量、产毛率、兔毛品质、料毛比、粗毛率，同时兼顾母兔的繁殖性能。

1. 体质外貌

毛用种兔要求体型匀称，体质结实，健康，发育良好；四肢强壮有力，没有任何外形上的缺陷。头清秀，双眼圆睁明亮，无流泪及眼屎现象；耳壳大，门牙洁白短小，排列整齐；体大颈粗，胸部宽而深，背腰宽广平直，中躯长，臀部丰满宽圆；皮肤薄而致密，骨骼细而结实，肌肉匀称但不发达；被毛光亮且松软无结块，绒毛浓密但不缠结，毛品质优良，生长快。毛兔外形鉴定标准见表3-7和表3-8。种公兔要求性欲旺盛，精液质量好；种母兔要求乳房发达，乳头数为4对以上，排列均匀，粗大柔软，不含瞎奶头，后档宽，性温顺。凡八字腿、牛眼、剪毛后3个月内被毛有结块者不宜留种。

2. 产毛性能

毛用兔的产毛量是由兔体的大小、兔毛的生长速度和兔毛着毛的密度3个因素所决定的。所谓密度，是指单位皮肤面积内所含有的毛纤维数，毛纤维数愈多则密度越大，产毛量也越高。被选个体要求年剪毛量高，优质毛百分率高，粗毛比例适中，料毛比小，毛的生长速度快，凡年剪毛量低于群体均值者不宜留种。另外，被选个体要求系谱清楚，繁殖力高。西德长毛兔产毛量和毛等级标准见表3-9、表3-10。

表 3-7　日本长野县种兔场安哥拉兔外貌鉴定标准

项目	要求	评分
头、颈	头宽、颈短、粗细适中，与体躯结合良好，着生细毛，额毛及颊毛丰富，眼清秀，灵活，呈粉红色	6
耳	附着良好，大小适中，竖立，不厚，均匀着生细毛	2
前躯	肩宽广，与体躯结合良好，胸宽、深、充实	4
中躯	背宽长、紧凑，肋长、开张，腹紧凑、充实	4
后躯	腰宽、长、有力，尾大、挺立，与臀部结合良好	4
四肢	富有弹力，肢势正，四肢及其末端均着生细毛	2
乳房及生殖器官	母兔乳头正常，乳头数为 4 对以上，公兔睾丸发达、匀称	2
整体状况	体质强健，发育良好，符合品种要求	6
被毛密度	密度大、毛量多，毛分布均匀	20
被毛品质	被毛洁白、有光泽，毛纤细，弹性强，花毛少	20
被毛状况	毛长、匀度好，无脱毛部位	10
体重	8 月龄体重不低于 3 千克，完全成熟时体重达 3.75 千克	20

表 3-8　法系安哥拉兔协会安哥拉兔外貌鉴定标准

项目	要求	评分
体型	呈圆柱形	5
头、耳	双耳直立，耳尖毛丛整齐	5
体重	平均体重不低于 3.75 千克，理想 4.25 千克	10
毛品质	根据毛长和枪毛数量予以评定	30
产毛量	另定，根据群体水平和分布特性制定选留标准	40
被毛	全身色、毛同质，毛密	10

表 3-9　西德长毛兔产毛量等级标准

克/年

等级	特等	一级	二级	三级
年剪毛量	1 000	900	800	700

表 3-10　西德长毛兔毛等级标准

等级	色泽	状态	长度/厘米	粗毛含量
特级	纯白	全松毛	5.6 以上	不超过 10%
一级	纯白	全松毛	4.6 以上	不超过 10%
二级	纯白	全松毛	3.6 以上	不超过 10%
三级	纯白	全松毛	2.5 以上	不超过 10%
等外	全白	松毛、杂乱	2.5 以下	无要求

(三)獭兔的选种要求

在一定范围内,兔体重越大越好,因为体重大的长毛兔生长发育良好。要求兔生长速度快,成年体重 3～3.5 千克,体长 40～46 厘米,胸围 25～33 厘米。繁殖力强,无遗传缺陷,兔皮质量好。力克斯兔(獭兔)兔皮商业分级标准如下。

甲级皮:绒毛丰厚平顺,毛色纯正,色泽光润,无旋毛、脱毛、油烧、烟熏、孔洞、破缝,全皮面积在 1 100 厘米^2 以上。

乙级皮:板质好,毛色纯正,绒毛柔顺,皮板洁净或具有甲级皮面积,次要部位带破洞两处(面积不超过 7 厘米^2);或具有甲级皮质量,面积在 950 厘米^2 以上。

丙级皮:板质良好,绒毛稍稀薄,或具短芒,毛色纯正,或具有甲、乙级皮面积,次要部位带破洞 3 处(面积不超过 10 厘米^2);或具有甲、乙级皮质量,面积在 850 厘米^2 以上。

(四)选择时间和阶段

1. 肉兔选种

第一次选择:一般在仔兔断奶阶段。一般采取 28～42 日龄断奶,主要采取家系与个体合并选择。结合系谱信息在产仔多、断奶个体多、窝重大的窝中挑选发育良好的公、母兔。要求:①健壮活泼,断奶体重大;②无八字腿等遗传缺陷;③毛色体形符合品系要求。入选的种兔要参加性能测定。

第二次选择：一般在 10～12 周龄阶段。主要选择其早期肥育能力，主要应用选择指数选择，并注意结合体型外貌和同胞成绩。如强调产肉性能的选择指数可由 70 日龄体重、70 日龄腿臀围、35～70 日龄料重比三项或前两项构成；兼顾繁殖性能的选择指数可由所在家系产仔数、断奶体重、70 日龄体重三者构建。

第三次选择：一般在 4 月龄阶段。根据个体重和体尺大小评定生长发育情况，及时淘汰生长发育不良和患病个体。

第四次选择：一般在 5～6 月龄阶段。初配前选择。结合品系的选育目标和体尺、体重、体型外貌进行选择，要求符合品系要求，并具有典型的肉用兔体型。公兔雄性特征明显，性欲旺盛，精液品质优良；母兔性情温顺，乳头及外阴发育良好，无恶癖，后躯丰满。

第五次选择：一般在 1 岁左右阶段。选择在母兔繁殖三胎以后进行。根据母兔前三胎的受胎率、母性、产(活)仔数、泌乳力、仔兔断奶体重、断奶成活率等情况，公兔性欲、精液品质、与配母兔的受胎率及其后裔测定结果，评定公、母兔种用价值高低，最后选出外貌特征明显、性能优秀、遗传稳定的种兔。

2. 毛兔选种

第一次选择：一般在仔兔断奶阶段。主要依据断奶体重、同窝仔兔数量及发育均匀度等情况，结合系谱进行选择。第一次选择要适当多选多留。

第二次选择：一般在第一次剪毛(2 月龄)阶段。主要检查头刀毛中有无结块毛，结合体尺、体重评定生长发育状况，有结块毛及生长发育不良者淘汰或转群。

第三次选择：一般在第二次剪毛(4.5～5 月龄)阶段。主要根据剪毛情况进行产毛性能初选。着重对产毛性能(产毛量、粗毛率、产毛率和缠结率等)进行选择，同时结合体重、外貌等情况。二刀毛与年产毛量为中等正相关。

第四次选择：一般在第三次剪毛(7～8 月龄)阶段。主要根据产毛性能，生长发育和外貌鉴定进行复选。该次选择是毛兔选种的关键一

次，选择强度较大。三刀毛与年产毛量呈较高的正相关，一般用三刀毛的采毛量来估计年产毛量。

第五次选择：一般在1岁以后进行。主要根据繁殖性能和产毛性能进行选择。注意母兔的初产成绩不宜作为选种依据，通常以2～3胎受胎率和产仔哺育情况评定其繁殖性能。繁殖性能差、有恶癖及产毛性能不高者应予严格淘汰。

第六次选择：当种兔的后代已有生产记录时，就可根据后代的生产性能对种兔的遗传品质进行鉴定，即后裔测定，根据种兔的综合育种价值进行终选。

在实际选种中可灵活确定选种时间和次数，一般宜以断奶、三刀毛和后裔测定作为选择的关键阶段。

3. 獭兔选种

第一次选择：一般在仔兔断奶阶段。主要以系谱成绩和断奶体重作为选择依据，此外应配合同窝仔兔的发育均匀度进行选择，将断奶仔兔分作育种群和生产群。

第二次选择：一般在3月龄阶段。选择重点是生长速度和被毛品质，可由3月龄体重和外貌（被毛品质）评分构建选择指数。将体型大、皮毛品质好、抗病力强、生殖系统无异常的个体留作种用，淘汰体小、体弱的个体。

第三次选择：一般在5～6月龄阶段。这是獭兔一生中毛质、毛色表现最充分、最标准的时期，也是种兔初配和商品兔取皮的时期。以生产性能和外形鉴定为主，合格者进入后备种兔群，不合格者作商品兔取皮。对公兔进行性欲和精液品质检查，对母兔进行发情、生殖器官检查，不合要求者不作种用。

第四次选择：一般在1岁左右进行。主要鉴定种兔的繁殖性能，淘汰屡配不孕、繁殖性能不良母兔及性欲、精液品质低下，配种能力不强的公兔。

第五次选择：即进行后裔测定，把优秀种兔列入核心群，一般者为繁殖兔群。

二、家兔引种注意的问题

引种是指将外地或外国的优良品种、品系或类型引入本地，直接推广或作为育种材料的工作。因各种品种都有其特定的分布范围，它们只能在特定的自然环境条件下生活，与它们的历史发展条件，自然条件和农牧业条件的适应性有关。因此，在引种工作中采取慎重态度，引种前认真研究引种的必要性，引种时注意以下几方面工作。

(一)适应市场经济的规律来确定引种经济类型

养兔生产的本质是利用动植物饲料资源以家兔为生产工具进行兔产品生产的过程。在商品经济条件下它是一种商品生产，商品生产只有通过市场交换，才能实现产品的价值，不同地方对产品类型的需求有差异，销售渠道亦不同，从事养兔生产，首先应考虑当地市场和销售渠道，了解经济效益，以确定养殖家兔的经济型。简单概括起来，家兔引种应向高产、优质、高效方向发展，培育适宜市场需用，经济、社会、生态效益高的新品种(系)。

肉兔和毛兔市场较稳定，风险较小。肉兔销售渠道广，产品销售灵活，投资小，生产周期短；毛兔生产周期长投资较大，产品易保存，经济效益高；獭兔生产周期长，销售渠道不畅，高温地区不宜养殖，市场波动大，其产品(裘皮和肉)成批量生产，具有明显的季节性。饲养管理条件由低到高是肉兔→毛兔→獭兔，尤其是目前獭兔的饲养管理技术普及差，引种时应注意。

(二)依据本地的自然和社会经济条件确定引入品种

品种是在特定的自然和社会条件下形成或培育而成的，品种形成的历史越长，风土驯化的程度越有限，引种时必须比较本地与原产地的自然条件，两地的差异越小，引种成功的可能性越大。生产性能高的品种，饲养管理条件要求也高，即良种良养，其优势的生产性能才能表现

出来，引种时考虑自己的经济状况，是否能满足较高的饲养条件，若自身的饲养条件和技术水平低，一味追求品种的优越性能，可能导致引种失败。另外，注意当地的风俗习惯，引种时考虑品种的颜色，不要引入当地忌讳的花色或不喜欢的毛色。否则销售种兔困难或商品兔销售价格低，引进良种兔必须具备以下条件：适宜的自然条件，能承受较高的饲养条件，掌握了养殖技术和丰富的养殖经验。

（三）慎重选择个体

引种时个体选择是非常重要的环节，它关系到未来种群质量和生产效益的高低。首先，体型外貌符合品种特征，生长发育正常。每个品种都有自己明显的特征，如加利福尼亚兔是“八点黑”，否则品种不纯或退化，生长发育不正常的兔其生产性能不能表现出来，不能达到种用要求。其次，健康无病。种兔应体质健壮，健康无病，无外寄生虫，嘴干燥，体温、呼吸正常，粪便疏松、大颗，不能干燥、硬、小颗、拉稀。应活泼、眼有神，精神状况好。再次，种兔不能有明显的外形缺陷。外形缺陷是先天遗传和后天造成，将引起家兔机能不良，选择种兔时避免的外形缺陷为：门齿过长、耳垂、滑水腿、乳头数过少、生殖器官畸形、后躯尖斜。

（四）注意审查系谱

引入个体血缘应清楚，公畜最好来自不同家系，加强家谱的审查，了解亲代和同胞的生产性能，引进优秀个体，防止带入遗传病和有害基因，避免近亲交配或近交系数过高引起品种的退化。

（五）引种试验

在大量引进种兔前，先进行引种试验，引入少量的种兔进行试养，观察其适应性，繁殖性能，生长发育状况，生产力表现和抗病力等，与原产地生产状况或品种性能进行比较，表现良好才能大规模引种。

（六）引种年龄

种兔年龄与生产、繁殖性能有着密切关系，因种兔的使用年限一般只有3～4年，因此，引种兔的年龄最好选择3～5月龄的青年兔，或者体重1.5千克以上的青年兔，该阶段的兔子生命力强，耐运输，可以减少运输途中的损失，到目的地后能较快地适应环境，且投资较合理。30日龄以内未断奶的仔兔的适应性和抗病力较差，抵抗力差，不宜长途运输，死亡率高。老龄兔投资高，利用年限缩短，经济和生产价值低，环境改变后适应性差，影响繁殖性能。

（七）严格检疫

为了防止疾病传入，提高种兔的成活率，种兔必须经过防疫检查，确定健康无病时方可引种和外运。若检疫制度不严常会带进原来没有的传染病，给生产带来巨大损失。起运前要有当地畜牧主管部门的检疫证明书，以确保质量并减少运输中的麻烦。

（八）选择好引种季节

兔是小动物，对外界应激因素抵抗力弱，既不耐热，也不抗寒。寒冬和炎夏都不是引种兔的好时间，引种最好的季节是春、秋两季，不仅气候适宜，而且这个时期青草多且质量好。若在夏季引种，只能夜间启运，白天在阴凉处休息；冬季引种，注意保暖，以防感冒。特别是刚断奶的仔兔，由于饲养管理条件的突然改变，又受炎热或寒冷环境的刺激，极易造成病害，甚至死亡，带来不必要的经济损失。

（九）种兔的运输

1.准备好兔笼

运输工具可采用竹笼、纸箱或铁丝笼等，运输兔的笼要坚固耐用，旧笼使用前应清洗干净，并用消毒液如烧碱溶液、生石灰水、来苏儿水等消毒。

2.装车

装车时兔笼要固定好，尤其是多层笼时，防止上层的笼子滑动，笼层之间应有隔离物，防止上层的屎尿流入下层污染兔子。3月龄以上的公、母兔应分笼调运，避免早配。打架好斗的兔子应及时调笼隔离。兔笼不宜过大，每笼装4～6只，运输密度以平均每兔占有0.05～0.08米^{2}为宜，如无分隔设备，切忌密度过大，否则，运输途中互相挤压，造成不必要的损失。

3.启运

启运时注意通气好，夏天防暑，冬天防寒，通常行车4～6小时，停车休息一会儿，严禁日夜兼程、不歇、不饮、不喂。

4.运输途中喂饮

运输途中喂兔，宜选用容易消化、含一定水分、适口性较好的青绿饲料，如野菜、青干草、胡萝卜茎叶等；精饲料可少喂或不喂，但要及时供给饮水。运输时间1天时可不喂料和饮水；运输2天可饲喂少量干草、胡萝卜和土豆，并少量饮水；运输3天以上，给少量的干草、胡萝卜、土豆，另外，给少量精料，并注意饮水，不宜大量饲喂青绿多汁饲料。

(十)引进后的饲养管理

1.集中饲养，隔离观察

刚引进的种兔，经长途运输后，集中饲养，以便精心管理和观察，发现异常情况要及时处理。种兔引进后不能马上与原有的兔放在一起或固定的笼位内，应隔离观察2周，发现异常或病兔应及时隔离，加强护理和治疗，并做好防鼠、防兽等工作，若无疾病发生，健康的兔才能放入预备的笼舍。

2.饲养管理

刚引进的兔又饥又渴，不能暴饮暴食，以防引起胃肠道疾病。要根据当地饲料条件和饲养习惯，逐渐改变饲料类型和操作日程，切忌突然改变，引起应激反应。首先给予少量的饮水，2小时后给予少量的优质青草，注意不能给含水量高的草，让其食3～5成饱即可，3天后逐渐增加至7～8成饱，一般5天后才能逐渐过渡到正常喂量。经过长途运输的兔子，可在饮水中加入0.5%的葡萄糖或电解多维及微生态制剂。

(十一)引入品种注意选育提高

引入品种要长期使用，应妥善保存这些优良基因资源，加强保种和选育工作，还必须有计划、有组织地开展良种繁育、良种选配和做好各种生产数据和血统资料的记录工作，防止品种的退化。若选育工作搞得好，不仅可以使引入品种得以延续，还可进一步提高其生产性能。

第三节　兔的配种技术

一、家兔选配

家兔育种和生产的实践证明，后代的优劣不仅取决于交配双方的遗传品质，还取决于双亲基因型间的遗传亲和。也就是说，要获得理想的后代，不仅要选择好种兔，还要选择好种兔间的配对方式。选配就是有目的、有计划地组织公、母兔的交配。选配的目的有四：一是实现公、母兔优点互补，创造性能更好的理想型；二是理想型间近交或同质交配，用来稳定巩固理想型；三是以优改劣或优劣互补，进行兔群改良；四是不同种群间杂交，利用杂种优势，提高生产性能。

二、适时配种

(一)性成熟

家兔的性成熟年龄因品种、性别、营养、季节等因素的不同而有差

异。一般小型品种性成熟时间较早，在3～4月龄，中型品种3.5～4.5月龄，大型品种4～5月龄。母兔的性成熟时间要早于公兔，平均可早1个月左右。较好的营养条件，逐渐提高的气温和延长光照可使性成熟提早；营养差及秋、冬季出生的仔兔性成熟延迟。

(二)初配年龄

确定适宜的初配年龄一般按品种体型大小分别确定一个适当的月龄，也应参考家兔本身的生长发育情况并结合当地的养殖水平和自然生态特点。性成熟后的家兔虽已具备一定的繁殖能力，但身体各器官仍处于发育阶段，过早繁殖会影响其本身的生长发育，造成配种后受胎率低、产仔数少，仔兔出生重小，死亡率高。过晚配种一方面造成种兔浪费，另一方面降低公兔的繁殖机能，因此要适时配种。一般认为，在正常的饲养管理水平下，公、母兔体重达到其成年体重的70%～80%时，是适宜的配种时机。同等条件下，公兔的初配年龄应比母兔晚1个月以上，参见表3-11。

表3-11　各类型家兔性成熟月龄、初配月龄和初配体重

类型	性成熟月龄	初配月龄	初配体重/千克
大型兔	4.0～5.0	7.0～8.0	4.0～5.0
中型兔	3.5～4.5	6.0～7.0	3.0～3.5
小型兔	3.0～4.0	5.0～6.0	2.0～2.5

(三)配种适期

家兔属于诱发性排卵动物，即发情母兔须经公兔交配或其他诱发刺激(公兔爬跨、注射诱发排卵的激素、电刺激腰椎脊髓等)才能排卵。母兔在交配刺激后10～12小时即可排出卵子。卵子由卵泡腔排出后即进入输卵管的喇叭口中。输卵管的分节环肌进行规律性的收缩，再加腺体细胞分泌物的流动，推动着卵子向子宫方向移动。发情期间家兔卵子的运行速度，平均每分钟移动1.5厘米，受精卵与未受精卵都需

2～3.5 天，才能到达子宫。一般卵子保持受精能力的时间，家兔卵子为 6 小时，也就是在输卵管壶腹部运行时所需的时间。当卵子到达输卵管峡部时，则因卵子与输卵管腺体分泌物发生某些生理变化而逐渐衰老，便失去了受精能力；到达子宫时，透过组织细胞的吞噬作用，全部解体、吸收而消失。

公兔在自然交配或者人工授精时，一般精子射在母兔阴道内的子宫颈口附近。活力最强的部分精子通过子宫颈口，进入子宫，大约经过 15～30 分钟，即可到达输卵管上 1/3 处的壶腹部，并在此处与卵子相遇，进行受精。公兔精子保持受精能力的时间有 30 小时，而精子借助输卵管分泌物的获能作用需 6 小时。也就是精子进入输卵管部 6 小时后，才具备了与卵子结合的能力。

（四）妊娠与分娩

家兔的妊娠期为 29.5～31 天，范围为 29～34 天，少于 28 天为早产，多于 35 天为异常妊娠，通常 95%以上的母兔可以如期正常分娩，而早产、晚产等异常分娩者很少成活。一般大型兔、老年兔、胎儿少的母兔妊娠期略长。

家兔分娩征兆明显，多数在临产前的 3～5 天，乳房和外阴开始肿胀，食欲减退；临产前 1～2 天，开始衔草拉毛筑窝，乳头可挤出乳汁；临产前 10～12 小时，衔草拉毛次数增多，母性好的临产兔可自行把胸腹部乳头周围的兔毛拉光以充分露出乳头，方便仔兔允乳；产前 2～4 小时，频繁出入产箱，显得急躁不安。一般每 2～3 分钟产出一只仔兔，整个产程需 20～30 分钟。母兔分娩后容易口渴，要注意备足饮水，以免母兔产后口渴难忍而吃掉仔兔。同时将仔兔放在温暖和安全的地方以防冻死或被老鼠等伤害，初生仔兔要保证及时吃上初乳。

三、配种方法

用于家兔的配种方法有 3 种，即自然交配、人工辅助交配和人工授精。

(一)自然交配

自然交配即公、母兔混养，在母兔发情期间，任凭公、母兔自由交配。这种配种方法的优点是配种及时，能防止漏配，节省劳力。但是缺点甚多，主要有以下几方面。

(1)公兔整日追逐母兔交配，体力消耗过大，配种次数过多，精液质量低劣，受胎与产仔率低，且易衰老，利用年限较短，配种头数少，不能发挥优良种公兔的作用。

(2)无法进行选种选配，极易造成近亲繁殖，品种退化，所产仔兔体质不佳，兔群品质下降。

(3)容易引起公兔与公兔间因争夺一头发情母兔而打架、互斗以致受伤，影响配种，严重者还可失去配种能力。

(4)未到配种年龄，身体各部尚未发育成熟的公、母幼兔，过早配种怀胎，不但影响本身生长发育，而且胎儿也发育不良。若老年公、母兔交配，所生仔兔亦体质虚弱，抵抗力低。这两种情况，均可造成胚胎死亡或早期流产，即使能维持到分娩，所生仔兔成活率也低。

(5)容易传播疾病。

(二)人工辅助交配

1.人工辅助交配的优、缺点

在公、母兔分群或分笼饲养的条件下，在母兔发情期间，用人工辅助的方法进行配种，称人工辅助交配。

这种方法的优点是：①有利于有计划地进行配种，避免混配和乱配，以便保持和生产品质优良的兔群。②有利于控制选种选配，避免近亲繁殖，以便保持品种和品种间的优良性状，不断提高家兔的繁殖力。③有利于保持种公兔的性活动机能与合理安排配种次数，延长种兔使用年限，不断提高家兔的繁殖力。④有利于保持兔体健康，避免疾病的传播。

人工辅助交配的缺点是与自然交配相比，需用人力、物力。

2.配种方法

(1)配种前的准备　在公、母兔进行配种之前,首先要进行全面检查,如检查膘情、性活动机能、生殖器官是否正常、体质是否健壮等。特别是对患有疾病的公、母兔,应先进行隔离与治疗,待治愈后再行配种。其次,在交配前数日,须将公、母兔外生殖器官附近的长毛剪去,以免交配时有所妨碍,这一操作对毛用兔尤为重要。然后进行清洗、消毒和擦拭,严防交配时将污物带入阴道。第三,检查母兔的发情状况,若未发情者外阴部苍白而干涩;发情者外阴部膜则红肿、湿润。但以呈红透感觉时交配效果最好。

(2)交配程序　经检查母兔发情适宜状况,外阴唇“红透”,又值天气晴和,则在上午饲喂后,兔子精神饱满之际,进行配种。配种时把母兔轻轻放入公兔笼中,此时如双方用嗅觉辨明对方性别后,公兔即追逐母兔,并试伏母兔背上,或以前足揉弄母兔腰部乳房,同时屈躬作性交动作。如果母兔正在发情,则略逃数步,即伏下待公兔爬在背上,作性交动作时,即举尾迎合。公兔将阴茎插入母兔阴道,臀部屈躬,迅速射精。射精的表现非常明显,并伴随射精动作,“咕咕”尖叫一声,后肢蜷缩,臀部滑落,倒向左侧,片刻将阴茎拔出,至此交配完毕。数秒钟之后,公兔爬起,再三顿足,这就表示已顺利射精。即可将母兔送回原笼。若把母兔放入公兔笼中交配时,公兔追逐,母兔逃避或匍匐在地,并用尾部紧掩外阴部。此时公兔用嘴咬扯母兔的颈毛或耳朵,或者掉头伏母兔头上,频频以生殖器向母兔鼻间作性交状态的摩擦,似给母兔调情。数分钟后,仍不交配,这时可让母兔再由其他公兔交配。如果还不接受交配时,应立即将母兔送回原笼,改日再配。若母兔不接受交配时,也可采用人工辅助的方法,即用左手抓住母兔耳朵与颈部,右手伸入母兔腹下,举起母兔的臀部,让公兔爬跨交配。

(3)配后处理及复配检查　交配以后公、母兔均需安静休息。要将初配日期、所用公兔品种、编号等及时登记在母兔繁殖卡片上。

为了确保母兔及时怀孕与产仔,须在初配后5天左右,再用上述方

法进行复配一次。如母兔拒绝交配，逃离公兔并发出“咕、咕”的叫声，这意味着已经受精。速将母兔送回原笼，以免奔逃过久而影响胎儿。如果母兔接受交配，则表明初配未孕。随将复配日期记入繁殖卡片上。若复配不成功，常于配后15～20天发现母兔有营巢现象，是假受孕或小产的现象。应重新进行交配。

3.注意事项

(1)要注意公、母兔比例　一头健壮的成年公兔，在家兔繁殖季节，可以为8～10头母兔配种，并能保持正常的性活动机能和繁殖效率。

(2)要控制日配种频率　一头体质健康性欲强的公兔，在一天之内可交配1～2次，并在连续交配两天之后，要休息一天。但若遇到特殊情况，亦可适当增加次数或延长交配日数。但不能滥交，以免影响公兔的健康和精液品质。

(3)要注意掌握母兔的发情规律并及时配种　根据母兔的发情规律，性欲表现和外阴部的红、肿、湿润的变化特点，在养兔实践中总结出“粉红早、黑紫迟、大红正当时”的经验。即在母兔开始发情时，并不要急于给母兔配种，要在外阴唇黏膜红透，性欲最旺时(即发情后12小时以上)再进行配种，便可获得较高的受胎率与产仔率。

(4)要防止精液逆流　公、母兔交配后，为了防止阴道中的精液倒流出来，影响受胎产仔数量，在公兔射精后，及时将母兔臀部提起来，并轻轻拍一下，促进阴道和子宫的收缩，有利于精子从阴道向子宫方向流动。

(5)必须在公兔笼中交配　母兔发情，一定要在公兔笼中进行交配。若将公兔放入母兔笼时，则公兔因生活环境的改变，影响性欲活动，甚至不爬跨母兔等。若一只母兔用两头公兔交配时，要在第一只公兔交配后，把母兔送回原地，经过一定时间，这时可能异性气味消失了，再送入第二只公兔笼中进行交配。否则，第二只公兔嗅到母兔身上有其他公兔气味时，不但不能顺利配种，而且可能把母兔咬伤。当然，更不能同时用两头公兔配种，以免因两只公兔互相争夺而咬伤，影响种公兔的体质健康。

(6)遇到下列情况者,应不予配种　家兔不到交配月龄者不得交配。如果交配过早,不仅影响仔兔的质量,而且容易使未发育成熟的青年母兔发育受到影响。3年以上的老龄母兔,如果继续交配产仔,往往所产仔兔体小娇弱,抗病力差,幼兔死亡率高。因此,3年以上的老龄母兔,应予以淘汰。对于体况较好,性能优异的母兔,可延长1年;有病母兔,应待病愈后再配种产仔。特别是患传染疾病者,若不注意,传播开来,可使整个兔群质量下降,甚至造成很大损失。公、母种兔有血缘关系者,不予交配,严防近亲交配,以免造成后代体弱、抗病力低、生长发育缓慢、生产性能下降等不良现象。

(三)家兔的人工授精

人工授精是家畜繁殖改良最经济、最科学的方法。家兔的人工授精技术是提高优良种公兔的配种效率,迅速改良兔群品质的有效方法。按照人工授精的规范操作,可以使家兔的受胎率达80%～90%及以上。有关家兔人工授精的详细讲解,将在下一节专门叙述。

第四节　兔的人工授精技术

一、家兔人工授精的意义

家兔人工授精可提高优良种公兔的配种效率,迅速改进兔群品质,减少公兔的饲养头数,降低饲养费用,增加收入。一只公兔一次排出的精液,可供6～8只或更多的母兔输精。可提高母兔受胎率与产仔率,避免自然交配过程中传染病的传播,特别是避免生殖器官疾病的传播;同时有利于其他新兴繁殖技术在家兔繁殖上的应用。

二、家兔人工授精的关键技术环节

家兔人工授精完整的技术环节包括采精、精液的稀释、精液的品质检查、精液的保存和输精。

(一)采精

在公兔的采精方法上，有阴道内采精法、电刺激采精法和假阴道采精法。其中，以假阴道采精法最为常用。其原理与马、牛、羊、猪相同。

1.假阴道的构造

假阴道的构造，主要有外壳、内胎和集精瓶 3 部分(图 3-17、图 3-18)。

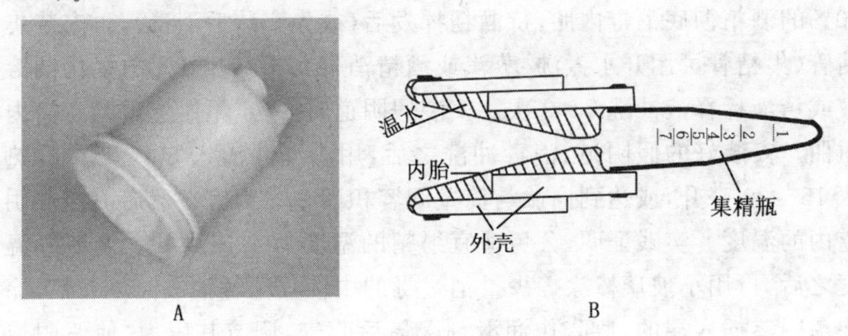

图 3-17　假阴道

A.注塑假阴道外壳及内胎　B.套管式假阴道采精器

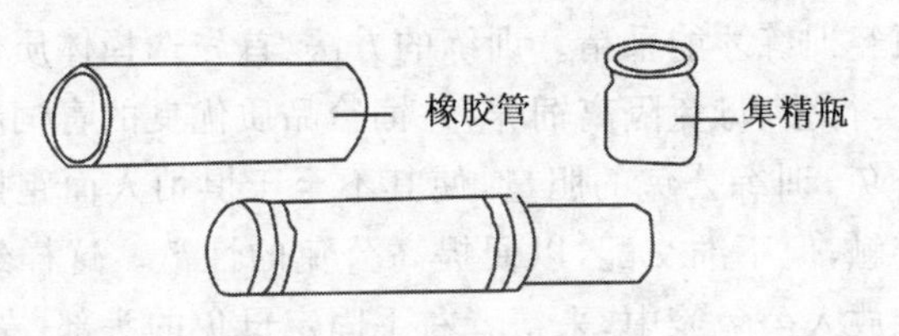

图 3-18　采精设备

(1)外壳　公兔采精用的假阴道外壳,可用竹筒、橡胶管、塑料管或白铁皮焊接制成。长6～8厘米,直径3～3.5厘米。在外壳的中间钻一直径0.5～0.7厘米的小孔,并安装活塞,以便由此注入热水和吹气调节压力大小。

(2)内胎　内胎可用薄胶皮制成适当长度的圆筒,或手术用的乳胶指套(顶端剪开)或以人用避孕套(截去盲端)等代替。内胎的密封性要好,使用的塑料应对精子无毒害作用。内胎长14～16厘米。

(3)集精瓶　集精瓶是采精时专门用来收集和盛装精液的双层棕色玻璃瓶,可以从底部装入37～39℃的温水,防止精液射出时,遇到低温应激。也可用口径适当的小试管或小玻璃瓶等代替。

2.采精前的准备

采精用的假阴道,在安装前、后都要认真检查有无破损。然后用70%的酒精彻底消毒内胎,待酒精挥发后(或先安装后消毒),再安装集精管(集精管可用开水煮沸、蒸汽或酒精消毒),最后用1%的氯化钠溶液或精液稀释液冲洗2～3次。安装假阴道时,一定不能让内胎在筒内扭曲。安装好的假阴道,消毒冲洗之后,用小漏斗灌入50～55℃的热水15～20毫升,或达到内胎与筒壁间容积的2/3为宜。然后测定假阴道内的温度。实践证明,公兔适宜射精的温度为40～42℃。调整好温度之后,再用小玻璃棒涂擦少量消过毒的中性凡士林油或液体石蜡,涂在兔阴茎插入端的口部,作润滑剂。最后吹气,调节其压力,使假阴道内胎三角形的3个边几乎靠拢,即可用来采精。

3.采精方法

公兔须经训练才能采精。训练的方法:首先选择体质健壮、性欲旺盛的公兔,实行公、母兔隔离饲养,并饲给品质优良的青饲料和精饲料;经常接近公兔,训练公兔的胆量,使其不至于惧怕人而跑掉;定期叫公兔与母兔接触,但不准交配,以便提高公兔的性欲。这样经数日之后,将发情母兔放入公兔笼中,采精者右手固定母兔的头部,左手握假阴道置于母兔两后肢之间。当公兔爬跨母兔交配之际,采精者把握假阴道的左手,使母兔后躯举起,待公兔阴茎挺出后,采精者根据阴茎挺出的

方向调整假阴道口的位置。当公兔阴茎一旦插入温度、压力适宜而且润滑的假阴道口时，前后抽动数秒钟，即向前一挺，后肢卷缩，向左侧倒去，并伴随“咕—”的一声尖叫，这就是射精的表现。随即放开母兔，将假阴道竖立，减压，使精液流入集精管中，然后取下集精管，塞上消毒的瓶塞，进行精液的品质检查或稀释处理等操作。

训练公兔用假阴道法进行采精，一般性欲较强的公兔，经过几次训练之后，便可顺利采取精液。或者用兔皮做一假台兔，甚至采精者戴一兔皮手套，握住假阴道，均可顺利达到采精的目的。特别是经用假阴道采精训练成熟并已成习惯的公兔，看到采精人员穿好工作服，准备采精时，即主动跟随前后不离，等待采精。

采精后，所用用具必须用温肥皂水及时洗涤干净。橡皮内胎、指套等用纱布擦干，涂上滑石粉，以免黏合变质。其他用具，亦要放在干燥、无尘的橱窗内或干燥箱中存放。

4. 采精频率

虽然频繁的交配对兔的射精量影响不大，但频率过高时，所含精子的数量却显著下降，带原生质小滴的精子数增加。试验证明，若公兔每4小时射精一次，其所含精子数第一次为35.6×10^{6}，第20次时减少为0.3×10^{6}，而且精子的活力也下降了，甚至全部呈静止状态。通过大量的实验和生产实践证明：种公兔的采精频率，一日之内以1～2次为宜，连续5～6天之后，最好休息1～2天，以便保持公兔的性欲和优良的精液品质。

(二)精液的品质检查

1. 常规品质检查

精液的品质检查应该在每次采精后立即进行，并做好记录，以便衡量公兔的繁殖性能和在某段时间内的采精频率、饲养状况等因素。精液的常规品质检查主要检查其射精量、颜色、气味、云雾状、pH值，估测密度和活力。

(1)射精量　指采精后家兔一次的射精量。可由具有容量刻度的集精瓶直接读出。家兔的射精量一般0.2～2毫升，平均约1毫升。射精量过多，可能是副性腺病变，分泌物增加或混入尿液；相反过少，可能是采精技术不当或繁殖机能下降。

(2)颜色　正常公兔的精液颜色为乳白色或略带黄色。当有其他颜色时，表明公兔生殖器发生疾患。异常颜色的精液不能使用。

(3)气味　兔的新鲜精液一般无味或略有腥味。如有腐败臭味，说明精液中混入化脓性分泌物，应停止采精，及时诊治。如腥味过大，往往是因为混入尿液。

(4)云雾状　透过集精瓶，肉眼仔细观察时可看见精液呈雾状翻滚运动现象，即云雾状。当精子的密度较大而且活力较高时才会出现云雾状。云雾状是衡量精子整体活动状态的指标。

(5)pH值　测定精液pH值时，用消毒的玻棒蘸取精液滴于pH值试纸上，待其颜色彻底反应后，再置于标准比色板上，与标准色相比，找出与标准色相似的取值，或介于相邻颜色之间的颜色，将相邻色值相加除以2，即为所测精液的pH值。公兔正常精液的pH值为6.80～7.25。

(6)估测密度　取一滴精液于载玻片上，加上盖玻片置于400～600倍显微镜下观察，按密、中、稀3个等级评定密度。密：在整个视野中精子密度很大，精子彼此之间间隙很小，看不清各个精子的运动情况，每毫升精液中精子数在10亿以上；中：精子之间空隙明显，彼此之间的距离约一个精子长度，有些精子的活动情况可以清楚地看到，每毫升精液的精子数为2亿～10亿；稀：精子分散于视野中，精子之间的距离超过一个精子的长度以上，每毫升精液的精子数在2亿以下。

(7)活力　精子活力的强弱，是影响母兔受胎率和产仔数的重要因素之一，也是评定种公兔种用价值的重要指标。精子的活力是整个视野中呈直线运动的精子比率。精液采出后，应立即在35～37℃下进行活力测定。用玻棒蘸取一滴精液在载玻片上，加以盖片，盖片时防止产生气泡，然后在250～400倍显微镜下观察。评定活力时往往一并估测密度。

精子活力的评价方法是在显微镜下，观察呈现直线运动精子占全部精子的比例。如果100%的精子呈现直线运动，就记作1；50%的精子为直线运动，记作0.5，以此类推。生产实践中，一般要求公兔鲜精液精子的活力要在0.6以上才可作输精之用。

2.精液品质的定期检查

(1)精子的密度　公兔的精液比较稀薄，在评定精子密度时，应借助于生理学上常用的血细胞计数板，计算出每毫升精液中所含精子的数量。其方法是用1毫升吸管准确吸取3%的NaCl溶液0.2毫升或2毫升注入小试管内，根据稀释液倍数要求，用血吸管吸取并弃去10微升或20微升的3%的NaCl溶液，用血吸管吸取兔精液10微升或20微升注入到小试管中摇匀。然后取一滴稀释后的精液滴于计数板上的盖玻片边缘(特制的加厚盖玻片)，使精液渗入到计数室内，在400～600倍的显微镜下统计出计数室的四角及中央共5个中方格内的80个小方格的精子数，对于压线的精子遵循数上不数下，数左不数右的原则。其计算公式为：

精子密度＝所数精子总数(X)×400×10×稀释倍数×1 000/80＝(精子数/毫升)

即是每毫升精液中所含精子的数量。计算原理和方法，可参照其他家畜评定精子密度的方法。

(2)精子畸形率　取1小滴被测精液于载玻片上，然后加1～2滴生理盐水，将精液和生理盐水振荡混匀，再将样品滴以拉出形式制成抹片，切忌将精液推出而人为造成精子损伤。用0.5%龙胆紫酒精或蓝墨水染色3分钟，自然干燥、水洗后即可镜检。查数不同视野的500个精子，计算出其中所含的畸形精子数，求出畸形精子百分率。

公兔的畸形精子形态，大致可分为头部、颈部、中段及尾部等4部分畸形。但在正常的精液中，头部及颈部畸形者较少，而中段及尾部畸形者则较多。造成头部、颈部畸形的原因，则多由于精子的形成机能发生障碍所致。而造成中段及尾部畸形者，则由于精子在生殖器官内变形或在体外环境处理精液不当所致。常见的畸形有断头、断尾、尾卷曲和带原生质小滴等,其中断头和断尾只计一种。

(3)精子顶体完整率　采用测定精子畸形率的方法做出精液抹片,自然干燥 2～20 分钟,以 1～2 毫升的福尔马林磷酸盐缓冲液固定。对含有卵黄、甘油的精液样品需用含 2%甲醛的柠檬酸钠液固定。静置 15 分钟,水洗后用姬姆萨染液染色 90 分钟或用苏木精染液染色 15 分钟,水洗,风干后再用 0.5%伊红染液复染 2～3 分钟。经上述染液染色后,水洗、风干置于 1 000 倍显微镜下用油镜观察,或者用相差显微镜(10×40×1.25 倍)观察。采用姬姆萨染液染色时,精子的顶体呈紫色,而用苏木精－伊红液染色时,精子的细胞膜呈黑色,顶体和核被染成紫红色。每张抹片需观察 300 个精子,统计出精子顶体完整型的百分率。

按照精子的形态、细胞膜及顶体的完整与否,将精子顶体形态分为 4 种类型。

顶体完整型:精子头部外形正常,细胞膜和顶体完整,着色均匀。顶脊、赤道段清晰,核后帽分明。

顶体膨胀型:顶体着色均匀、膨大呈冠状,出现明显条纹。头部边缘不整齐,核前部细胞膜不明显或部分缺损。

顶体破损型:顶体着色不均匀,顶体脱离细胞核,形成缺口或凹陷。

顶体全脱型:赤道段以前的细胞膜缺损,顶体已经全部脱离细胞核,核前部光秃,核后帽的色泽深于核前部。

(4)精子存活时间及存活指数　精子存活时间是指精子在一定条件下的总生存时间,而精子的存活指数是精子存活时间和精子活率两种指标的综合反映。检测精子存活时间时,是将精液样品每隔 2～4 小时抽样评定精子活率,直到精子全部死亡为止。具体方法是由第一次检查时间至倒数第二次检查之间的间隔时间,加上最后一次与倒数第二次检查时间的一半,其总和时间即为精子存活时间。每相邻前后两次检查的精子平均活率与其间隔时间的乘积相加的总和即为精子存活指数。

(5)伊红低渗溶液试验　检测精子细胞膜结构是否完整的传统方法是用伊红Y或锥虫蓝染料染色。活精子的细胞膜可以阻挡染料进入精子体内，只有死精子或细胞膜损伤的精子可被上述两种染料染色。同样，具有正常细胞膜通透性的活精子置于低渗溶液中，由于水分进入细胞内，精子尾部即出现肿胀，因此可以反映精子细胞膜的生理机能。根据上述原理，采用伊红低渗溶液试验可作为精子生理机能的检测方法。

用定量加样器取10微升精液和40微升0.1%伊红蒸馏水溶液于载玻片上混匀，覆以盖玻片，静置1～2分钟，在400倍显微镜或相差显微镜下观察精子头部着色情况和尾部肿胀情况。将头部未着色肿胀、尾部出现弯曲的精子，被确定为精子细胞膜生理机能正常的精子。在显微镜下计数200个精子，计算细胞膜正常精子的百分率。

(6)精液的细菌学检查　目前国内外都十分重视精液的微生物检验，精液中含有的病原微生物及菌落数量已列入评定精液品质的重要指标，并作为海关进出口精液的重要检验项目。方法是：取熔解后的10毫升普通琼脂冷却至45～50℃，加入无菌脱纤维血液或血清5～10毫升，混合均匀，倾入灭菌平皿内，置入37℃恒温培养箱内1～2天，确认无菌后用生理盐水对精液作10倍稀释，取0.2毫升倾倒于血琼脂平板，均匀分布，在普通培养箱中37℃恒温培养48小时，观察平皿内菌落数并计算每剂量中的细菌落数，每个样品做两个，取其平均数。

每剂量中细菌数＝菌落数×稀释倍数×取样品的倍数

例：0.1毫升颗粒精液中细菌数＝菌落数×10×5

0.25毫升颗粒精液中细菌数＝菌落数×10×12.5

最后将精液品质检查的结果，详细登记在种兔精液品质鉴定薄上，以便作为评定种公兔优劣的标志。

(三)精液的稀释

在精液中添加一定数量的、适宜于精子存活并保持其受精能力的溶液称为精液的稀释,添加的溶液称为稀释液。

1.稀释液的配制

根据精子的生理特性,将采得的精液,经过特制的稀释液稀释之后,再用于输精。

稀释公兔精液的常用稀释液有7%的葡萄糖、11%的蔗糖等数种。具体配方如下。

7%的葡萄糖:取化学纯葡萄糖7克,放入量杯中,再加入蒸馏水(或过滤开水)到100毫升,轻轻搅拌,使其充分溶解,再通过两层滤纸,过滤到专用的三角烧瓶中,加盖密封,放在消毒锅中煮沸或蒸汽消毒10分钟。待降温(30～35℃)后使用时,再加入适量的抗生素类物质。按1∶(3～5)倍的比例,在室温(20～25℃)的环境中进行稀释。稀释后的精液,再经活力检查,若精子活力较强,合乎输精要求时,即可为发情母兔进行输精。但若稀释后精子活力显著减弱,应查明原因,不得用于输精。

11%的蔗糖:取化学纯蔗糖11克,放入量杯中,再加蒸馏水到100毫升处,充分搅拌,使其充分溶解,再用滤纸过滤于三角烧瓶中,加盖密封,蒸汽或煮沸消毒10分钟,降温后使用。使用时每100毫升稀释液加5万～10万单位的青霉素和双氢链霉素,或0.3克氨苯磺胺。

除此之外,尚有用各种动物的鲜奶,或用10%的奶粉。在使用时,仍须经过92～96℃蒸汽或煮沸消毒10分钟,待降温到40℃以下,加入适量抗生素类药物,其效果亦较好。

2.精液的稀释处理

在稀释处理精液的过程中,要特别注意保持精液与稀释液同温,严防伤害精子。公兔射精时,所排出的胶状物质黏稠性很强,呈半固体状,多遗留在假阴道中,射精量又较少,所以一般不必用消毒纱布过滤,只是把35℃的稀释液沿着集精管壁,缓慢地倾注到精液中,稍加晃荡,使之逐渐混合。然后取稀释后的精液一滴,进行显微镜检查,看其活力有无变化。若符合输精要求,便可立即用于输精。

(四)精液的保存

目前兔精液的保存主要以常温保存和低温保存为主，冷冻保存仍处于探索阶段。

1. 常温保存

在精液稀释时，需要加入缓冲溶液，如柠檬酸钠(2.9%)，或EDTA 0.1%，稀释后的精液暂时不用，应在精液上面盖一层中性液状石蜡油，这样精液就可以与空气隔绝，然后再用塞子塞紧，管口封严保存在常温下。

2. 低温保存

精液要保存在阴暗干燥的地方，温度最好在0～5℃，即放在冰箱中或放在有冰块的广口保温瓶中，否则就会影响精子的存活时间。但要防止突然降温，应缓慢地逐渐进行，使其有一个适应的过程。其方法是在盛装精液的瓶子外裹上厚厚的纱布，放在0～5℃的冰箱中。用低温保存的精液的稀释液中应加入抗冷休克类物质，如奶类、蛋黄等。

3. 超低温保存(冷冻精液)

即精液经处理后在液氮内(－196℃)长期保存。由于家兔精子容易受到超低温的破坏，活力受到严重影响，目前该技术尚不很成熟。

(五)输精

1. 排卵处理

前面已经谈到，母兔的排卵在交配或性刺激以后约10小时开始，为此在给母兔进行输精之前，应先作刺激排卵的处理，才能达到受精怀胎的目的。关于刺激母兔排卵的方法，大体有以下几种。

(1)交配刺激　是最理想的刺激排卵法，一般用结扎输精管失去授精能力的公兔与母兔交配，但在采用之前，应在手术后首先排除前1～2次射出的含有受精能力的精液，才能达到预想的目的。结扎输精管的方法，首先要选择性欲旺盛的公兔，在腹下鼠蹊部的左右两侧开口，从精索中分离出输精管进行结扎，但要注意不要误扎血管造成不良影响。此法效果较好，简便易行。

(2)注射激素　为母兔注射LH或HCG，均能引起母兔排卵。关于注射LH有效剂量，因家兔个体较小，反应敏感，不宜过多。LH或HCG的量一般为50～60国际单位。若注射孕妇尿时，以不超过10毫升为佳。目前我国多用国产促排卵素3号，每支25微克，可以注射40～100只母兔。

(3)注射铜盐　静脉注射1%浓度的硫酸铜溶液10～15毫克或1%～1.5%的醋酸铜溶液1毫升，用作母兔的刺激排卵，其排卵现象、排卵数、排卵时间等与交配刺激、注射促性腺激素类似物相等，效果也基本相同。均可得到正常的受胎率。

总之，刺激母兔排卵的方法很多，各地可根据具体情况与条件，大胆创新，则家兔实行人工授精是完全可行的。

2. 输精方法

输精用具可借用羊的输精器或用1毫升容量的小吸管安上一个胶皮乳头(图3-19)，目前发达国家和国内大型兔场多用专用输精枪。输精的容量一般为0.2～0.5毫升，输入的有效精子数为0.15亿～0.30亿。

输精的方法有两种：一种方法是术者左手握紧兔耳及背皮，将腹部向上，臀部放在桌上，右手持准备好的输精器，弯头向背部方向轻轻插入阴道6～7厘米深处，慢慢将精液注入(或挤压乳胶头)，然后再以右手轻轻捏其阴部，增加母兔快感，从而加速阴道及子宫的收缩，这样可以避免精液逆流。

另一种方法是将母兔由助手保定，术者左手提起兔尾，右手将输精器弯头向背部方向插入阴道，然后将精液注入阴道深部。

3. 注意事项

为了提高母兔的受胎率与产仔数，在输精操作时，应注意以下几点。

(1)要严格消毒，无菌操作　输精器在吸取精液之前，先用35～38℃的稀释液或冲洗液，冲洗2～3次，然后再吸入定量的精液为母兔

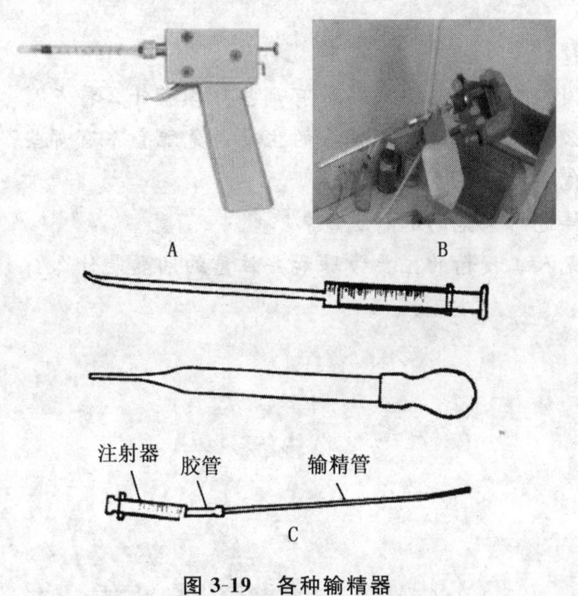

图 3-19　各种输精器

A. 单次输精枪　B. 连续输精枪　C. 简易输精器

输精。在给第一只母兔输精后，插入阴道部分的输精管，应用消毒纱布或脱脂棉花擦净污物，再用 70% 的酒精棉球消毒，最后再用浸湿冲洗液的纱布或脱脂棉擦拭，方可再吸精液。在输精前，母兔的外阴部亦要用浸湿 1% 氯化钠溶液（或其他冲洗液）的纱布或棉花擦拭干净。

（2）输精部位要准确　母兔膀胱在阴道内 5～6 厘米深处的腹面开口，几乎有阴道腔孔径之大，而且在阴道下面与阴道平行，故在插入输精管时，极易插入尿道口中，误将精液输入膀胱。因此，在给母兔输精时，不论采取何种输精方式，均须使输精器前端沿阴道壁的背侧面插入 6～7 厘米深处，越过尿道口时，再将精液注入在子宫颈口附近，使其自行流入两子宫开口中。若插入过深，易使输精器前端进入一侧子宫颈口，造成只有一侧子宫怀孕的现象。

（3）器械要清洗　凡采精、输精及有关器皿，用后要立即冲洗干净，并分别置于通风、干燥处，或存放于橱窗、干燥箱中备用。

思考题

1. 我国饲养的主要肉兔品种有哪些？各有什么特点？
2. 什么是配套系？我国饲养的主要肉兔配套系有哪些？
3. 家兔引种要注意什么？
4. 怎样进行家兔的选种选配？
5. 家兔人工授精的主要步骤和要注意的问题是什么？

第四章

家兔的饲料及营养需要

导　　读　饲料是养兔的物质基础，对于养兔的成功与否、效益高低起到至关重要的作用。本章重点介绍家兔饲料资源开发、家兔的营养需要和饲料配合技术。

饲料是家兔规模化养殖的物质基础，提供家兔生长发育、繁殖等生命活动所需的营养物质，占养殖成本的70%左右。了解家兔常规饲料原料的营养特点及饲用价值，提高其营养物质的利用率，研究开发和综合利用非常规饲料资源，为家兔配制符合不同条件下营养需要的配合饲料，是提高规模化生态养兔效益的关键技术之一，是降低饲养成本，获得较高经济效益的重要保证。

第一节　家兔生态饲料资源的开发和利用

一、家兔饲料的种类

家兔属单胃草食动物，食谱广，饲料种类繁多，根据国际饲料分类的原则，以饲料干物质中的化学成分含量及饲料性质基础，将饲料分成八大类：①粗饲料；②青绿饲料；③青贮饲料；④能量饲料；⑤蛋白质饲料；⑥矿物质饲料；⑦维生素饲料；⑧添加剂饲料。

二、各类饲料的特点、资源开发和利用

（一）粗饲料

1.营养特性

水分含量在45%以下，干物质中粗纤维含量在18%以上的饲料均属粗饲料。主要包括青干草、作物秸秆和秕壳、树叶及其他农副产品等。这类饲料的共同特点是：体积大而养分含量低，粗纤维含量高达25%～50%，含有较多的木质素，难以消化，消化率一般为6%～45%。粗蛋白质含量低且差异大，为3%～19%。维生素中除维生素D含量丰富外，其他维生素含量低。除优质青干草含有较多的胡萝卜素外，秸秆和秕壳类饲料几乎不含胡萝卜素。矿物质中含磷少，钙多。

家兔属于草食动物，盲肠极为发达，长度与体长相等，容积约为消化道容积的42%，其功能类似于反刍动物的瘤胃，含有大量的微生物和原虫，对粗纤维具有一定的消化能力，并且粗纤维是家兔最重要的不可替代的营养素之一。在我国的饲养条件下，特别是在冬、春季，粗饲料是养兔场、户的主要饲料来源，同时也是全价颗粒饲料的重要组成部分。一般家兔的全价饲料中，粗饲料的比例达到40%～45%。如果使用优质牧草，其比例甚至达到50%。

2.常用的粗饲料

(1)青干草和干草粉　青干草是青绿饲料在尚未结籽以前割下来，经过日晒或人工干燥除去大量水分而制成的。青干草是家兔的最基本、最主要的饲料。干草的营养价值取决于原料的种类、生长阶段与调制方法。干草叶多、适口性好、养分较平衡；蛋白质含量较高，禾本科干草为7%～13%，豆科干草为10%～21%，品质较完善；胡萝卜素、维生

素 D、维生素 E 及矿物质丰富。

在家兔的配合饲料中，干草粉是一种必需的原料，可占 20%～30%。与传统的青干草比较，利用草粉作为家兔的饲料原料具有加工过程简便易行；占地面积较少，便于储存；饲喂方便，饲料适口性好；日粮结构稳定，营养全面，养分利用率高等很多优点。使用草粉饲料应注意：储存的草粉要防潮、防霉变，保证草粉质量；禁止使用发霉变质的饲草加工草粉；草粉粗细要适宜。

(2)秸秆和秕壳　成熟的农作物收获籽实后的秸秆和秕壳，其特点是质地粗糙、适口性差、消化率低、营养价值不高。秸秆饲料营养价值取决于其化学物质含量、可消化物质的进食量和已消化物质的利用效率。秸秆粗纤维含量高，可达 30%～45%，其中木质素比例大，一般为 6%～12%。有效能值低，蛋白质含量低且品质差。钙、磷含量及利用率低，含有大量的硅酸盐。一般秕壳的营养价值较秸秆高。

秸秆和秕壳饲料来源广，常用的主要有：玉米秸秆、谷子秸秆、大豆秸秆、荚壳、薯秧、花生蔓、花生壳、小麦秸、麦糠、稻草、稻壳、高粱秆和秕壳等。除了常规的秸秆以外，谷草、稻草、油葵等都具有一定的开发价值。尤其是谷草，粗蛋白含量为 5%左右，高于其他禾本科牧草，其饲料价值接近于豆科牧草，用来喂兔效果良好。

用玉米秸、豆秸时，最好经过粉碎后饲喂。地瓜秧喂幼兔时，用量不可过多，因为地瓜秧含有较多的糖分，在家兔胃肠道内发酵产酸，既容易导致酸中毒，又会使幼兔肠壁变薄、通透性增强，容易被微生物感染。

(3)树叶和林业副产品类　一些树叶的蛋白质含量丰富，质量优良，是资源极其丰富的粗饲料。如：槐树叶、榆树叶、松树针和桑树叶等，蛋白质含量占干物质的 15%～25%，同时还含有大量的维生素。树叶可作为饲粮的一部分，应晒至半干后再喂，最好不用鲜叶，以防水分过多导致拉稀。鲜喂需控制用量。为了不影响树的生长，也可收集霜刚打下来的落叶，将其阴干保持暗绿或淡绿色饲喂，不要曝晒。果园在全国各地的多年兴建，果树叶资源也很丰富，均是家兔良好的粗饲料。由于劳动力成本和采集的困难，除了少数贫困地区，目前多数林地树叶资源没有得到很好的开发利用。

柠条是锦鸡儿属植物栽培种的通称，属多年生落叶灌木，具有抗旱、耐热、耐风沙、喜生于固定或半固定沙地等特性，是防风固沙和保持水土的优良树种，也是目前我国北方地区退耕还林(草)种植的重要的树种之一。研究表明，家兔对柠条中粗蛋白、粗纤维、粗脂肪的消化率均较高，可作为家兔用饲料资源进行开发。

锯末，特别是榆、柳、杨树等阔叶树锯末，含有一定量的蛋白质、碳水化合物、纤维素和维生素等养分，通过煮沸法、发酵法、碱化法等方法调制，可用于饲喂家兔。但由于锯末的粗纤维含量较高，家兔对其消化率低，适口性较差，因此，用锯末喂兔在饲料中所占的比例不可过高，最好多补喂一些青绿多汁饲料，以提高其食欲。

3. 粗饲料的合理利用

粗饲料尤其是秸秆类主要成分是粗纤维，适口性较差，营养价值低，消化率低。粗饲料一般主要通过物理加工(粉碎)直接喂兔，其利用率较低。试验证明，粗饲料经过发酵后，具有质地松软，适口性好，易于消化吸收的优点，同时由于微生物在繁殖的过程中，本身也含有并产生丰富的营养，对于家兔正常生长发育能起到很好的作用。发酵饲料喂兔的效果，优于一般的粗饲料。

粗饲料的发酵有两种方法：自然发酵法和微生物发酵法。

自然发酵法：将粗饲料粉碎后，用30℃左右的温水以1：(1～5)的比例与饲料拌匀后，压紧填装入池，上压重物并封口，经5～7天后饲料会发出酵曲香味，即可用于饲喂家兔。该方法可广泛应用于农副产品和野生饲料。

微生物发酵法：首先将干粗饲料粉碎，加入2.5倍左右的温水，水温控制在50～60℃，以微微烫手为宜，然后加入3%～5%的酵曲种(或者1%的白酒)，酵曲先用水化开，加在粗饲料中拌和均匀后，松散地放在发酵地面或水泥地面上，表面用干粗粉料或尼龙袋子密封，在室温10～20℃条件下，经1～2天发酵即可以喂兔。

在燃料充足时,也可以用沸水浸泡干粉料,以利粗饲料的软化,但一定要待温度降低到50～60℃时方可加入酵曲种。为了提高发酵效果,可在干粉料中加入10%的精饲料粉,以利微生物的活动。如果在每100千克粗粉料中加入2千克麦芽,则发酵作用更快。发酵完成的粗饲料即可喂兔,喂多少取多少,取后立即封严袋(池)口。注意不能单独用粗饲料喂兔,因为饲料中粗纤维含量过高时,可消化吸收的营养物质减少,影响家兔的生长速度。

(二)青绿饲料

青绿饲料指天然水分含量60%及其以上的青绿多汁植物性饲料。这类饲料是家兔的基础饲料,其营养特性是:水分含量高达70%～90%,单位重量所含的养分少;粗蛋白质较丰富,按干物质计,禾本科为13%～15%,豆科为18%～20%;含有丰富的维生素,特别是维生素A原(胡萝卜素),可达50～80毫克/千克;矿物质中钙、磷含量丰富,比例适当,还富含铁、锰、锌、铜、硒等必需的微量元素。青绿饲料柔软多汁、鲜嫩可口,还具有轻泻、保健作用。

青绿饲料种类繁多,资源丰富,主要包括天然牧草、栽培牧草、青饲作物、树叶类、田边野草野菜及水生饲料等。

1.天然牧草

天然牧草主要有禾本科、豆科、菊科和莎草科四大类。按干物质计,无氮浸出物含量为40%～50%,粗蛋白质含量为:豆科15%～20%,莎草科13%～20%,菊科和禾本科为10%～15%。粗纤维含量以禾本科较高,约为30%,其他为20%～25%。菊科牧草有异味,家兔不喜欢采食。

2.栽培牧草

栽培牧草是指人工栽培的青绿饲料,主要包括豆科和禾本科两大类。这类饲料的共同特点是:富含多种氨基酸、丰富的矿物质元素、多种胡萝卜素以及维生素,产量高,通过间套混种、合理搭配,可保证兔场常年供青,是家兔优质高效生产中重要的青饲料,对满足家兔的青饲料四季供应有重要意义。主要有紫花苜蓿、白三叶、聚合草、黑麦草等。

3. 青饲作物

青饲作物是利用农田栽种农作物，在其结籽前或结籽期刈割作为青饲料饲用，是解决青饲料供应的一个重要途径。常见的有青刈玉米、青刈大麦、青刈燕麦、青刈大豆苗等。青刈作物柔嫩多汁，适口性好，营养价值高，尤其是无氮浸出物含量丰富，一般用于直接饲喂、干制或青贮。

4. 树叶

多数树叶均可作为家兔的饲料，如槐树叶、杨树叶、榆树叶、桑树叶、松针等，是很好的蛋白质和维生素的来源。树叶的营养价值随产地、季节、部位、品种而不同。青干叶营养价值较高，青落叶、枯黄干叶较低。槐、榆、杨树等叶子，按干物质计，粗蛋白质可高达 20%。

5. 野草、野菜

野草、野菜类饲料种类繁多，是目前我国广大农村喂兔的主要饲料。家兔最喜欢吃的野草、野菜有蒲公英、车前草、苦荬菜、荠菜、艾嵩、蕨菜等。在采集时，要注意毒草，以防家兔误食中毒。

葎草又名拉拉秧、拉拉蔓、拉拉藤、葛草、王爪龙等，为桑种一年生或多年生草本植物，多生长在沟边、路旁、荒地，枝条可长达数米，分布密集，生命力强。葎草富含多种营养物质，鲜嫩草的蛋白质含量可达 28.7%，氨基酸、矿物质和维生素含量也很丰富。含有木犀草素、葡萄糖苷、胆碱、葎草酮、蛇麻酮等。作为中草药，其主要作用为清热、解毒、利尿、消瘀。对呼吸道、消化道疾病有明显的治疗效果。可大量采集饲喂家兔。试验表明，日粮中添加 30%葎草干粉，肉兔生产性能良好。在日补一次精料的粗放条件下，可以鲜喂，也能表现出很好的生产性能，且具有防止家兔腹泻的效果。因为其营养价值与采集时间密切相关，应用时应注意葎草的采集时间。

河北农业大学家兔课题组曾经开展了野生葎草饲用价值的研究，结果如下：

生长发育情况：在河北省中部地区，野生葎草在不同立地条件下的

发芽时间、生长速度和单株产量见表 4-1。

表 4-1　野生葎草生长发育状况统计表

项目	平原		山区	
	水分充足	干旱	水分充足	干旱
发芽时间	3 月中旬	4 月上旬	3 月下旬	4 月下旬
生长速度/(厘米/天)	10.60 ± 2.80^{a}	4.30 ± 1.1^{b}	8.20 ± 2.64^{a}	3.9 ± 1.8^{b}
单株产量(鲜)/千克	18.2 ± 1.93^{a}	4.4 ± 1.14^{b}	13.4 ± 3.05^{a}	3.8 ± 0.5^{b}

注：同行肩标有相同小写字母表示差异不显著，$P>0.05$；标有不同小写字母表示差异显著，$P<0.05$。

不同收获时间野生葎草营养含量的变化规律见表 4-2。

表 4-2　不同月份野生葎草营养物质含量测定表　　%

月份	干物质	粗蛋白质	粗纤维	粗脂肪	粗灰分	钙	磷	无氮浸出物
5	17.04	17.01	15.43	3.17	18.11	1.59	0.29	36.62
6	13.97	17.51	17.02	2.21	22.15	2.10	0.33	37.12
7	14.73	15.60	18.80	3.01	17.24	2.68	0.34	39.16
8	17.85	15.41	19.43	2.04	21.66	2.92	0.30	35.01
9	21.62	16.82	20.74	2.10	25.76	1.91	0.26	26.93
10	22.45	16.44	20.51	3.17	31.34	2.50	0.29	21.70
11	23.56	16.34	21.42	3.11	31.40	2.74	0.31	21.45

表 4-2 表明，野生葎草粗脂肪、钙和磷含量变化不明显；干物质、粗纤维和粗灰分的含量总体呈增加趋势；粗蛋白的含量变化幅度不大，6 月份达到最高值 17.51%；无氮浸出物的含量总体呈下降趋势。

同时，开展了野生葎草与苜蓿草粉在生长肉兔日粮中的对比试验研究。结果表明，无论是自由采食青饲料(新鲜野生葎草和新鲜苜蓿草)，还是全价颗粒饲料(二者的干草粉含量等同)，其生长速度相当，其他各指标没有明显差异。因此，野生葎草可以作为苜蓿的替代品，二者具有等同的营养价值和饲用价值。

菜用瓜果、豆类叶子、作物的藤蔓和幼苗等也是一类值得开发的青饲料。菜叶按干物质计，其能值含量高，易消化。藤蔓一般粗纤维含量较高。据报道，白萝卜叶、花生藤、甘薯藤、菠菜不能单独饲喂家兔。因为白萝卜叶中含叶绿素较高，水分多，家兔过多采食易发生膨胀病、腹泻、伤食等。花生藤营养丰富，但由于其含粗纤维、水分多，兔采食过量易发生大肚病、拉稀、伤食等。甘薯藤中缺少维生素 E，若长期单独喂种兔，可降低母兔受胎率，减慢公兔精子形成，每次喂量控制在 30%左右为宜。菠菜含有较多的草酸，易与钙生成草酸钙沉淀，不能被兔吸收，易引起幼兔得佝偻病、软骨症。因此，这些青绿饲料应与其他牧草、菜叶等搭配混喂。此外，用花生藤喂兔时，结合喂给洋葱、大蒜头等，可有效防治兔病发生。

6. 水生饲料

水生饲料在我国南方种植较多，主要有水浮莲、水葫芦、水花生、绿萍等，都是家兔喜吃的青绿饲料。水生饲料生长快，产量高，具有不占耕地和利用时间长等特点。其茎叶柔软，适口性好，含水率高达90%～95%，干物质较少。在饲喂时，要洗净并晾干表面的水分后再喂。将水生饲料打浆后拌料喂给家兔效果也很好。

（三）青贮饲料

青贮饲料指将新鲜的青绿多汁饲料在收获后直接或经适当的处理后，切碎、压实、密封于青贮窖、壕或塔内，在厌氧环境下，通过乳酸发酵而成的饲料。

青贮饲料的特点包括：能有效保存青绿饲料的营养成分，尤其能减少蛋白质和维生素的损失；有酸香味，适口性好；能杀死青绿饲料中的病菌、虫卵，破坏杂草种子的再生能力；扩大饲料来源；是经济而安全保存饲料的一种有效方法；在任何季节为任何家畜所利用。

为补充维生素，可用青贮饲料饲喂家兔。为防止引起酸中毒，用量要控制在日粮总量的 5%～10%。另外尽量不要给怀孕母兔饲喂青贮饲料，防止引起流产。对于能否用青贮饲料饲喂家兔目前存在争议。有人认为给兔喂酸性的青贮饲料，直接影响兔盲肠内微生物的生长繁

殖，造成兔消化不良，生长发育受阻，酸中毒。另外，家兔对发霉变质饲料特别敏感，青贮起窖后，青贮饲料暴露在空气中，极易发霉变质，家兔采食发霉的青贮饲料影响健康，甚至造成死亡。

（四）能量饲料

能量饲料指干物质中粗纤维含量在18%以下，粗蛋白质含量在20%以下的饲料。该类饲料是为家兔提供能量的主要精饲料，在家兔的饲养中占有极其重要的地位。主要包括谷实类及其加工副产品（糠麸类），块根、块茎类，瓜果类及油脂类饲料等。

1. 谷实类饲料

谷实类饲料大多是禾本科植物成熟的种子，是家兔能量的主要来源。主要特点是：干物质含量高，容重大，无氮浸出物含量高，一般占干物质的66%～80%，其中主要是淀粉；粗纤维含量低，一般在10%以下，因而适口性好，可利用能量高；粗蛋白质含量低，一般在10%以下，缺乏赖氨酸、蛋氨酸、色氨酸；粗脂肪含量在3.5%左右，主要是不饱和脂肪酸，可保证家兔必需脂肪酸的供应；维生素A、维生素D含量不能满足家兔的需要，维生素B_1、维生素E含量较多，维生素B_2、维生素D较少，不含维生素B_{12}；钙少磷多，但磷多为植酸磷，利用率低，钙、磷比例不当。

谷实类饲料主要包括玉米、小麦、大麦、高粱、燕麦、稻谷等。家兔的适口性顺序为燕麦、大麦、小麦、玉米。玉米含能最高，但蛋白质含量低，品质差，特别是缺乏赖氨酸、蛋氨酸等。粉碎的玉米水分高于14%时易发霉，产生黄曲霉毒素，家兔很敏感。另外，玉米含有较多的不饱和脂肪酸，易酸败变质，不宜久贮，饲喂时应注意。玉米含大量淀粉，是高能、低纤维的饲料，食用过多会造成腹泻、脱水。玉米在家兔日粮中不宜超过35%。

大麦和燕麦适口性优于玉米，在精料中比例可超过玉米，特别是燕麦可作为产区家兔的主要能量饲料。小麦可占日粮的10%～30%。

稻谷由于有坚硬的外壳，其使用价值不如玉米，使用时适当控制用量，可占日粮的10%～20%。

高粱含有单宁，适口性差，喂量不宜过多，可占日粮的5%～15%，断奶仔兔日粮中若加入5%～10%高粱，可防止拉稀。

2. 糠麸类饲料

糠麸类饲料为谷实类饲料的加工副产品，其共同的特点是：有效能值低，粗蛋白质含量高于谷实类饲料；含钙少而磷多，磷多为植酸磷，利用率低；含有丰富的B族维生素，尤其是硫胺素、烟酸、胆碱等含量较多，维生素E含量较少；物理结构松散，含有适量的纤维素，有轻泻作用，是家兔的常用饲料；吸水性强，易发霉变质，不易贮存。

糠麸类饲料主要包括小麦麸（麸皮）和大米糠（稻糠）。另外，小米糠（与稻糠相近）、玉米糠（玉米淀粉厂的副产品）也具有开发价值。

麸皮粗纤维含量较高，属于低能饲料，具有轻泻作用，质地蓬松，适口性较好。母兔产后喂以适量的麦麸粥，可以调养消化道的机能。由于吸水性强，大量干饲易引起便秘，饲喂时应注意。麸皮在日粮中一般用量为10%～20%。

稻谷在碾米过程中，除得到大米外，还得到其副产品——砻糠、米糠及统糠。砻糠即稻壳，坚硬难消化，不宜作饲料用。米糠为去壳稻粒（糙米）制成精米时分离出的副产品，其有效能值变化较大，随含壳量的增加而降低。粗脂肪含量高，易在微生物及酶的作用下发生酸败、发霉。酸败米糠可造成家兔下泻，因此，最好用新鲜的米糠喂兔。为使米糠便于保存，可经脱脂生产米糠饼。经榨油后的米糠饼脂肪和维生素减少，其他营养成分基本被保留下来。稻壳和米糠的混合物称为统糠，其营养价值介于砻糠和米糠之间，因含壳比例不同有较大的差异。统糠在农村中用得很广，是一种质量较差的粗饲料，不适宜喂断奶兔，大兔和肥育兔用量一般应控制在15%左右。

3. 块根、块茎及瓜果类饲料

块根、块茎类饲料种类很多，主要包括甘薯、马铃薯、甜菜等。共同

的特点：水分含量高达75%～90%，新鲜状态下营养成分低；按干物质计，淀粉含量高，为60%～80%，有效能与谷实类相似；粗纤维和粗蛋白质含量低，分别为5%～10%和3%～10%，且有一定量的非蛋白态的含氮物质；矿物质及维生素的含量偏低。这类饲料适口性和消化性均较好，是家庭小规模兔场家兔冬季不可缺少的多汁饲料和胡萝卜素的重要来源，对母兔具有促进发情受胎的作用，对泌乳母兔有促进乳汁分泌的作用。鲜喂时由于水分高，容积大，能值低，单独饲喂营养物质不能满足家兔的需要，必须与其他饲料搭配使用。

甘薯又称红薯、白薯、地瓜、山芋等，是我国主要薯类之一，多汁味甜，适口性好，生熟均可饲喂。如果保存不当，易发芽、腐烂或出现黑斑，含毒性酮，对家兔造成危害。贮存在13℃条件下较安全。制成薯干也是保存甘薯的好办法，但胡萝卜素损失达80%左右。

马铃薯又称土豆，产量较高，与蛋白质饲料、谷实饲料混喂效果较好。马铃薯贮存不当发芽时，在其青绿皮上、芽眼及芽中含有龙葵素，家兔采食过多会引起胃肠炎，甚至中毒死亡。因此，马铃薯要注意保存，若已发芽，饲喂时一定要清除皮和芽，并进行蒸煮，蒸煮用的水不能用于喂兔。

胡萝卜水分含量高，容积大，含丰富的胡萝卜素，一般多作为冬季调剂饲料，而不作为能量饲料使用。对于配种前的空怀母兔、妊娠母兔、泌乳母兔及种公兔有良好的作用。

甜菜按照利用部位的不同分为叶用甜菜（主要利用的部位是叶子）和根用甜菜（主要利用的部位是块根）。块根可以作蔬菜、制糖及作饲料等。食用甜菜或甜菜根，块根用作蔬菜的品种；糖用甜菜，块根用以制糖的品种；饲料甜菜，块根用作饲料的品种。

甜菜的块根水分占75%，固形物占25%。固形物中蔗糖占16%～18%，非糖物质占7%～9%。非糖物质又分为可溶性和不溶性两种：不溶性非糖主要是纤维素、半纤维素、原果胶质和蛋白质；可溶性非糖又分为无机非糖和有机非糖。无机非糖主要是钾、钠、镁等盐类；有机非糖可再分为含氮和无氮。无氮非糖有脂肪、果胶质、还原糖和有机酸;含氮非糖又分为蛋白质和非蛋白质。非蛋白非糖主要指甜菜碱、酰胺和氨基酸。甜菜制糖工业副产品主要是块根内3.5%左右的糖分和7.5%左右的非糖物质以及在加工过程中投入与排出的其他非糖物质。

甜菜根中还含有碘的成分,对预防甲状腺肿以及防治动脉粥样硬化都有一定疗效。甜菜根及叶子含有一种甜菜碱成分,是其他蔬菜所没有的,它具有和胆碱、卵磷脂相同的生化药理功能,是新陈代谢的有效调节剂,能加速机体对蛋白的吸收,改善肝的功能。甜菜根中还含有一种皂角甙类物质,它把肠内的胆固醇结合成不易吸收的混合物质而排出。甜菜根中还含有大量的纤维素和果胶成分,具有多种生理功能。

甜菜根是维生素和微量元素的有效来源。据资料介绍,每100克所含营养素如下:热量(75.00千卡),蛋白质(1.00克),脂肪(0.10克),碳水化合物(23.50克),膳食纤维(5.90克),硫胺素(0.05毫克),核黄素(0.04毫克),尼克酸(0.20毫克),维生素C(8.00毫克),维生素E(1.85毫克),钙(56.00毫克),磷(18.00毫克),钾(254.00毫克),钠(20.80毫克),镁(38.00毫克),铁(0.90毫克),锌(0.31毫克),硒(0.29微克),铜(0.15毫克),锰(0.86毫克)。因此,甜菜根是家兔良好的块根类饲料。

4.制糖副产品

糖蜜、甜菜渣可用作家兔饲料。糖蜜是甘蔗、甜菜制糖的副产品,其含糖量达46%～48%,家兔饲料中加入糖蜜,可提供能量,改善饲料的适口性,有轻泻作用,防止便秘。饲料制粒时加糖蜜可减少粉尘,提高颗粒料质量。家兔饲粮中糖蜜比例一般为2%～5%,加工颗粒料时可加入3%～6%糖蜜。

甜菜渣干燥后可用于家兔饲料,其中粗蛋白含量较低,但消化能含量高;粗纤维含量高(20%),但纤维性成分容易消化,消化率可达70%。由于水分含量高,要设法干燥,防止变质。国外的资料显示,家兔日粮中一般可用到16%～30%的甜菜渣。

(五)蛋白质饲料

蛋白质饲料是指干物质中粗纤维含量在18%以下,粗蛋白质含量为20%及20%以上的饲料。这类饲料的共同特点是粗蛋白质含量高,粗纤维含量低,可消化养分含量高,容重大,是家兔配合饲料的精饲料部分,主要包括植物性蛋白质饲料、动物性蛋白质饲料、单细胞蛋白质饲料及其他。

1.植物性蛋白质饲料

主要包括豆科籽实、饼粕类及其他加工副产品。

(1)豆科籽实类饲料　粗蛋白质含量高,为20%~40%,是禾本科籽实的2~3倍。品质好,赖氨酸含量较禾本科籽实高4~6倍,蛋氨酸高1倍。这类饲料中一般大豆多用作饲料。大豆中含有多种抗营养因子,如胰蛋白酶抑制因子、尿素酶、植物性血凝素、皂素等。长时间地饲喂家兔生大豆可发生胰腺代偿性肿大、肠黏膜损伤,蛋白质消化不良现象,以生长兔最为明显,成年兔则危害较轻。应用时应进行适当的热处理(110℃,3分钟),使抗营养因子失去活性。近几年,广泛进行了膨化大豆饲喂畜禽的研究。大豆在一定的压力、温度下进行干或湿膨化,使大豆淀粉糊化度(α值)增加,油脂细胞破裂,抗营养因子受到破坏。生长家兔利用膨化大豆可提高日增重和饲料转化率。

(2)饼粕类饲料　是豆科及油料作物籽实制油后的副产品。压榨法制油的副产品称为饼,溶剂浸提法制油后的副产品称为粕。常用的饼粕有:大豆饼(粕)、花生饼(粕)、棉籽(仁)饼(粕)、菜籽饼(粕)、芝麻饼、胡麻饼、向日葵饼等。

大豆饼(粕)是目前使用量最多,最广泛的植物性蛋白质饲料。其粗蛋白质含量为42%~47%,且品质较好,尤其是赖氨酸含量,是饼粕类饲料最高者,可达2.5%~2.8%,是棉仁饼、菜籽饼及花生饼的1倍。赖氨酸与精氨酸比例适当,约为1∶1,异亮氨酸、色氨酸、苏氨酸的含量均较高。这些均可弥补玉米的不足,因而与玉米搭配组成日粮效果较好。但蛋氨酸不足。矿物质中钙少磷多，总磷的2/3为难以利用的植酸磷。富含铁、锌。维生素A、维生素D含量低。在制油过程中，如果加热适当，大豆中的抗营养因子受到破坏；但如果加热不足，得到的为生豆饼，蛋白质的利用率低，不能直接喂家兔；加热过度，会导致营养物质特别是赖氨酸等必需氨基酸变性而影响利用价值。因此，在使用大豆饼粕时，要注意检测其生熟程度。大豆饼有轻泻作用，不宜饲喂过多，饲粮中可占15%～20%。

棉籽饼(粕)是棉籽榨油后的副产品。由于棉籽脱壳程度及制油方法不同，营养价值差异很大。完全脱壳的棉仁制成的棉仁饼(粕)粗蛋白质可达40%～44%，与大豆饼(粕)相似；而由不脱壳的棉籽直接榨油生产出的棉籽饼粕粗纤维含量达16%～20%，粗蛋白质仅为20%～30%。带有一部分(原含量的1/3)棉籽壳的为棉仁(籽)饼粕，其蛋白质含量为34%～36%。棉籽饼粕蛋白质的品质不太理想，精氨酸高达3.6%～3.8%，而赖氨酸仅为1.3%～1.5%，只有大豆饼(粕)的一半，且赖氨酸的利用率较差。蛋氨酸也不足，约为0.4%，仅为菜籽饼的55%。矿物质中硒含量低，仅为菜籽饼的7%以下。因此，在日粮中使用棉籽饼粕时，要注意添加赖氨酸及蛋氨酸，最好与精氨酸含量低、蛋氨酸及硒含量较高的菜籽饼(粕)配合使用，既可缓解赖氨酸、精氨酸的拮抗，又可减少赖氨酸、蛋氨酸及硒的添加量。

棉籽中含有对家兔有害的棉酚及环丙烯脂肪酸，尤其是游离棉酚的危害很大。棉酚主要存在于棉仁色素腺体内，是一种不溶于水而溶于有机溶剂的黄褐色聚酚色素。在制油过程中，大部分棉酚与蛋白质、氨基酸结合为结合棉酚，在消化道内不被吸收，对家兔无害。另一部分则以游离的形式存在于饼粕及油制品中，家兔如果摄取过量或食用时间过长，导致中毒。棉籽酚对家兔的毒害作用是引起体组织损害，生长缓慢，繁殖性能及生产性能下降，造成流产、死胎、畸形，甚至导致死亡。家兔对棉酚高度敏感，而且毒效可以积累，因此，只能用处理过的棉籽饼粕饲喂家兔。使用没有脱毒的棉籽饼粕，应

该控制用量在5%以内。棉籽饼粕的脱毒方法有很多种，如加热或蒸煮、化学法、生物发酵法等。其中化学法是加入硫酸亚铁粉末，铁元素与棉酚重量比为1∶1，再用5倍于棉酚的0.5%石灰水浸泡2～4小时，可使棉酚脱毒率达60%～80%。

花生饼(粕)的营养价值较高，其代谢能和粗蛋白质是饼粕中最高的，粗蛋白质可达44%～48%。但氨基酸组成不好，赖氨酸含量只有大豆饼粕的一半，蛋氨酸含量也较低，而精氨酸含量高达5.2%，是所有动、植物饲料中最高的。维生素及矿物质含量与其他饼粕类饲料相近似。花生饼粕的营养成分随含壳量的多少而有差异，脱壳后制油的花生饼粕营养价值较高，国外规定粗纤维含量应低于7%，我国统计的资料为5.3%。带壳的花生饼粕粗纤维含量为20%～25%，粗蛋白质及有效能相对较低。

花生果中也含有胰蛋白酶抑制因子，加工过程中120℃可使其破坏，提高蛋白质和氨基酸的利用率。但温度超过200℃，则可使氨基酸受到破坏。另外，花生饼(粕)易感染黄曲霉菌而产生黄曲霉毒素，其中以黄曲霉毒素B1毒性最强。家兔中毒后精神不振，粪便带血，运动失调，与球虫病症状相似，肝、肾肥大。该毒素在兔肉中残留，使人患肝癌。蒸煮或干热不能破坏黄曲霉毒素。

菜籽饼(粕)是油菜籽经取油后的副产品。其有效能较低，适口性较差。粗蛋白质含量在34%～38%，氨基酸组成的特点是蛋氨酸、赖氨酸含量较高，精氨酸低，是饼粕类饲料最低者。矿物质中钙和磷的含量均高，磷的利用率较高，特别是硒含量为1.0毫克/千克，是常用植物性饲料中最高者。锰也较丰富。

菜籽饼(粕)中含有硫葡萄糖苷、芥酸、单宁、皂角苷等不良成分，其中主要是硫葡萄糖苷，其本身无毒，但在一定温度和水分条件下，经过菜籽本身所含的芥子酶的酶解作用下，产生异硫氰酸酯、噁唑烷硫铜和氰类等有害物质。这些物质可引起甲状腺肿大，从而造成家兔生长速度下降，繁殖力减退。单宁则妨碍蛋白质的消化，降低适口性。芥酸阻碍脂肪代谢,造成心脏脂肪蓄积及生长受到抑制。菜籽饼(粕)的脱毒方法有坑埋法、水浸法、加热钝化酶法、氨碱处理法、有机溶剂浸提法、微生物发酵法、铁盐处理法等。

亚麻饼(粕)又称胡麻饼(粕),其代谢能值偏低,粗蛋白质与棉籽饼(粕)及菜籽饼(粕)相似,为30%~36%。赖氨酸及蛋氨酸含量低,精氨酸含量高,为3.0%。粗纤维含量高,适口性差。其中含有亚麻苷配糖体及亚麻酶,在pH 5.0,40~45℃及水的存在下,生成氢氰酸,少量氢氰酸可在体内因糖的参与自行解毒,过量即引起中毒,使生长受阻,生产力下降。

芝麻饼(粕)粗蛋白质含量40%~45%,最大的特点是蛋氨酸高达0.8%以上,是所有饼粕类饲料中最高者。但赖氨酸不足,精氨酸含量过高。不含对家兔有害的物质,是比较安全的饼粕类饲料。生产中常常发现一些兔场购买生产香油后的芝麻酱渣,其往往含土、含杂(如木屑)高,干燥不及时而霉变,应该格外小心。

葵花籽饼(粕)的营养价值取决于脱壳程度。未脱壳的葵花籽饼(粕)粗纤维含量高达39%,属于粗饲料。我国生产的葵花籽饼粕粗纤维含量为12%~27%,粗蛋白质为28%~32%。赖氨酸不足,低于棉仁饼、花生饼及大豆饼。蛋氨酸含量高于花生饼、棉仁饼及大豆饼。葵花籽饼(粕)中含有毒素(绿原酸),但饲喂家兔未发现中毒现象。

(3)糟渣类饲料　是酿造、淀粉及豆腐加工行业的副产品,常见的有玉米加工副产物、豆腐渣、酱油渣、粉渣、酒糟、醋糟、果渣、甜菜渣、甘蔗渣、菌糠。

这类饲料的主要特点:①含水率高,通常可达30%~80%,啤酒糟高达80%,且生产集中、产量较大,易腐败变质;②糟渣中淀粉在烘干时结成团,易黏结,使干燥难度加大;③物理形状差异大,有片状、粒状和糊状等多种形态,而糊状形态的含水率均偏高,透气性差,不容易干燥;④酸碱性差异大,有的偏酸,有的偏碱,如曲酒糟的pH为3.3,偏酸性,对畜禽肠道pH影响较大;⑤部分糟渣仍含有抗营养因子,简单

的加工工艺无法去除，如豆类制品下脚料中含有抗胰蛋白酶。

玉米以湿磨法提取油脂和淀粉的加工过程中，共有4种副产品可作为饲料，分别为玉米浆、胚芽粕、玉米麸质饲料和蛋白粉。

玉米浆中溶解有6%左右的玉米成分，这些被溶解的物质大部分是可溶性蛋白质，还有可溶性糖、乳酸、植酸、微量元素、维生素和灰分。

玉米胚芽粕含20%的粗蛋白质，还有脂肪、各种维生素、多种氨基酸和微量元素。适口性好，容易被动物吸收。但发霉的玉米制成淀粉后，其胚芽粕中霉菌毒素含量为原料的1～3倍，并且胚芽粕如抽脂不完全，则易氧化，不耐储存。

玉米麸质饲料是玉米皮及残留的淀粉、蛋白质、玉米浆和胚芽粕的混合物，也叫玉米蛋白饲料，含粗蛋白质20%。

玉米蛋白粉又称玉米面筋粉，是用玉米生产玉米淀粉时的副产品。其产量约为原料玉米的5%～8%。由于加工方法及条件不同，蛋白质的含量变异很大，在25%～60%之间。蛋白质的利用率较高，氨基酸的组成特点是蛋氨酸含量高而赖氨酸不足。玉米蛋白粉在家兔饲料中可添加2%～5%。

豆腐渣、酱油渣及粉渣多为豆科籽实类加工副产品，与原料相比，粗蛋白质明显降低，但干物质中粗蛋白质的含量仍在20%以上，粗纤维明显增加。维生素缺乏，消化率也较低。酱油渣的含盐量极高(一般7%)，使用时一定要考虑这一因素。这类饲料水分含量高，一般不宜存放过久，否则极易被霉菌及腐败菌污染变质。

豆腐渣是家兔爱吃的饲料之一。使用豆腐渣喂家兔时要注意：不可直接生喂，要加工成八分熟，否则其中含有的胰蛋白抑制因子阻碍蛋白质的消化吸收；喂量一般控制在20%～25%(鲜)或8%(干)以下，不要过量饲喂；另外要注意和其他饲料搭配使用。

酒糟、醋糟多为禾本科籽实及块根、块茎的加工副产品，无氮浸出物明显减少，粗蛋白质及粗纤维含量明显提高。

酒糟除含有丰富的蛋白质和矿物质外，还含有一定数量的乙醇，热性大，有改善消化功能、加强血液循环扩张体表血管、产生温暖感觉等作用，冬季应用，抗寒应激作用明显。但被称为“火性饲料”，容易引起便秘，喂量不宜过多，并要与其他优质饲料配合使用。一般繁殖兔喂量在15%以下，育肥兔可在20%左右。

啤酒糟是制造啤酒过程中滤除的残渣。啤酒糟含粗蛋白质25%、粗脂肪6%、钙0.25%、磷0.48%，且富含B族维生素和未知因子。生长兔、泌乳兔饲粮中啤酒糟可占15%，空怀兔及妊娠前期可占30%。

鲜醋糟含水分在65% ～75%，风干醋糟含水分10%，粗蛋白质9.6%～20.4%，粗纤维15%～28%，并含有丰富的矿物质，如铁、铜、锌、锰等。醋糟有酸香味，兔喜欢吃。少量饲喂，有调节胃肠、预防腹泻的作用。大量饲喂时，最好和碱性饲料配合使用，如添加小苏打等，以防家兔中毒。一般育肥兔在饲粮中添加20%，空怀兔15%～25%，妊娠、泌乳兔应低于10%。

菌糠疏松多孔，质地细腻，一般呈黄褐色，具有浓郁的菌香味。在家兔饲料中添加20%～25%菌糠（棉籽皮栽培平菇后的培养料）可代替家兔饲料中部分麦麸和粗饲料，不影响家兔的日增重、饲料转化率。若发现蘑菇渣长有杂菌，则不可喂兔，以免中毒。

麦芽根为啤酒制造过程中的副产品，是发芽大麦去根、芽后的产品。麦芽根为淡黄色，气味芳芬，有苦味。其营养成分为：粗蛋白质24%～28%，粗脂肪0.4%～1.5%，粗纤维14%～18%，粗灰分6%～7%，B族维生素丰富。另外还有未知生长因子。麦芽根因其含有大麦芽碱，味苦，喂量不宜过大，在兔饲料中可添加到20%。

2.动物性蛋白质饲料

动物性蛋白质饲料是用动物的尸体及其加工副产品加工而成，主要包括鱼粉、肉骨粉、血粉等；含蛋白质较多，品质优良，生物学价值较高，含有丰富的赖氨酸、蛋氨酸及色氨酸；含钙、磷丰富且全部为有效磷；还含有植物性饲料缺乏的维生素B_{12}。由于家兔具有素食性，不爱吃带腥味的动物性饲料，一般只在母兔的泌乳期及生长兔日粮中添加

少量(小于5%)的动物性蛋白质饲料。

(1)鱼粉 是优质的动物性蛋白质饲料，蛋白质含量为45%～65%，赖氨酸、蛋氨酸较高而精氨酸偏低，正好与大多数饲料相反，易在配制日粮时使氨基酸达到平衡；含有对家兔有利的“生长因子”，能促进养分的利用。

目前，鱼粉的质量不稳定，主要问题是粗脂肪含量偏高，易酸败变质；伪造掺假，掺入尿素、糠麸、饼粕、锯末、皮革粉、食盐、沙砾等；含盐量过高，引起中毒；发霉变质，易感染霉菌等；堆放时间过长，管理不当引起自燃。在使用时要注意检测其质量。

(2)肉粉及肉骨粉 是不适于食用的动物躯体及各种废弃物经高温、高压灭菌，脱脂干燥而成。产品的营养价值取决于原料的质量。肉粉粗蛋白质含量为50%～60%。含骨量大于10%的称为肉骨粉，粗蛋白质含量为35%～40%。这类饲料赖氨酸含量较高，蛋氨酸及色氨酸较低。含有较多的B族维生素，维生素A、维生素D较少。钙、磷含量较高，磷为有效磷。

肉骨粉在选用中需注意原料来源，谨防原料中混有传染病病原。该类产品如果是个体作坊式生产，生产条件简陋、原料来源不稳定、掺假现象严重、产品质量低劣，理化指标和卫生指标均不合格。特别是卫生指标，使用时一定要严格检测卫生指标，特别是杂菌数、大肠杆菌和致病菌是否超标。1996年初发生在英国的“疯牛病”传播的重要途径之一就是饲料中利用了动物加工副产品制成的肉骨粉。“疯牛病”已引起了世界范围内的公众恐慌，也为世界敲响了饲料安全警钟。目前许多国家已经全面禁止在动物饲料中使用动物加工副产品制成的肉骨粉。

(3)血粉 是以动物的血液为原料，经脱水干燥而成的。粗蛋白质高达80%～85%，赖氨酸高达7%～9%，富含铁；但适口性差，消化率低，异亮氨酸缺乏，在日粮中配比不宜过高。经加工后的血粉主要有：纯血粉、发酵血粉、膨化血粉、水解血粉、微生态血粉。

(4)羽毛粉　羽毛粉是将家禽羽毛净化消毒,再经过蒸煮、酶水解、粉碎或膨化而成。粗蛋白含量为80%～85%,硫氨酸含量在已知天然饲料中最高,缬氨酸、亮氨酸、异亮氨酸的含量均居前列,并含有维生素以及铁、锌、硒等微量元素和一些未知的生长因子。

羽毛粉主要由角质蛋白构成,动物体内的蛋白水解酶基本上无法对其进行水解,未经过加工的羽毛粉利用率很低。因此,需对羽毛粉进行加工,使不溶性蛋白质转化为动物体可消化吸收的蛋白才能作为饲料使用。加工方法主要有:高温高压水解法、酸碱处理法、膨化法、酶处理法。

3.单细胞蛋白质饲料

单细胞蛋白质饲料也叫微生物蛋白、菌体蛋白,是单细胞或具有简单构造的多细胞生物的菌丝蛋白的统称,主要包括酵母、细菌、真菌及藻类。

酵母菌应用最为广泛,其粗蛋白质含量40%～50%,生物学价值介于动物性和植物性蛋白质饲料之间,赖氨酸、异亮氨酸及苏氨酸含量较高,蛋氨酸、精氨酸及胱氨酸较低。含有丰富的B族维生素。常用的酵母菌有啤酒酵母和假丝酵母。

用于生产单细胞蛋白的细菌包括光合细菌等。

真菌菌丝生产慢,易受酵母污染,必须在无菌条件下培养,但是真菌的收获分离容易。目前应用较多的有曲霉和青霉,主要利用糖蜜、酒糟、纤维类农副产品下脚料生产。

藻类是一类分布最广,蛋白质含量很高的微量光合水生生物,繁殖快,光能利用率是陆生植物的十几倍到20倍。目前,全世界开发研究较多的是螺旋藻,其繁殖快、产量高,蛋白质含量高达58.5%～71%,且质量优、核酸含量低,只占干重的2.2%～3.5%,极易被消化和吸收。

(六)矿物质饲料

矿物质饲料一般指为家兔提供钙、磷、镁、钠、氯等常量元素的一类

饲料。常用的有食盐、石粉、贝壳粉、骨粉、磷酸氢钙等。

食盐的主要成分是氯化钠,用其补充植物性饲料中钠和氯的不足,还可以提高饲料的适口性,增加食欲。喂量一般占风干日粮的0.5%左右。使用食盐的注意事项:喂量不可过多,否则引起中毒。当使用肉粉及动物性饲料时,食盐的喂量可少些。饲用食盐粒度应通过30目标准筛,含水量不超过0.5%,纯度应在95%以上。

石粉、贝壳粉是廉价的钙源,含钙量分别为38%和33%左右。

骨粉是常用的磷源饲料,磷含量一般为10%~16%,利用率较高。同时还含有钙30%左右。在使用时要注意新鲜性及氟的含量。

磷酸氢钙的磷含量18%以上,含钙不低于23%,是常用的无机磷源饲料。

(七)饲料添加剂

饲料添加剂是指在配合饲料中加入的各种微量成分。其作用是完善饲料的营养性,提高饲料的利用率,促进家兔的生长和预防疾病,减少饲料在贮存期间的营养损失,改善产品品质。

家兔在舍饲条件下,所需的营养物质完全依赖于饲料供给。家兔的配合饲料,一般都能满足家兔对能量和蛋白质、粗纤维、脂肪等的需要。然而,一些微量营养物质常感缺乏,必须另行添加。

农业部2008年第1126号公告《饲料添加剂品种目录》中公布了13类、260余种饲料添加剂,其中:氨基酸8种,维生素25种,矿物元素及其螯合物45种,酶制剂12类,微生物15种,非蛋白氮9种,抗氧化剂4种,防腐剂、电解质平衡剂25种,着色剂7种,调味剂、香料6种(类),黏结剂、抗结块剂和稳定剂15种(类),其他14种。

我国颁布的《饲料和饲料添加剂管理条例》将饲料添加剂分为:营养性饲料添加剂、一般性饲料添加剂和药物饲料添加剂。按照使用效果将添加剂分为营养性饲料添加剂和非营养性饲料添加剂。

1.营养性添加剂

目的在于弥补家兔配合饲料中养分的不足,提高配合饲料营养上的全价性。包括氨基酸添加剂、微量元素添加剂、维生素添加剂。

(1)氨基酸添加剂　常用家兔饲料中必需氨基酸的含量与需要量之间存在一定的差距,如蛋氨酸和赖氨酸明显少于需求量,需要直接添加。

目前,人工合成作为添加剂使用的主要是98.5%赖氨酸、70%赖氨酸和65%赖氨酸与蛋氨酸等。一般在家兔的全价配合饲料中添加0.1%~0.2%的蛋氨酸,0.1%~0.25%的赖氨酸可提高家兔的日增重及饲料转化率。

(2)微量元素添加剂　主要是补充饲粮中微量元素的不足。使用这类添加剂必须根据饲粮中的实际含量进行补充,避免盲目使用。我国已颁布了10种饲料级矿物质添加剂的暂行质量标准,其中有铁、铜、锌、锰、碘、硒、钴等7种微量元素添加剂。在家兔的生产中使用的有硫酸铜、硫酸亚铁、硫酸锌、硫酸锰、碘化钾、氯化钴等。自然界中存在的一些天然矿物质如稀土、麦饭石、沸石、膨润土等,含有丰富的微量元素,具有营养、吸附、置换、黏合和悬浮作用。可吸收和吸附肠道中的有毒物质和有害微生物,近些年被用于家兔的饲料,一般添加1%~3%。

(3)维生素添加剂　在舍饲和采用配合饲料饲喂家兔时,尤其是冬春枯草期,青绿饲料缺乏时常需补充维生素制剂。家兔有发达的盲肠,其中的微生物可以合成维生素K和B族维生素,肝、肾中可合成维生素C,一般除幼兔外,不需额外添加,只考虑维生素A、维生素D、维生素E。不喂青绿饲料而以配合饲料为主的情况下,需添加这些维生素制剂,尤其是在维生素消耗较多的夏季和泌乳母兔更为重要。

2.非营养性添加剂

非营养性添加剂是指为保证或者改善饲料品质、提高饲料利用率而掺入饲料中的少量或微量物质。包括生长促进剂、驱虫保健剂、中草药饲料添加剂、抗氧化剂、防霉剂、饲料调质剂等。

(1)生长促进剂　指能够刺激动物生长或提高动物的生产性能,提高饲料转化效率,并能防治疾病和增进动物健康的一类非营养性添加剂。包括抗生素、合成抗菌剂等。

抗生素饲料添加剂是微生物(细菌、放射菌、真菌)的发酵产物,以亚治疗量应用于饲料中,保障动物健康,促进生长,提高饲料利用率。其主要作用是抑制与宿主争夺营养物质的微生物,促进消化道的吸收能力,提高生产性能及饲料的利用率。

合成的抗菌药剂添加剂如磺胺类、呋喃类和喹噁啉类以及有机砷制剂,由于毒副作用大,正逐渐被淘汰,大部分只能作为兽药。

此类添加剂不能长期使用,以免产生抗药性及在体内残留。使用时应正确选择添加剂的种类并确定添加量;应交替使用抗生素;严格控制添加剂量;定时使用,并遵循屠宰前严格执行停药的规定;联合使用几种添加剂时应注意配伍禁忌。

酶制剂是通过富产酶的特定微生物发酵,经提取、浓缩等工艺加工而成的包含单一酶或混合酶的工业产品。酶制剂主要是蛋白酶、淀粉酶、纤维素酶、植酸酶、非淀粉多糖酶等,以单一酶制剂及复合酶制剂的形式补充幼龄家兔体内酶分泌不足,改善家兔的消化机能,消除饲料中的抗营养因子,促进营养物质的消化吸收,提高家兔的生产性能。

在选择和使用酶制剂时要充分考虑酶制剂的专一性特点;要充分重视动物因素;要科学认识酶制剂的活性;科学选择和正确使用饲用酶制剂;正确确定酶制剂的添加量;应注意酶活性的稳定。

益生素又称微生态制剂或饲用微生物添加剂,是一类可以直接饲喂动物并通过调节动物肠道微生态平衡,达到预防疾病、促进动物生长和提高饲料利用率的活性微生物或其培养物。主要有乳酸菌制剂、芽孢杆菌制剂和真菌及活酵母类制剂。

另外还有一类被称为化学益生素或益生元的物质,在动物体内外能选择性地促进一种或几种有益微生物生长,抑制某些有害微生物过剩繁殖,既不能被消化酶消化,还能提高动物生产性能,如:甘露寡糖

(MOS)、低聚果糖(FOS)、α-寡葡萄糖(α-GOS)。

酸化剂是一种新型生长促进剂,可降低饲料在消化道中的pH值,为动物提供最适消化环境。常用酸化剂有柠檬酸、延胡索酸等,生产中多以由2种或2种以上的有机酸复合而成的产品为主,以增强酸化效果。

(2)驱虫保健剂　是将兽用驱虫剂在健康家兔的饲料中按预防剂量添加的。其作用是预防体内寄生虫,减少养分消耗,保障家兔的健康,提高生产性能。许多驱虫药物具有毒性,只能短期治疗,不能长期作为添加剂使用。

(3)中草药添加剂　中草药添加剂的配制多遵循中兽医学理论,运用其整体理念及阴阳平衡,扶正祛邪等辩证原理,调动机体积极因素,增强免疫力和提高生产力。具有益气健脾、养血滋阴、固正扶本、增强体质等功能,符合动物机体脏腑功能的相互协调和整体统一规律。安全性好,无残留,不会引起三致。近年来,国内研究开发的中药添加剂种类很多,如黄芪粉、兔催情添加剂、兔增重添加剂等在家兔生产中正在发挥着越来越大的作用。

(4)抗氧化剂　是一类添加于饲料中能够阻止或延迟饲料中某些营养物质氧化,提高饲料稳定性和延长饲料贮存期的微量物质。主要用于防止饲料中不饱和脂肪酸、维生素A、胡萝卜素和类胡萝卜素等物质氧化酸败。目前使用最多的是:乙氧喹(山道喹)、二丁基羟基甲苯(BHT)、丁羟基苯甲醚(BHA)、维生素E等。

(5)防霉剂　是一类具有抑制微生物增殖或杀死微生物,防止饲料霉变的化合物。目前使用最多的是丙酸、丙酸钙、丙酸钠等丙酸类防霉剂。

(6)饲料调质剂　能改善饲料的色和味,提高饲料或畜产品感观质量的添加剂。如着色剂、风味剂(调味剂、诱食剂)、黏合剂、流散剂等。

据报道,在家兔的饲料中添加8%～10%的葡萄糖粉,可掩盖饲料的不良气味,刺激兔的食欲,增加采食量,保证在应激条件下仍有足够

的采食量。添加10%～12%的葡萄糖粉，可增加体能，保护兔体细胞组织不受有害因素侵袭，从而增强机体对传染病、中毒等的抵抗力，使兔群发病率下降24%～39%。从母兔配种前8～12天起，每天喂配合饲料或配种前几小时静脉注射50%葡萄糖液20～40毫升，配种后停止饲用，可使产仔中雌仔的比例增加17%～23%。母兔孕后20～25天每天在饲料中加20克葡萄糖，可以防止怀孕后期母兔顽固性食欲障碍和消化机能紊乱为主的妊娠毒血症。在弱兔饲料中，加入15%葡萄糖粉，兔的食欲增加，能加快复壮的速度，在育肥群中可比对照提前7～10天出栏。

家兔常用饲料营养成分及营养价值见表4-3至表4-5。

表4-3　家兔常用饲料营养成分及营养价值表

饲料名称	干物质/%	粗蛋白质/%	粗脂肪/%	粗纤维/%	粗灰分/%	钙/%	磷/%	可消化粗蛋白质/%	消化能/(兆焦/千克)
蛋白质饲料									
大豆(籽实)	91.7	35.5	16.2	4.9	4.7	0.22	0.63	24.7	17.7
黑豆(籽实)	91.6	31.1	12.9	5.7	4.0	0.19	0.57	20.2	16.97
豌豆(籽实)	91.4	20.5	1.0	4.9	3.3	0.09	0.28	18.0	13.81
蚕豆(籽实)	88.9	24.0	1.2	7.8	3.4	0.11	0.44	17.2	13.51
羽扇豆(籽实)	94.0	31.7	—	13	—	0.24	0.43	—	14.56
莱豆(籽实)	89.0	27.0	—	8.2	—	0.14	0.54	—	13.81
豆饼(热榨)	85.8	42.3	6.9	3.6	6.5	0.28	0.57	31.5	13.54
豆饼(热榨)	90.7	43.5	4.6	6.0	—	—	—	38.1	14.77
菜籽饼(热榨)	91.0	36.0	10.2	11.0	8.0	0.76	0.88	31.0	13.35
菜籽饼(热榨)	90.0	30.2	8.6	12.0	—	—	—	20.7	12.72
亚麻饼(热榨)	89.6	33.9	6.6	9.4	9.3	0.55	0.83	18.6	10.92
大麻饼(热榨)	82.0	29.2	6.4	23.8	8.3	0.23	0.13	22.0	11.05
花生饼(热榨)	86.8	39.6	3.3	11.1	—	1.01	0.55	24.1	10.17
花生饼(热榨)	90.0	42.8	7.7	5.5	—	—	—	37.6	15.82

续表 4-3

饲料名称	干物质/%	粗蛋白质/%	粗脂肪/%	粗纤维/%	粗灰分/%	钙/%	磷/%	可消化粗蛋白质/%	消化能/(兆焦/千克)
棉籽饼(热榨)	86.5	29.9	3.9	20.7	—	0.32	0.66	18.0	10.08
棉籽饼(热榨)	93.3	39.7	6.6	13.3	—	—	—	32.1	12.43
葵花饼(热榨)	89.0	30.2	2.9	23.2	7.7	0.34	0.95	27.1	8.79
葵花饼(热榨)	91.5	30.7	9.5	19.4	—	—	—	26.3	10.66
芝麻饼(热榨)	94.5	39.4	8.7	6.7	—	—	—	33.0	14.94
豆腐渣	97.2	27.5	8.7	13.6	9.9	0.22	0.26	19.3	16.32
鱼粉(进口)	91.2	58.5	9.7	—	15.1	3.91	2.9	49.5	15.77
鱼粉(进口)	92.9	65.8	—	0.8	—	3.7	2.6	—	15.23
鱼粉(国产)	—	46.9	7.3	2.9	23.1	5.53	1.45	—	10.59
肉骨粉	94.0	51.0	—	2.3	—	9.1	4.5	—	12.97
蚕蛹粉	95.4	45.3	3.2	5.3	—	0.29	0.58	37.7	23.1
血粉	89.7	86.4	1.1	1.8	—	0.14	0.32	61.0	—
干酵母	89.5	44.8	1.4	4.8	—	—	—	32.9	11.17
全脂奶粉	76.0	25.2	26.7	0.2	—	—	—	25.0	21.71
能量饲料									
玉米(籽实)	89.5	8.9	4.3	3.2	1.2	0.02	0.25	7.6	14.48
大麦(籽实)	90.2	10.2	1.4	4.3	2.8	0.1	0.46	6.8	14.06
燕麦(籽实)	87.9	10.9	4.2	10.6	—	—	—	8.6	11.88
小麦(籽实)	90.4	14.6	1.6	2.3	8.6	0.09	0.29	12.8	12.93
小麦粗粉	89.0	17.4	—	6.5	-	0.1	0.89	—	13.39
小麦麸	89.5	15.6	3.8	9.2	4.8	0.14	0.96	10.0	11.92
荞麦(籽实)	85.2	10.4	2.3	20.8	—	—	—	7.5	12.51
高粱(籽实)	89.0	10.6	3.1	3.0	2.1	0.05	0.3	6.3	12.97
谷子(籽实)	88.4	11.6	3.4	4.9	3.3	0.17	0.29	9.4	14.9
稻谷	88.6	7.7	2.2	11.4	4.4	0.08	0.31	6.4	11.63
糙米	87.0	6.1	2.9	0.9	—	0.05	0.91	3.0	15.15
甜菜渣(糖甜菜)	91.9	9.7	0.5	10.3	3.7	0.68	0.09	4.6	12.13
萝卜	8.2	1.0	0.1	1.1	—	—	—	0.4	1.3

续表 4-3

饲料名称	干物质/%	粗蛋白质/%	粗脂肪/%	粗纤维/%	粗灰分/%	钙/%	磷/%	可消化粗蛋白质/%	消化能/(兆焦/千克)
胡萝卜	8.7	0.7	0.3	0.8	0.7	0.11	0.07	0.4	1.46
马铃薯	39.0	2.3	0.1	0.5	1.3	0.06	0.24	1.1	5.82
甘薯	29.9	1.1	0.1	1.2	0.6	0.13	0.05	0.1	4.64
啤酒糟	94.3	25.5	7.0	16.2	—	—	—	20.4	10.88
青绿饲料									
苜蓿	17.0	3.4	1.4	4.6	—	—	—	2.0	1.72
红三叶	19.7	2.8	0.8	3.3	—	—	—	2.1	2.47
白三叶	19.0	3.8	—	3.2	—	0.27	0.09	—	1.84
聚合草(叶子)	11.0	2.2	—	1.5	—	—	0.06	—	10.0
甘蓝	5.2	1.1	0.4	0.6	0.5	0.08	0.29	1.0	0.88
芹菜	5.6	0.9	0.1	0.8	—	—	—	0.7	0.75
油菜	16.0	2.8	—	2.4	—	0.24	0.07	—	1.46
玉米(茎叶)	24.3	2.0	0.5	1.6	—	—	—	1.3	2.47
粗饲料									
苜蓿(干草粉)	91.4	11.5	1.4	30.5	8.9	1.65	0.17	6.4	5.82
苜蓿(干草粉)	91.0	20.3	1.5	25.0	9.1	1.71	0.17	13.4	7.49
红三叶(干草)	86.7	13.5	3.0	24.3	—	—	—	7.0	8.73
红豆草(干草)	90.2	11.8	2.2	26.3	7.8	1.71	0.22	4.7	8.75
狗尾草(干草)	89.8	6.2	2.2	30.7	—	—	—	3.1	6.19
野豌豆(干草)	87.2	17.4	3.0	23.9	—	—	—	10.1	8.49
草木樨(干草)	92.1	18.5	1.7	30.0	8.1	1.3	0.19	12.2	6.65
沙打旺(干草)	90.9	16.1	1.7	22.7	9.6	1.98	0.21	8.8	6.86
青草粉	88.5	7.5	—	29.4	—	—	—	4.2	7.03
松针粉	—	8.5	5.7	26.4	3.0	0.2	0.98	—	7.53
大豆秸秆	87.7	4.6	2.1	40.1	—	0.74	0.12	2.5	8.28
玉米秸秆	66.7	6.5	1.9	18.9	5.3	0.39	0.23	5.3	8.16
小麦秸秆	89.0	3.0	—	42.5	—	—	—	1.3	3.18
稻草粉	—	5.4	1.7	32.7	—	—	—	—	5.52

续表 4-3

饲料名称	干物质/%	粗蛋白质/%	粗脂肪/%	粗纤维/%	粗灰分/%	钙/%	磷/%	可消化粗蛋白质/%	消化能/(兆焦/千克)
槐树叶(干树叶)	89.5	18.9	4.0	18.0	—	1.21	0.19	6.5	17.11
杨树叶	95.0	10.2	6.2	18.5	13.3	0.95	0.05	—	—
矿物质饲料									
石粉	—	—	—	—	—	35.0	—	—	—
骨粉	—	—	—	—	—	36.4	16.4	—	—
贝壳粉	—	—	—	—	—	33.4	0.14	—	—
蛋壳粉	—	—	—	—	—	37.0	0.15	—	—

表 4-4　家兔常用饲料主要氨基酸、微量元素含量(风干饲料)

饲料名称	干物质/%	粗蛋白质/%	氨基酸/%				微量元素/(毫克/千克)			
			胱氨酸	蛋氨酸	赖氨酸	精氨酸	铜	锌	锰	铁
蛋白质饲料										
大豆饼	86.10	43.45	0.47	0.62	2.07	2.41	13.27	40.60	32.87	232.40
菜籽饼	91.02	35.86	0.56	0.67	1.70	1.95	7.65	41.10	61.10	430.90
胡麻饼	89.58	33.85	0.47	0.75	1.22	2.39	23.9	52.25	51.00	611.65
大麻饼	81.99	29.19	0.42	0.71	1.25	3.59	18.30	90.90	98.40	300.50
豆腐渣	97.19	27.45	0.43	0.26	1.45	1.54	6.55	24.90	20.50	213.65
大豆	91.69	35.53	0.54	0.46	2.03	2.21	25.07	36.70	33.10	126.63
黑豆	91.63	31.13	0.40	0.47	1.93	1.93	24.00	52.30	38.85	143.85
豌豆	91.37	20.48	0.40	0.27	1.23	1.28	3.70	24.70	14.90	119.60
蚕豆	88.94	24.02	0.29	0.23	1.52	1.83	11.05	17.45	16.70	120.20
鱼粉	91.74	58.54	0.47	1.49	4.01	2.80	13.50	60.00	25.00	220.00
能量饲料										
玉米	89.49	8.95	0.14	0.06	0.22	0.20	4.69	16.51	4.92	47.84
小麦	90.40	14.63	0.22	0.14	0.32	0.35	8.68	22.65	30.70	63.77
大麦	90.15	10.19	0.14	0.11	0.33	0.33	18.25	35.20	23.00	193.35

续表 4-4

饲料名称	干物质/%	粗蛋白质/%	氨基酸/%				微量元素/(毫克/千克)			
			胱氨酸	蛋氨酸	赖氨酸	精氨酸	铜	锌	锰	铁
燕麦	92.42	8.81	0.17	0.12	0.32	0.38	15.85	31.70	36.40	243.35
青稞	89.41	11.60	0.12	0.04	0.26	0.27	10.40	35.80	18.30	120.01
谷子	88.36	10.59	0.14	0.28	0.22	0.18	17.60	32.70	29.08	357.10
糜子	89.39	9.54	0.12	0.16	0.15	0.15	11.23	57.72	117.40	143.72
麸皮	89.50	15.62	0.50	0.25	0.56	0.90	17.63	60.36	107.79	133.57
土豆渣	89.18	—	0.14	—	0.29	0.29	—	—	—	—
甜菜渣	81.87	—	0.05	0.02	0.57	0.42	12.30	12.30	34.00	215.00
青绿饲料										
苜蓿	26.57	4.42	0.05	0.05	0.21	0.17	10.75	15.07	35.67	222.07
红豆草	27.32	4.87	0.06	0.11	0.61	0.77	3.98	17.33	54.77	222.07
野豌豆	27.35	4.25	0.03	0.08	0.13	0.10	8.00	19.00	—	366.00
黑麦草	22.00	4.07	—	0.06	0.13	0.15	1.70	6.70	17.50	40.30
紫云英	24.22	5.03	0.07	0.04	0.21	0.19	—	—	—	—
甘蓝	5.24	1.09	0.03	0.01	0.05	0.04	4.00	19.10	72.65	964.60
胡萝卜	8.73	0.68	0.005	0.009	0.009	—	5.60	26.00	31.00	79.00
土豆	39.03	2.31	0.03	0.04	0.13	0.10	6.43	14.18	7.43	200.45
红薯	29.86	1.12	0.01	0.01	0.04	0.04	1.30	1.70	1.50	47.00
粗饲料										
苜蓿	89.10	11.49	0.16	0.25	0.06	0.45	18.50	17.00	29.00	200.00
红豆草	90.19	11.78	0.08	0.15	0.4	0.30	3.95	20.00	122.45	515.15
红三叶	91.50	9.49	0.17	0.07	0.35	4.33	21.00	46.00	69.00	9.00
小冠花	88.30	5.22	0.04	0.05	0.30	0.23	4.10	4.70	162.50	297.60
箭舌豌豆	93.26	8.16	0.04	0.05	0.31	0.27	1.20	22.70	14.90	129.20
草木樨	92.14	18.49	0.11	0.14	0.54	0.32	8.76	27.54	38.52	146.60
沙打旺	90.85	16.05	0.09	—	0.70	0.31	6.66	14.62	66.22	339.20
玉米秸	66.72	6.50	0.21	0.03	0.21	0.32	8.60	20.00	33.50	—
无芒雀麦	90.61	10.48	0.10	0.13	0.35	0.41	4.32	12.07	131.32	183.92

续表 4-4

饲料名称	干物质/%	粗蛋白质/%	氨基酸/%				微量元素/(毫克/千克)			
			胱氨酸	蛋氨酸	赖氨酸	精氨酸	铜	锌	锰	铁
燕麦秸	92.24	5.51	0.15	0.11	0.18	0.38	9.80	—	29.30	20.00
南瓜粉	96.51	7.78	0.06	0.06	0.26	0.26	—	—	—	—
葵花盘	88.49	6.73	—	0.18	0.27	0.30	2.50	7.30	26.30	585.40
谷糠	91.74	4.24	0.07	0.07	0.13	0.13	7.60	36.50	70.50	1 847.90
糜糠	90.26	6.42	0.11	0.16	0.26	0.34	3.50	14.60	23.05	196.60
槐树叶	90.79	12.36	0.08	0.10	0.69	0.45	9.20	15.90	65.45	217.45

表 4-5 家兔常用饲料维生素含量 毫克/千克

饲料名称	生物素	胆碱	叶酸	盐酸	泛酸	胡萝卜素	维生素 B_6	维生素 B_2	维生素 B_1	维生素 E
鲜苜蓿	0.12	373	—	11.8	8.7	46.6	1.60	3.2	1.4	146.0
苜蓿干草(盛花期)	—	—	—	—	—	10.6	—	—	—	—
红三叶干草	0.10	—	—	37.0	9.7	23.9	—	15.5	1.9	—
猫尾干草(中花期)	—	—	—	—	—	47.0	—	—	—	—
玉米(黄马牙)	0.06	452	0.36	30.4	6.7	2.2	5.24	1.3	2.0	23.0
高粱	0.41	622	0.20	40.8	11.2	1.2	4.62	1.2	4.2	11.0
燕麦	0.24	1 013	0.30	13.7	7.4	0.1	2.53	1.5	6.3	12.0
裸麦	0.33	—	0.62	20.5	9.0	10.2	2.59	1.6	3.0	15.0
小麦(硬粒春播)	0.12	854	0.41	57.8	10.1	10.3	5.14	1.4	4.3	12.8
小麦(硬粒冬播)	0.11	1 046	0.37	54.2	10.0	—	3.03	1.5	4.3	11.1
小麦(软粒冬播)	0.11	967	0.36	35.4	11.1	—	4.07	1.2	4.7	13.7
小麦麸	0.57	1 865	1.21	273.1	47.9	2.6	10.55	4.8	6.6	21.0
大麦	0.14	913	0.53	75.2	7.4	2.5	6.27	1.4	3.9	14.0
棉籽粉(溶剂脱脂)	0.59	2 752	2.79	40.6	13.9	—	6.29	4.8	6.2	14.0

续表 4-5

饲料名称	生物素	胆碱	叶酸	盐酸	泛酸	胡萝卜素	维生素 B_6	维生素 B_2	维生素 B_1	维生素 E
亚麻籽粉(溶剂脱脂)	—	1 355	—	29.1	14.8	—	—	2.8	7.7	16.0
花生仁粉(溶剂脱脂)	0.32	1 898	0.40	166.3	48.5	—	5.28	10.6	5.5	3.0
大豆粉(溶剂脱脂)	0.23	2 630	0.45	27.5	16.0	0.2	6.39	2.9	5.5	2.0
葵花籽粉(去壳溶剂脱脂)	—	3 596	—	225.2	24.8	—	15.98	4.2	—	11.0
甜菜(糖用干块根)	—	810.0	—	16.7	1.4	0.2	—	0.7	0.4	—
糖蜜(甘蔗)	0.70	744.0	0.11	40.6	49.2	—	6.50	2.8	0.9	5.0
乳粉(饲用全脂)	0.33	—	—	8.4	22.8	7.1	4.74	19.8	3.7	—
乳粉(饲用脱脂)	0.33	1 391	0.47	11.5	36.9	—	4.25	19.2	3.8	9.0

第二节　家兔的营养需要

一、营养物质与家兔营养

家兔在维持生命活动和生产过程中，必须从饲料中摄取需要的营养物质，将其转化为自身的营养。饲料中主要的营养成分如图 4-1 所示。

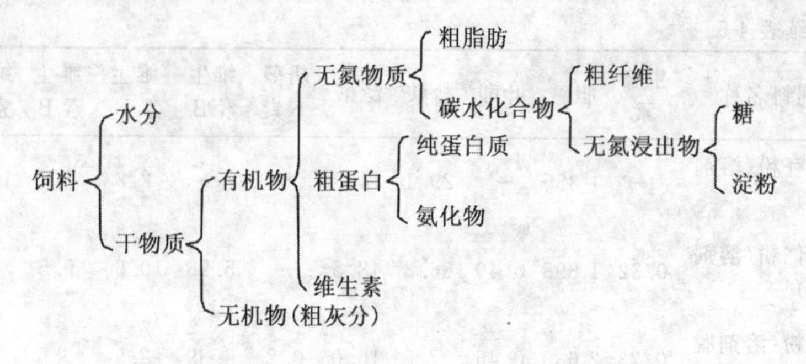

图 4-1　饲料中主要的营养成分

二、蛋白质与家兔营养

蛋白质是由氨基酸组成的一类含氮化合物的总称，饲料中的蛋白质包括真蛋白质和非蛋白含氮化合物两部分，统称为粗蛋白质。蛋白质是兔体的重要组成成分。据分析，成年家兔体内约含 18％的蛋白质，以脱脂干物质计，粗蛋白质含量为 80％。

(一)蛋白质的作用

蛋白质是家兔生命活动的基础，是构成家兔的肌肉、皮肤、内脏、血液、神经、结缔组织等的基本成分。家兔体内的酶、激素、抗体等的基本成分也是蛋白质，在体内催化、调节体内各种代谢反应和过程。蛋白质是体组织再生、修复的必需物质，是家兔的肉、奶、皮、毛的主要成分，如兔肉中蛋白质的含量为 22.3％，兔奶中蛋白质的含量为13％～14％。

(二)蛋白质的组成

蛋白质的基本组成单位是氨基酸。组成蛋白质的氨基酸有一些在体内能合成，且合成的数量和速度能够满足家兔的营养需要，不需要由饲料供给，这些氨基酸被称为非必需氨基酸。有一些氨基酸在家兔体

内不能合成，或者合成的量不能满足家兔的营养需要，必须由饲料供给，这些氨基酸被称为必需氨基酸。家兔的必需氨基酸有精氨酸、赖氨酸、蛋氨酸、组氨酸、异亮氨酸、苯丙氨酸、苏氨酸、色氨酸、缬氨酸、亮氨酸、甘氨酸(快速生长所需)11 种。

必需氨基酸和非必需氨基酸是针对饲料中的含量而言，对于家兔生理来讲并没有必需和非必需之分。非必需氨基酸在家兔的营养上也是必不可少的，均为组成家兔体内蛋白质的成分。如兔毛蛋白质中含有硫，而其大部分是以胱氨酸的形式存在。

蛋白质品质的高低取决于组成蛋白质的氨基酸的种类和数量。当蛋白质所含的必需氨基酸和非必需氨基酸的种类、数量以及必需氨基酸之间、必需氨基酸与非必需氨基酸之间比例与家兔所需要的相吻合时，该蛋白质称为理想蛋白质，其本质是氨基酸间的最佳平衡。理想蛋白质的氨基酸平衡模式最符合家兔的需要，因而能最大限度地被利用。研究表明，添加氨基酸可以提高低蛋白日粮的饲料转化率，降低死亡率。在农场条件下，一般用含粗蛋白质 18%的颗粒饲料饲喂成年兔，如果氨基酸成分较为平衡，蛋白质水平可以下降到 16%。面对蛋白质饲料资源紧缺的现实，研究家兔饲料蛋白质品质将有助于开辟饲料资源。

(三)蛋白质在家兔体内的消化代谢

饲料中的蛋白质在口腔中几乎不发生任何变化，进入胃后，在胃蛋白酶的作用下分解为较简单的胨和肽，蛋白胨和肽以及未被消化的蛋白质进入小肠。小肠是消化蛋白质的主要器官。在小肠中胰蛋白酶、糜蛋白酶、肠肽酶的作用下，最终被分解为氨基酸和小肽，被小肠黏膜吸收进入血液。未被消化的蛋白质进入大肠，由盲肠中的微生物分解为氨基酸和氨，一部分由盲肠微生物合成菌体蛋白，随软粪排出体外。软粪被家兔吞食，再经胃和小肠消化。被吞食的软粪中蛋白质总量和必需氨基酸水平较日粮高，干物质中粗蛋白质含量平均为 24.4%，每日家兔可从软粪中食入 2 克菌体蛋白，约为每日蛋白质需要量的

10%。对成年家兔营养具重要作用，是蛋白质的一个重要来源，但对仔兔则无实际意义。

家兔能有效消化、利用植物性饲料中的蛋白质，如对苜蓿草粉蛋白质的消化率达75%。

对于非蛋白氮，幼兔不能利用，成年兔的利用率也很低。日粮中过多的尿素等非蛋白氮吸收进入血液，使血液中尿素浓度增加，一方面引起中毒，另一方面机体不得不为消除过多的尿素而动员能量，造成生产性能下降。许多研究证明，当生长兔日粮中缺乏蛋白质(12.5%时)，可加入1.5%的尿素，一般认为尿素安全用量为0.75%～1.5%，同时必须加入0.2%的蛋氨酸。国外的研究证实，尿素和其他非蛋白氮不能改善低蛋白日粮的生长率。另据试验，母兔日粮中尿素含量不能超过1%，否则会影响其繁殖率。

从胃肠道中吸收进入血液的氨基酸和小肽被转运至机体的各个组织器官，合成体蛋白、乳蛋白，修补体组织或氧化供能。加入体内部贮存氨基酸，多余者在肝脏中脱氨，形成尿素经肾脏排出。

(四)蛋白质不足和过量对家兔的影响

蛋白质是家兔体内重要的营养物质，在家兔体内发挥着其他营养物质不可代替的营养作用。当饲料中蛋白质数量和质量适当时，可改善日粮的适口性，增加采食量，提高蛋白质的利用率。当蛋白质不足或质量差时，表现为氮的负平衡，消化道酶减少，影响整个日粮的消化和利用；血红蛋白和免疫抗体合成减少，造成贫血，抗病力下降；蛋白质合成障碍，使体重下降，生长停滞；严重者破坏生殖机能，受胎率降低，产生弱胎，死胎。据试验，当日粮粗蛋白质含量低至13%时，母兔妊娠期间增重少，甚至出现失重现象。对神经系统也有影响，引起的各方面的阻滞更是无法自行恢复的。当蛋白质供应过剩和氨基酸比例不平衡时，在体内氧化产热，或转化成脂肪储存在体内，不仅造成蛋白质浪费，而且使蛋白质在胃肠道内引起细菌的腐败过程，产生大量的胺类，增加肝、肾的代谢负担。因此，在养兔的生产

实践中，应合理搭配家兔日粮，保障蛋白质合理的质和量的供应，同时，要防止蛋白质的不足和过剩。

三、碳水化合物与家兔营养

(一)碳水化合物组成及分类

碳水化合物由碳、氢、氧三元素组成，遵循C∶H∶O为1∶2∶1的结构规律构成基本糖单位，所含氢与氧的的比例与水相同，故称为碳水化合物。碳水化合物在植物性饲料中占70%左右。家兔体内的碳水化合物的数量很少，主要以葡萄糖、糖原和乳糖的形式存在。

按常规分析法分类，碳水化合物分为无氮浸出物(可溶性碳水化合物)和粗纤维(不可溶性碳水化合物)。前者包括单糖、双糖和多糖类(淀粉)等，后者包括纤维素、半纤维素、木质素和果胶等。现代的分类法将碳水化合物分为单糖、低聚糖(寡糖)、多聚糖及其他化合物。

单糖是碳水化合物的最简单的形式，根据其碳原子的数目，分为三碳糖、四碳糖、五碳糖及六碳糖等。对动物起重要作用的主要有葡萄糖、果糖、半乳糖。

寡聚糖是2～10个单糖通过糖苷键连接起来的聚合物。其中二糖是由2个糖单位组成的糖，主要包括蔗糖、乳糖、麦芽糖。三糖中棉子糖是最普遍的一种糖，由葡萄糖、果糖和半乳糖各一分子所构成。它几乎和蔗糖一样广泛存在于植物中。

多糖是由10个以上单糖组成的碳水化合物，大多数为高分子量。从营养的角度，多糖分为营养性多糖(贮存性多糖)和结构性多糖(粗纤维)。

植物性饲料中的淀粉和动物体内的糖原属于营养性多糖或贮存性多糖。淀粉是植物最主要的贮备物质，主要存在于禾本科作物的籽实中，是一种重要的葡聚糖，由于其结构及葡萄糖分子聚合方式不同，可分为直链淀粉和支链淀粉两类。直链淀粉在结构上是葡萄糖残基多以

α-1,4 键连接，支链淀粉则多以 α-1,6 键连接，二者的含量比例为15%～25%比 75%～85%。淀粉在天然状态下以颗粒的形态存在，颗粒的大小和形状随植物种类不同而变化。

糖原存在于动物的肝、肌肉及其他组织中，是动物体内主要的碳水化合物贮备物质，其属于葡聚糖类，结构上与支链淀粉类似，素有“动物淀粉”之称。肌糖原一般占肌肉鲜重的 0.5%～1.0%，占总糖原的80%；肝糖原占肝鲜重的 2%～8%，占总糖原的15%；其他组织中糖原约占总糖原的 5%。

结构性多糖即传统分类中的粗纤维构成植物细胞壁的基本结构，主要包括纤维素、半纤维素、木质素、果胶等。

纤维素是一种以纤维二糖(两分子葡萄糖构成)为重复单位的高聚糖。在结构上，葡萄糖残基间以 β-1,4 键连接，而且在其链的内部和链与链之间的氢键可延伸，其结果是形成了一个具有很大强度的纤维素结构，难于被家兔体内的酶降解。

半纤维素是植物贮备物质与支持物质的中间类型，是由五碳糖和六碳糖构成的长链碳水化合物。木聚糖是半纤维素类中最丰富的一种，不溶于水，但溶于稀碱和许多有机溶剂。

果胶也属于多糖类，作为细胞间的粘接物质存在于细胞间，还有一部分充满在细胞壁纤维性物质的间隙。存在于植物体内的果胶有 3 种形态，即原果胶、果胶和果胶酸，果实和根中含量较多。

木质素是由四种醇单体(对香豆醇、松柏醇、5-羟基松柏醇、芥子醇)形成的一种复杂酚类聚合物，而并非碳水化合物，但是它却与这类化合物以牢固的化学键紧密缔合在一起，使植物细胞壁具有化学的和生物学的抵抗力和机械力，因而对化学降解具有很大的阻力，使这些化合物无法被消化利用。

(二)碳水化合物的功能

碳水化合物是家兔体内能量的主要来源，能提供家兔所需能量的60%～70%。每克碳水化合物在体内氧化平均产生 16.74 千焦的能

量。碳水化合物,特别是葡萄糖供给家兔代谢活动快速应变需能最有效的营养素,是脑神经系统、肌肉、脂肪组织、胎儿生长发育、乳腺等代谢唯一的能源。

作为家兔体内的营养贮备物质。碳水化合物除直接氧化供能外,在体内可转化成糖原和脂肪贮存。糖原的贮存部位为肝脏和肌肉,分别被称为肝糖原和肌糖原。

碳水化合物普遍存在于家兔体的各个组织中,如核糖和脱氧核糖是细胞核酸的构成物质。黏多糖参与构成结缔组织基质。糖脂是神经细胞的组成成分。碳水化合物也是某些氨基酸的合成物质和合成乳脂和乳糖的原料。

(三)碳水化合物的消化、吸收与代谢

碳水化合物中的无氮浸出物和粗纤维在化学组成上颇为相似,均以葡萄糖为基本结构单位,但由于结构不同,它们的消化途径和代谢产物完全不同。

1. 无氮浸出物的消化、吸收和代谢

无氮浸出物是碳水化合物中的可溶性部分,是家兔饲料中主要的组成成分,其在兔体内的消化、吸收和代谢主要依赖胃肠道中消化酶(淀粉酶、蔗糖酶、异麦芽糖酶、麦芽糖酶、乳糖酶等)的作用。无氮浸出物中的单糖可不经消化,直接吸收后,参与体内代谢;二糖在小肠中相应酶类的作用下分解为单糖,其中麦芽糖酶可将麦芽糖水解为葡萄糖,乳糖酶及蔗糖酶分别将乳糖和蔗糖分解为半乳糖、葡萄糖和果糖。家兔与猪、禽不同之处是唾液中缺乏淀粉酶,因而在家兔口腔中很少发生酶解作用。淀粉在胃内仅受到初步的消化然后进入小肠。小肠中的十二指肠是碳水化合物消化吸收的主要部位,在十二指肠与胰液、肠液、胆汁混合后,α-淀粉酶将淀粉及相似结构的多糖分解成麦芽糖、异麦芽糖和糊精。至此,饲料中的营养性多糖基本上都被分解为二糖,然后由肠黏膜产生的二糖酶彻底分解成单糖被吸收。在小肠中未被消化的碳水化合物进入盲肠和结肠。因其黏膜分泌物中不含消化酶,主要由微

生物发酵分解，产生挥发性脂肪酸(乙酸、丙酸及丁酸)和气体。前者被机体吸收利用，相当于每日能量需要的10%～12%，后者被排出体外。

无氮浸出物被消化成单糖后经主动载体转运而被小肠吸收。无氮浸出物在家兔体内以葡萄糖的形式吸收后，一部分通过无氧酵解、有氧氧化等分解代谢，释放能量供兔体需要；一部分进入肝脏合成肝糖原暂时贮存起来，还有一部分通过血液被输送到肌肉组织中合成肌糖原，作为肌肉运动的能量。当有过多的葡萄糖时，则被送至脂肪组织及细胞中合成脂肪作为能量的贮备。哺乳兔则有一部分葡萄糖进入乳腺合成乳糖。兔以碳水化合物的形式贮存的能量很少，贮存于肝脏和肌肉组织中的糖原是组织快速产生能量的来源，它是保持血糖恒定的主要因素。

家兔能有效地利用禾谷类饲料中的糖和淀粉，据报道，无氮浸出物在家兔体内的消化率为70%左右，但选择性较强。经研究发现，玉米的适口性和生产效果不如大麦、小麦和燕麦，可能是玉米淀粉比其他淀粉更难消化。有学者建议，如果饲料中消化能达到9.4～9.6兆焦/千克，则淀粉的最大量为13.5%～18.0%，粗纤维最少为15.5%～16%。但又有人研究表明，采用含淀粉11%～12%、粗纤维16.5%～17%的饲料和含淀粉13.5%～15.5%、粗纤维15%～15.5%的饲料对比，死亡率并无区别。

2.粗纤维的消化、吸收和代谢

家兔没有消化纤维素、半纤维素和其他纤维性碳水化合物的酶，对这些物质在一定程度上的利用主要是盲肠和结肠中的微生物作用，将其分解为挥发性脂肪酸和气体，其中乙酸78.2%、丙酸9.3%及丁酸12.5%。前者被机体吸收利用，后者被排出体外。

家兔在体内代谢过程中，既可利用葡萄糖供能，又可利用挥发性脂肪酸。据报道，在水解过程中，每克乙酸、丙酸、丁酸产生的热能分别为14.434千焦、19.073千焦、24.894千焦。家兔从这些脂肪酸中得到的能量可满足每日能量需要的10%～20%。

家兔是草食动物，具有利用低能饲料的生理特点，利用粗纤维的能

力比猪、禽强。但由于其发达的盲肠和结肠位于消化道的末端，消化时肠道肌肉运动将纤维性组分迅速挤入结肠，未被充分消化便被排出体外，同时通过逆蠕动将非纤维性组分送入盲肠发酵，致使纤维性组分在盲肠中发酵几率降低。因此，家兔对利用粗纤维的能力不如其他草食动物如马、牛、羊。据资料报道，家兔对粗饲料仅能消化10%～28%，对青绿饲料为30%～90%，精饲料能消化25%～80%。

有关家兔日粮中粗纤维的水平，有研究表明，为防止腹泻，日粮中至少需要6%的纤维，加上保险系数，在家兔日粮中至少采用10%的粗纤维。美国推荐量为：生长兔12%，妊娠兔10%～14%，泌乳兔10%～12%，维持14%；法国的推荐量为：生长兔15%，种兔16%；日本的推荐量为：种兔8.4%。我国试验认为，肉兔日粮中14%～16%的粗纤维水平利于正常生产。据报道，肉兔日粮中粗纤维水平低于6%时，则会引起明显的腹泻。当高于20%时，影响家兔对蛋白质等营养物质的消化，生长率显著下降。

四、脂肪与家兔营养

(一)脂肪的组成及分类

脂肪是广泛存在于动植物体内的一类具有某些相同理化特性的营养物质，其共同特点是不溶于水，但溶于多种有机溶剂，营养分析中把这类物质统称为粗脂肪。根据其结构的不同被分为真脂肪和类脂肪两大类。

真脂肪即中性脂肪，是由1分子甘油和3分子脂肪酸构成的酯类化合物，故又称为甘油三酯。构成脂肪的脂肪酸在自然界中有40多种，其中绝大多数是含偶数碳原子的直链脂肪酸，包括不含双键的饱和脂肪酸和含有双键的不饱和脂肪酸。在不饱和脂肪酸中，有几种多不饱和脂肪酸在家兔的体内不能合成，必须由日粮供给，对机体正常机能和健康具有保护作用，这些脂肪酸叫必需脂肪酸。主要包括α-亚麻酸

(18∶3ω3)、亚油酸(18∶2ω6)和花生四烯酸(20∶4ω6)。

类脂肪是含磷或含糖或其他含氮的有机物质，是在结构或性质上与真脂肪相近的一类化合物，主要包括磷脂、糖脂、固醇及蜡。

磷脂和甘油三酯相似，只不过其中一个脂肪酸被正磷酸和一个含氮碱基取代。它是动植物细胞的重要组成成分，在动物的各个组织器官如脑、心脏和肝脏内均含有大量的磷脂，植物的种子中含量较多。磷脂中以卵磷脂、脑磷脂和神经磷脂最为重要。

糖脂是一类含糖的脂肪，其分子中含有脂肪酸、半乳糖及神经氨基醇各一分子，主要存在于动物外周和中枢神经中，也是禾本科青草和三叶青草中脂肪的主要组成成分。

固醇是一类高分子的一元醇，不含脂肪酸，但具有和甘油三酯相同的可溶性和其他特性，在动植物界中分布很广，主要有胆固醇和麦角固醇。

蜡是由高级脂肪酸和高级一元醇所生成的酯，一般为固体，不易水解。其主要存在于植物的表面和动物的毛表面，具有一定的防水性。

(二)脂肪的功能

脂肪是含能最高的营养素，与碳水化合物比较，每克脂肪燃烧产热量是同等重量的碳水化合物的2.25倍。正是由于脂肪可以较小的体积蕴藏较多的能量，所以它是供给家兔能量的重要来源，也是兔体内贮备能量的最佳形式。并且有大量的研究表明，有些器官利用脂肪酸作为供能的原料优先于糖类。另外，脂肪酸比其他物质氧化产生更多的代谢水，对于处于干燥环境下的家兔是有利的。

脂肪是构成家兔体组织的重要原料。家兔的各种组织器官如神经、肌肉、皮肤、血液的组成中均含有脂肪，并且主要为类脂肪，如磷脂和糖脂是细胞膜的重要组成成分；固醇是体内合成类固醇激素和前列腺素的重要物质，它们对调节家兔的生理和代谢活动起着重要作用。甘油三酯是机体的贮备脂肪，主要贮存在肠系膜、皮下组织、肾脏周围以及肌纤维之间。这种脂肪一方面在家兔需要时可被动

用,参加脂肪代谢和氧化供能;另一方面有保护内脏器官、关节和皮肤的作用。

脂肪是脂溶性维生素的溶剂。饲料中的脂溶性维生素 A、维生素 D、维生素 E、维生素 K 均需溶于脂肪后才能被消化、吸收和利用。试验证明,饲料中有一定量的脂肪可促进脂溶性维生素的吸收,日粮中含有 3%的脂肪时,家兔能吸收胡萝卜素 60%~80%,当脂肪量仅为 0.07%时,只能吸收 10%~20%。饲料中脂肪的缺乏,可导致脂溶性维生素的缺乏。

脂肪有“超能效应”或“超代谢效应”。含脂肪多的食糜比含脂肪少的食糜通过消化道的速度要慢得多,这就增加了其他养分被消化吸收的时间。因此家兔日粮中添加的脂肪有助于改善碳水化合物和蛋白质等养分在小肠中的消化和吸收,而碳水化合物在小肠内的消化比在大肠内的消化具有更高的利用率。因此,日粮中添加脂肪往往会获得比预期更多的能量,这种现象被称之为“超能效应”或“超代谢效应”。

脂肪热增耗低,可减少家兔的热应激。生长和泌乳动物在生产活动中要贮备和分泌相当多的脂肪,利用日粮中的脂肪进行体内脂肪的贮备和分泌要比利用碳水化合物和蛋白质产生的效率要高,这就意味着脂肪的热增耗低。对热应激较敏感的家兔来说,低热增耗对于减少热应激是非常重要的。

必需脂肪酸是细胞膜结构的重要成分,是膜上脂类转运系统的组成部分。当缺乏必需脂肪酸时,皮肤细胞对水的通透性增强,毛细血管的脆性和通透性增高,从而导致水代谢紊乱而引起水肿和皮肤病变。必需脂肪酸是体内合成重要生物活性物质(如前列腺素)的先体。前列腺素是由油酸合成,它可控制脂肪组织中甘油三酯的水解过程。必需脂肪酸缺乏时,前列腺素合成减少,脂肪组织中脂解作用加速。必需脂肪酸和蛋白质、氨基酸一样,是生长的一个限制因素,生长迅速的家兔反应更敏感。生长兔需要稳定供给必需脂肪酸才能保证细胞膜结构正常,有利于生长。日粮必需脂肪酸缺乏,导致家兔生长受阻。

(三)脂肪的消化、吸收与代谢

脂肪的消化不只是将日粮的脂肪变成可吸收的基本单位,而且通过消化使日粮中的脂肪变成与水混合的微粒分散于水中,有利于肠绒毛膜的吸收。

日粮中的脂肪进入小肠后,与大量的胰液和胆汁混合,经肠蠕动乳化,使胰脂肪酶在脂肪和水交界面有更多接触。胰脂肪酶能将食糜中的甘油三酯分解脂肪酸和甘油。磷脂由磷脂酶水解成溶血磷脂和脂肪酸。胆固醇酯由胆固醇酯水解酶水解成脂肪酸和胆固醇。饲料中的脂肪 50%～60%在小肠中分解为甘油和脂肪酸。

日粮脂类在大肠中微生物的作用下被分解为挥发性脂肪酸。不饱和脂肪酸在微生物的作用下,变成饱和脂肪酸,胆固醇变成胆酸。

对消化脂类的吸收主要是在回肠依靠微粒途径。大部分固醇、脂溶性维生素等非极性物质,甚至部分甘油三酯都随脂类-胆盐微粒吸收。脂类水解产物通过易化扩散过程吸收(是指一些非脂溶性或脂溶性较小的小分子物质,在膜上载体蛋白和通道蛋白的帮助下,顺电一化学梯度,从高浓度一侧向低浓度一侧扩散的过程)。脂肪酸与载体蛋白形成复合物转运。

家兔能很好地利用植物性脂肪,消化率为 83.3%～90.7%,对动物性脂肪利用较差。据报道,在母兔全价颗粒料中加入 2%大豆油,可使 21 日龄仔兔窝重和饲料转化率提高,70 日龄幼兔死亡率下降 7.7%。另有研究表明,家兔日粮中添加脂肪(3%的牛油、油酸酯和豆油)可显著提高能量和脂肪的消化率,对盲肠微生物菌丛和纤维消化无副作用,能提高酸性洗涤纤维消化率(14.1%～22.2%)。

国内外多数商品兔的颗粒饲料中脂肪的含量为 2%～4%。兔的日粮中脂肪含量过高,对其有不良的影响,据报道,日粮中加入 6%的脂肪,家兔经常出现腹泻。

五、能量与家兔营养

(一)能量的来源

家兔生长和维持生命活动的过程,均为物质的合成与分解的过程,其中必然发生能量的贮存、释放、转化和利用。家兔只有分解某些物质才能获得能量,同时,只有利用这些能量才能促进所需物质的合成。因此,动物的能量代谢和物质代谢是不可分割的统一过程的两个方面。

家兔所需能量来源于饲料中碳水化合物、脂肪和蛋白质三大有机物在体内进行的生物氧化。3 种有机物在体外测热器中测得的能值为:碳水化合物,17.36 千焦/克;脂肪,39.33 千焦/克;蛋白质,23.64 千焦/克。碳水化合物中的无氮浸出物是动物主要的能量来源。饲料中的脂肪和脂肪酸、蛋白质和氨基酸在体内代谢也可以提供能量,脂肪提供的能量是碳水化合物的 2.25 倍。但一般的饲料中脂肪的含量不如碳水化合物多。蛋白质在体内氧化不完全,部分形成尿素、尿酸随尿排出体外,其中含有能量,因此每克产热较体外少 5.44 千焦。蛋白质资源比较缺乏,用作能源价值昂贵,且产生过多的氨对机体有害,一般不作为能量的主要来源。另外,在绝食、高产时也可动用体内贮备的糖原、脂肪和蛋白质来供能,以缓解临时所需,维持体内的稳恒状态。但是,这种方式供能比直接用饲料供能效率要低。

(二)能量的代谢

饲料中的能量以化学潜能的形式蕴藏在营养物质中,家兔营养物质的代谢必然伴随着能量的代谢,二者是家兔代谢的两种不同形式。饲料中的营养物质被家兔采食、消化、吸收、代谢形成产品的过程中,能量的变化形式如图 4-2 所示。

总能指饲料中有机物质在体外完全氧化(燃烧)生成二氧化碳和水,以热的形式释放出的能量,是饲料中三大有机物质(碳水化合物、脂

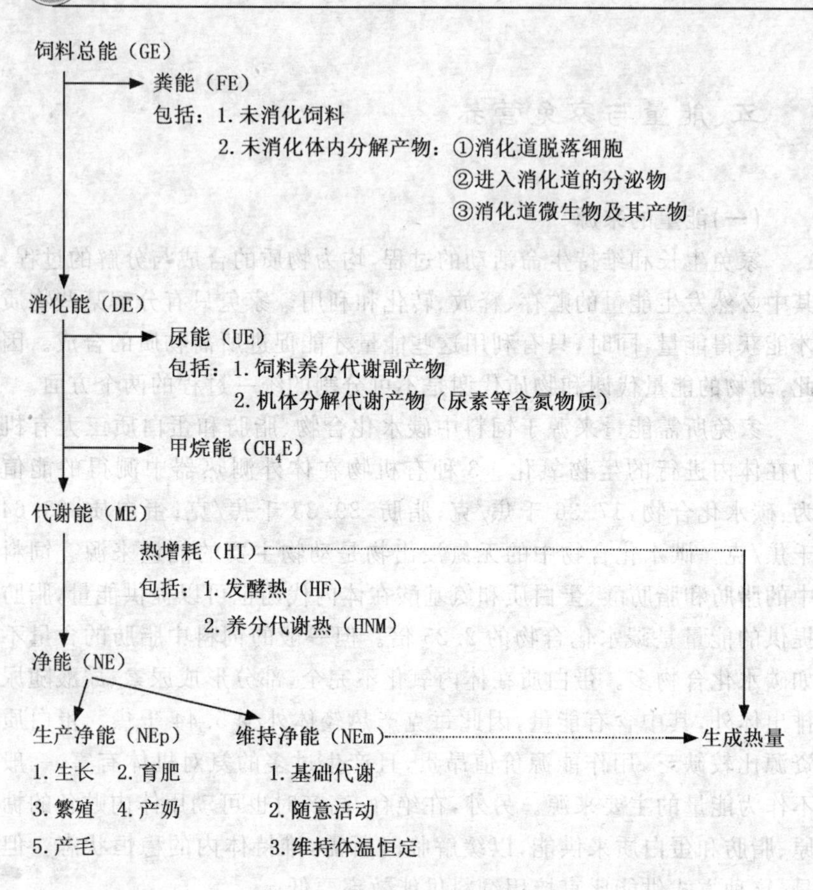

图 4-2　能量在家兔体内的转化

肪、蛋白质)含能的总和。单位饲料完全氧化所释放的能量为饲料的能值，它表明不同饲料总能含量的高低，常用千焦/克(kJ/g)或兆焦/千克(MJ/kg)表示。

饲料中所含的能量在兔的消化吸收和代谢过程中不能完全被利用，一般以粪、尿、气体及体温等形式有一定的损失。总能只表明饲料经完全燃烧后化学能转化为热能的多少，而不能说明被家兔利用的有

效程度，因此，用总能来作为评定饲料能量营养价值的指标意义不大。但总能值是评定各种有效能的基础数据。

消化能是指饲料总能减去粪中损失的能量(粪能，FE)。即：

消化能(DE)＝总能(GE)－粪能(FE)

由于家兔的粪中除了未被消化的饲料，还含有微生物及其产物、肠道分泌物及脱落的细胞等，其本身也含有能量(粪代谢能，FME)，在计算消化能时未予以考虑，因此测得的消化能为表观消化能(ADE)。真消化能(TDE)应为：

真消化能(TDE)＝总能(GE)－[粪能(FE)－粪代谢能(FME)]

真消化能测定困难，测定方法存在一定问题，它只有理论上的意义，所以一般所说的消化能都指表观消化能。

粪能损失的量与饲料类型等因素有关。凡是能影响消化率的因素均影响消化能，品种、个体、年龄、日粮组成、进食量等因素均影响饲料的消化能值。

消化能考虑了家兔对饲料的消化过程，且测定方法简单易行，现行的国内外家兔的饲养标准中一般以消化能作为衡量能量的指标。但是由于消化道内微生物的作用，饲料消化过程中生成一些气体(CO_2、CH_4、H_2S、H_2 等)，其所含的能量在吸收前被损失掉了，但数量很少，可忽略不计。被消化的养分在吸收后，有一部分以尿的形式损失掉。据测定，可消化蛋白质的能量全部释放时，其中约20%的能量以尿素的形式从尿中损失掉了。

代谢能为饲料中被吸收利用的养分所含的能量。用公式表示为：

$$\underset{(\text{ME})}{\text{代谢能}} = \underset{(\text{GE})}{\text{饲料的总能}} - \underset{(\text{FE})}{\text{粪能}} - \underset{(\text{UE})}{\text{尿能}} - \underset{(\text{Eg})}{\text{消化道气体能}}$$

被吸收的养分参与体内的代谢，其中蛋白质由于不能被完全氧化，以尿素的形式排出体外。尿能损失相当稳定。尿能同样存在内源和外源的问题，内源尿能是饲喂无氮日粮时随尿排出的氮(体组织分解产生)所含的能量,一般测定较困难。因此一般指的是表观代谢能(AME)。

代谢能反映了饲料总能可供家兔利用的部分,比消化能更能反映体内养分的生理氧化的实际情况。

净能是真正被家兔用于维持生命和生成产品的能量。数值上等于代谢能减去食后体增热(热增耗,HI)。计算公式为:

$$\underset{(NE)}{\text{净能}} = \underset{(GE)}{\text{饲料的总能}} - \underset{(FE)}{\text{粪能}} - \underset{(UE)}{\text{尿能}} - \underset{(Eg)}{\text{消化道气体能}} - \underset{(HI)}{\text{体增热}}$$

食后体增热或热增耗,是指采食饲料后增加的产热量。其量随采食量的增加而提高。在寒冷的环境中,可以用来维持体温,但在一般情况下,是饲料能量的一种损失。

影响代谢能的因素均可影响净能含量,影响热增耗的因素包括养分种类、日粮特点及养分的用途等。蛋白质的热增耗高于脂肪和碳水化合物,日粮热增耗的高低依赖于三大有机物质的比例和日粮的平衡水平。

净能可分为维持净能(NEm)和生产净能(NEp)。维持净能是指饲料中用于维持生命活动和逍遥运动所需要的能量,这部分能量最终以热的形式散失。生产净能是指饲料中用于合成产品或沉积到产品中的能量。

Fekete(1987)指出,与净能和代谢能相比,家兔采用消化能最为实用,具有测定简单,易于重复,成本低,时间短等优点,因消化能与饲料实际生产能力呈强相关。因此,衡量家兔饲料营养价值和营养需要的能量指标,一般用消化能。用新西兰兔进行消化代谢试验得出日粮代谢能与消化能的关系为:

$$\text{代谢能} = 0.93 \times \text{消化能}$$

由饲料能量在体内的转化过程可见,饲料的能量在体内的转化要消耗一定的能量,仅粪能的消耗,成年兔占 60%,幼兔占 10%,真正可利用的净能不到 40%。在生产中,要注意减少能量消耗,提高能量利

用率。

(三)饲料中的能量水平与家兔生产

日粮的能量水平直接影响生产水平。实践证明,家兔能在一定能量范围内随日粮能量水平的高低调节采食量,以获得每天所需要的能量。即高能日粮采食量低,低能日粮采食量高。因此,日粮的能量水平是决定采食量的重要因素。这就要求在配合日粮时首先在满足能量需要的基础上,调整日粮中其他各种营养物质的含量,使其与能量有一适当的比例。这种日粮叫做平衡日粮。家兔采食一定的平衡日粮,既能获得所需的能量,又能摄入足够的所需要的其他营养物质,因而能发挥其最高的生产潜力,饲养效果最好。当日粮容积很大,日粮能量不足时,会导致家兔健康恶化,能量利用率降低,体脂分解多导致酮血症,体蛋白分解导致毒血症。能量水平过高会导致体内脂肪沉积过多,种兔过肥影响繁殖机能。

由于家兔的肠道容积相对较大,可接纳的饲料采食量也就大,并且高纤维低能饲料通过肠道的速度快,因此,家兔具有很好的利用低能饲料的能力。一般来说,采用颗粒饲料饲养家兔时,日粮能量不会出现缺乏,但采用天然饲料,日粮配比种类单调,容积很大时,有可能感到能量不足。要针对不同种类、不同生理状态控制合理的能量水平,保证家兔健康,提高生产性能。

六、矿物质与家兔营养

矿物质是一类无机的营养物质,是兔体组织成分之一,约占体重的5%。根据体内含量分为常量元素(钙、磷、钾、钠、氯、镁和硫等)和微量元素(铁、锌、铜、锰、钴、碘、钼、硒等)。

(一)钙和磷

钙和磷是骨骼和牙齿的主要成分。钙对维持神经和肌肉兴奋性和凝血酶的形成具有重要作用。磷以磷酸根的形式参与体内代谢，在高能磷酸键中贮存能与DNA、RNA以及许多酶和辅酶的合成，在脂类代谢中起重要作用。

钙、磷主要在小肠吸收，吸收量与肠道内浓度成正比，维生素D、肠道酸性环境有利于钙、磷吸收，而植物饲料中的草酸、植酸因与钙、磷结合成不溶性化合物而不利于吸收。

钙、磷不足主要表现为骨骼病变。幼兔和成兔的典型症状是佝偻病和骨质疏松症。另外，家兔缺钙还会导致痉挛，母兔产后瘫痪，泌乳期跛行。缺磷主要为厌食、生长不良。一般认为日粮中钙水平1.0%～1.5%，磷的水平为0.5%～0.8%，二者比例2∶1可以保证家兔的正常需要。

家兔能忍受高钙。据报道，日粮含钙4.5%，钙磷比例12∶1时不会降低幼兔的生长速度和母兔的繁殖性能。其原因是家兔对钙的吸收代谢与其他家畜不同。家兔血钙受饲料钙水平影响较大，不被降血钙素、甲状旁腺素所调节。家兔肾脏对维持体内钙平衡起重要作用，家兔钙的代谢途径主要是尿，当喂给家兔高钙日粮时，尿钙水平提高，尿中有沉积物出现。据报道，家兔只有高钙，且钙、磷比例1∶1或以上时，才能忍受高磷(1.0%～1.5%)，过多的磷由粪排出。家兔对植物性饲料中磷的利用率为50%左右，较其他家畜高。其原因是盲肠和结肠中微生物分泌的植酸酶能分解植酸盐而提高对磷的利用。

(二)钠、氯、钾

钠和氯主要存在于细胞外液而钾则存在于细胞内。3种元素协同作用保持体内的正常渗透压和酸碱平衡。钠和氯参与水的代谢，氯在胃内呈游离状态，和氢离子结合成盐酸，可激活胃蛋白酶，保持胃液呈酸性，具有杀菌作用。氯化钠还具有调味和刺激唾液分泌的作用。

植物性饲料中含钾多，很少发生缺钾现象。据报道，生长兔日粮中钾的含量至少为0.6%，如果含量在0.8%～1.0%以上，则会引起家兔的肾脏病。而钠和氯含量少且由于钠在家兔体内没有贮存能力，所以

必须经常从日粮中供给。据试验，日粮中钠的含量应为0.2%，氯为0.3%。当缺乏钠和氯时，幼兔生长受阻，食欲减退，出现异食癖等。一般生产中，家兔日粮以食盐形式添加，水平以0.5%左右为宜。

家兔对钠和钾有多吃多排的特点，当限制饮水和肾功能异常时，采食过量氯化钠会引起家兔中毒。

(三)镁

家兔体内70%的镁存在于骨骼和牙齿中。镁是多种酶的活化剂，在糖和蛋白质的代谢中起重要作用，能维持神经、肌肉的正常机能。家兔对镁的表观消化率为44%～75%。镁的主要排泄途径是尿和钙相似。

家兔缺镁导致过度兴奋而痉挛，幼兔生长停滞，成兔耳朵明显苍白和毛皮粗糙。当严重缺镁(日粮中镁的含量低于57毫克/千克)时，兔发生脱毛现象或“食毛癖”，提高镁的水平后可停止这种现象。日粮中严重缺镁将导致母兔的妊娠期延长，配种期严重缺镁，会使产仔数减少。据试验，肉兔日粮中含有0.25%～0.40%的镁可满足需要。一般情况下，日粮中镁的含量可以满足家兔的需要，所以补饲镁的意义不大。

(四)硫

硫在体内主要以有机形式存在，兔毛中含量最多。硫在蛋白质代谢中含硫氨基酸的成分，在脂类代谢中是起重要作用的生物素的成分，也是碳水化合物代谢中起重要作用的硫胺素的成分，又是能量代谢中起重要作用的辅酶A的成分。

当家兔日粮中含硫氨基酸不足时，添加无机硫酸盐，可提高肉兔的生产性能和蛋白质的沉积。即如果在饲料中添加一定量的无机硫，则能减少家兔对含硫氨基酸的需要量。硫对兔毛皮生长有重要作用，对于毛兔，日粮中含硫氨基酸低于0.4%时，毛的生长受到限制，当提高到0.6%～0.7%时，可提高产毛量。

(五)铁

铁是血红蛋白、肌红蛋白以及多种氧化酶的组成成分,与血液中氧的运输及细胞内生物氧化过程有着密切的关系。

缺铁的典型症状是贫血,表现为体重减轻,倦怠无神,黏膜苍白。但家兔的肝脏有很大贮铁能力。

仔兔和其他家畜一样,出生时肝脏中贮存有丰富的铁,但不久就会用尽,而且兔乳中含铁量很少,需适量补给。一般每千克日粮铁的适宜含量为100毫克左右。

(六)铜

铜作为酶的成分在血红素和红细胞的形成过程中起催化作用。缺铜会发生与缺铁相同的贫血症。家兔对铜的吸收仅为5%～10%,并且肠道微生物还将其转化成不溶性的硫化铜。过量的钼也会造成铜的缺乏症状,故在钼的污染区,应增加铜的补饲。

仔兔出生时铜在肝脏中的贮存量也是很高的,但在出生后两周就会迅速下降,兔乳中铜的含量也很少(0.1毫克/千克)。通常在家兔日粮中,铜的含量以5～20毫克/千克为宜。如果喂给高水平的铜的饲料(40～60毫克/千克),虽然生长速度明显提高,但会减少盲肠壁的厚度。据报道,在苜蓿+豆饼的基础日粮中添加0.1%的无水硫酸铜,家兔的日增重、饲料转化率和存活率均高于未添加组,而且在气温高时添加铜后对于提高饲料利用率更为有效。但要考虑高铜会造成对环境的污染。

(七)锌

锌作为兔体多种酶的成分而参与体内营养物质的代谢。缺锌时家兔生长受阻,被毛粗乱,脱毛,皮炎,繁殖机能障碍。据报道,母兔日粮锌的水平为每千克2～3毫克时,会出现严重的生殖异常现象;生长兔吃这样的日粮,2周后生长停滞;当每千克日粮含锌50毫克时,生长和

繁殖恢复正常。

(八)锰

锰是骨骼有机质形成过程中所必需的酶的激活剂。缺锰时，这些酶活性降低，导致骨骼发育异常，如弯腿、脆骨症、骨短粗症。锰还与胆固醇的合成有关，而胆固醇是性激素的前体，所以，缺锰影响正常的繁殖机能。有试验报道，每天喂给家兔 0.3 毫克的锰，家兔骨骼发育正常，获得最快生长。每天需要 1～4 毫克的锰。但每天喂给 8 毫克的锰时，生长降低，这可能是锰与铁的拮抗作用造成的。

(九)硒

硒是谷胱甘肽过氧化物酶的成分，和维生素 E 具有相似的抗氧化作用，能防止细胞线粒体的脂类氧化，保护细胞膜不受脂类代谢副产物的破坏，对生长也有刺激作用。

家兔对硒的代谢与其他动物有不同之处，对硒不敏感。表现在，硒不能节约维生素 E，在保护过氧化物损害方面，更多依赖于维生素 E，而硒的作用很小；用缺硒的饲料喂其他动物，会引起肌肉营养不良，而家兔无此症状。一般认为，硒的需要量为 0.1 毫克/千克饲料。

(十)碘

碘是甲状腺素的成分，是调节基础代谢和能量代谢、生长、繁殖不可缺少的物质。家兔日粮中最适宜的碘含量为 0.2 毫克/千克。

缺碘具有地方性。缺碘发生代偿性甲状腺增生和肿大。在哺乳母兔日粮中添加高水平的碘(250～1 000 毫克/千克)就会引起仔兔的死亡或成年兔中毒。

(十一)钴

钴是维生素 B_{12} 的组成成分。家兔也和反刍动物一样，需要钴在盲肠中由微生物合成维生素 B_{12}。家兔对钴的利用率较高，对维生素 B_{12}

的吸收也较好。仔兔每天对钴的需要量低于 0.1 毫克。成年兔、哺乳母兔、育肥兔日粮中经常添加钴(0.1～1.0 毫克/千克),可保证正常的生长和消除因维生素 B_{12} 缺乏引起的症状。在实践中不易发生缺钴症。当日粮钴的水平低于 0.03 毫克/千克时,会出现缺乏症。

七、维生素与家兔营养

维生素是一些结构和功能各不相同的有机化合物,既不是构成兔体组织的物质,也不是供能物质,但它们是维持家兔正常新陈代谢过程所必需的物质。对家兔的健康、生长和繁殖有重要作用,是其他营养物质所不能代替的。家兔对维生素的需要量虽然很少,但若缺乏将导致代谢障碍,出现相应的缺乏症。在家庭饲养条件下,家兔常喂大量青绿饲料,一般不会发生缺乏。在舍饲和采用配合饲料喂兔时,尤其是冬、春两季枯草期,青绿饲料来源缺乏,饲粮中需要补充的维生素种类及数量会大大增加。另外,在高生产性能条件下,日粮中不添加合成的维生素制剂,也会出现维生素缺乏。

根据其溶解性,将维生素分为脂溶性维生素和水溶性维生素两大类。

(一)脂溶性维生素

脂溶性维生素是一类只溶于脂肪的维生素。包括维生素 A、维生素 D、维生素 E、维生素 K。这些维生素在家兔体内尤其在肝脏中有一定的贮备,日粮中短时间缺乏不会造成明显的影响,而长期缺乏则会造成危害。

1. 维生素 A

维生素 A 又称抗干眼病维生素,仅存在于动物体内,植物性饲料中不含维生素 A,只含有维生素 A 源——胡萝卜素,在体内可转化为具有活性的维生素 A。

维生素 A 的作用非常广泛。它是构成视觉细胞内感光物质的原

料，可以保护视力。维生素A与粘多糖形成有关，具有维护上皮组织健康、增强抗病力的作用。维生素A对促进家兔生长、维护骨骼正常具有重要作用。

长期维生素A缺乏，幼兔生长缓慢，发育不良；视力减退，夜盲症；上皮细胞过度角化，引起干眼病、肺炎、肠炎、流产、胎儿畸形；骨骼发育异常而压迫神经，造成运动失调，家兔出现神经性跛行、痉挛、麻痹和瘫痪等50多种缺乏症。据报道，每千克体重每日供给23国际单位的维生素A可保证幼兔健康和正常生长。种兔需要58国际单位。生产中，肉兔日粮中的水平要比上述最低水平高许多倍。

维生素A的过剩会造成危害。据报道，生长兔每日每只补加12 000国际单位的维生素A，6周后的增重降低。母兔每日每只口服25 000国际单位的维生素A与对照组相比，由于胎儿吸收，窝产仔数明显下降，死胎、胎儿脑积水、生后1周死亡率及哺乳阶段的死亡率均较高。在日粮中添加30 000国际单位/千克以上的维生素A乙酸盐即出现胎儿吸收、脑积水、异物性眼炎等中毒症状。当肝脏干物质中维生素A超过3 000微克（10 000国际单位）/克时，就表明母兔维生素A中毒。

2. 维生素D

维生素D又称抗佝偻病维生素。植物性饲料和酵母中含有麦角固醇，家兔皮肤中含有7-脱氢胆固醇，经阳光或紫外线照射分别转化为维生素D_2和维生素D_3。维生素D进入体内在肝脏中羟化成25-羟维生素D，运转至肾脏进一步羟化成具有活性的1,25-二羟维生素D而发挥其生理作用。

维生素D的主要功能是调节钙、磷的代谢，促进钙、磷的吸收与沉积，有助于骨骼的生长。维生素D不足，机体钙、磷平衡受破坏，从而导致与钙、磷缺乏类似的骨骼病变。

维生素D能在体内合成，而在封闭兔舍的现代化养兔场，特别是毛用兔需要较高的维生素D，需要由饲料中补充。

维生素D过量也会引起家兔的不良反应。据报道，每千克日粮含有 2 300 国际单位的维生素 D 时，血液中钙、磷水平均提高，且几周内发生软组织有钙的沉积。而当每千克日粮中含有 1 250 国际单位时，家兔偶尔发生肾、血管石灰性病变，10 周后才发生钙的沉积。日粮中维生素 D 含量 13 200 国际单位/千克是引起软组织钙化的重要因素。饲料中的维生素 D 的含量 880 国际单位/千克已足够，而加倍为 1 760 国际单位/千克则出现有害反应。

3. 维生素 E

维生素 E 又称抗不育维生素，是维持家兔正常的繁殖所必需。维生素 E 与微量元素硒协同作用，保护细胞膜的完整性，维持肌肉、睾丸及胎儿组织的正常机能，具有对黄曲霉毒素、亚硝基化合物的抗毒作用。

家兔对缺维生素 E 非常敏感。不足时，导致肌肉营养性障碍即骨骼肌和心肌变性，运动失调，瘫痪，还会造成脂肪肝及肝坏死，繁殖机能受损，母兔不孕，死胎和流产，初生仔兔死亡率增高，公兔精液品质下降。饲喂不饱和脂肪酸多的饲料、日粮中缺乏苜蓿草粉或患球虫病时，易出现维生素 E 缺乏，应增加供给量。每千克体重供给 1.0 毫克 α-生育酚可预防缺乏症。

4. 维生素 K

维生素 K 与凝血有关，具有促进和调节肝脏合成凝血酶原的作用，保证血液正常凝固。

家兔肠道能合成维生素 K，且合成的数量能满足生长兔的需要，种兔在繁殖时需要增加。饲料中添加抗生素、磺胺类药，可抑制肠道微生物合成维生素 K，需要量大大增加。某些饲料如草木樨及某些杂草含有双香豆素，阻碍维生素 K 的吸收利用，也需要在兔的日粮中加大添加量。日粮中维生素 K 缺乏时，妊娠母兔的胎盘出血，流产。日粮中 2 毫克/千克的维生素 K 可防止上述缺乏症。

(二)水溶性维生素

水溶性维生素是一类能溶于水的维生素，包括 B 族维生素和维生

素 C。B 族维生素包括维生素 B_1（硫胺素）、维生素 B_2（核黄素）、泛酸（维生素 B_3）、烟酸（维生素 PP、尼克酸）、维生素 B_6（包括吡哆醇、吡哆醛、吡哆胺）、生物素、叶酸、维生素 B_{12}（钴胺素）、胆碱等。这些维生素理化性质和生理功能不同，分布相似，常相伴存在。以酶的辅酶或辅基的形式参与体内蛋白质和碳水化合物的代谢，对神经系统、消化系统、心脏血管的正常机能起重要作用。家兔盲肠微生物可合成大多数 B 族维生素，软粪中含有的 B 族维生素比日粮中高许多倍。在兔体合成的 B 族维生素中，只有维生素 B_1、维生素 B_6、维生素 B_{12} 不能满足家兔的需要。

(1)维生素 B_1　又称硫胺素，是碳水化合物代谢过程中重要酶如脱羧酶、转酮基酶的辅酶。缺乏时，碳水化合物代谢障碍，中间产物如丙酮酸不能被氧化，积累在血液及组织中，特别是在脑和心肌中，直接影响神经系统、心脏、胃肠和肌肉组织的功能，出现神经炎、食欲减退、痉挛、运动失调、消化不良等。研究认为，肉兔日粮中最低需要量为 1 毫克/千克。

(2)维生素 B_6　又称吡哆素，包括吡哆醇、吡哆醛和吡哆胺 3 种。在体内以磷酸吡哆醛和磷酸吡哆胺的形式作为许多酶的辅酶，参与蛋白质和氨基酸的代谢。

维生素 B_6 缺乏时，家兔生长缓慢，发生皮炎、脱毛，神经系统受损，表现为运动失调，严重时痉挛。家兔的盲肠中能合成，软粪中含量比硬粪中高 3～4 倍，在酵母、糠麸及植物性蛋白质饲料中含量较高，一般不会发生缺乏症。生产水平高时，需要量也高，应在日粮中补充。每千克料中加入 40 微克维生素 B_6 可预防缺乏症。

(3)维生素 B_{12}　是一种含钴的维生素，故又被称为钴胺素，是家兔代谢所必需的维生素。它在体内参与许多物质的代谢，其中最主要的是与叶酸协同参与核酸和蛋白质的合成，促进红细胞的发育和成熟，同时还能提高植物性蛋白质的利用率。

维生素 B_{12} 缺乏时，家兔生长缓慢，贫血，被毛粗乱，后肢运动失调，对母兔受胎及产后泌乳也有影响。一般植物性饲料中不含维生素 B_{12}，家兔肠道微生物能合成，其合成量受饲料中钴含量的影响。据试验，成年兔日粮中如果有充足的钴，不需要补充维生素 B_{12}，但对生长的幼兔需要补充，推荐量为10微克/千克饲料。

(4)生物素　生物素是重要的水溶性含硫维生素，在自然界分布广泛，遍存于动植物体内。在正常饲养条件下，家兔可从饲料中获得和通过食粪来补充，因此，生物素的作用并不显得重要。但在笼养时间增加，母兔年产仔数和胎次增加，幼兔生长加快以及要求较高的饲料转化率的情况下，生物素的研究就显得重要起来。

生物素是羧化和羧基转移酶系的辅助因子，而羧化和羧基转移酶在家兔的碳水化合物、脂肪酸合成、氨基酸脱氨基和核酸代谢中具有重要作用。生物素是家兔皮肤、被毛、爪、生殖系统和神经系统发育和维持健康必不可少的，生物素缺乏时会产生脱毛症、皮肤起鳞片并渗出褐色液体、舌上起横裂，后肢僵直、爪子溃烂。生物素不足和缺乏还会影响家兔的生产性能，具体体现在幼兔生长缓慢，母兔繁殖性能下降。对成年母兔补充生物素可以提高每窝的断奶仔兔数，质量提高。在兔的日粮中补充生物素，可显著降低家兔爪子溃烂的发生率，对预防兔的干爪病有良好的效果。补充生物素可显著提高家兔对铜的生物利用率，预防铜的缺乏症。生物素在家兔的免疫反应中具有重要作用，生物素缺乏家兔的免疫力下降，并易产生许多并发症。

家兔对生物素的需要量主要是通过推算所得。生长兔和哺乳兔的需要量为0.17毫克/千克，成年兔维持日粮的需要量为0.16毫克/千克。一般家兔的基础日粮可提供生物素0.09～0.17毫克/千克，但其利用率仅为35%～50%，按上述估计的需要量并假设家兔肠道合成的生物素利用率极低，则每天每只家兔应供应80～120毫克/千克才能满足家兔对生物素的需要。为预防家兔出现某些爪子病，每千克日粮中应添加80微克的生物素。毛兔生物素的补充应考虑到产毛量、毛质和预防脱毛症。最低的生物素需要量为120微克/千克，正常产毛量时为140微克/千克，高产毛量时为170微克/千克。也有人提出，家兔生物素的需要量并非定值，应根据饲料供应情况、生产状况及家兔的品种来确定。

八、水与家兔营养

家兔体内所含的水约占其体重的70%。水是一种重要的溶剂，营养物质的消化、吸收、运送，代谢产物的排出，均在水中进行。水是家兔体内化学反应的媒介，它不仅参加体内的水解反应，还参加氧化—还原反应、有机物的合成及细胞的呼吸过程。水的比热大，对调节体温起重要作用。水作为关节、肌肉和体腔的润滑剂，对组织器官具有保护作用。

由于水容易得到，缺水对家兔造成的损害往往被忽视。事实上，家兔缺水比缺料更难维持生命。饥饿时，家兔可消耗体内的糖原、脂肪和蛋白质来维持生命，甚至失去体重的40%，仍可维持生命。但家兔体内损失5%的水，就会出现严重的干渴现象，食欲丧失，消化作用减弱，抗病力下降。损失10%的水时，引起严重的代谢紊乱，生理过程遭到破坏，如代谢产物排出困难，血液浓度和体温升高。由于缺水造成的代谢紊乱可使健康受损，生产力遭到严重破坏，仔兔生长发育迟缓，母兔泌乳量降低，兔毛生长速度下降。当家兔体内损失20%时，可引起死亡。

家兔所需的水来源于饮用水、各种饲料中所含的水及代谢中产生的水。家兔的需水量受环境温度、生理状态、饲料特性及年龄等多种因素的影响。

环境温度对家兔的需水量有明显的影响，适宜的环境温度下，家兔饮水量一般为采食干草量的2.0～2.25倍。高温时，家兔的采食量下降，饮水量明显上升，低温条件下，采食量增加，水的需要量也增加，以保持消化道的正常运转（表4-6）。

表4-6　环境温度对家兔采食量的影响

环境温度/℃	相对湿度/%	采食量/（克/日）	饲料报酬	饮水量/（克/日）	料水比
5	80	184	5.02	336	1∶1.83
18	70	154	4.41	268	1∶1.74
30	60	83	5.22	448	1∶5.40

饲喂的青绿饲料中，虽然含有70%以上的水，但仍不能满足家兔机体对水的需要，每天仍需供给足量的饮水，尤其是饲喂颗粒饲料时，更需大量的饮水。饲料中蛋白质和粗纤维含量越高，需水量越大。

幼兔生长发育快，饮水量高于成年兔。母兔产后易感口渴，饮水不足易发生残食仔兔现象。哺乳母兔和幼兔饮水量可达采食量的3～5倍。家兔不同生理状态下的饮水量见表4-7。

表4-7　家兔不同生理状态下每天的饮水量　　升/只

生理状态	饮水量
妊娠初期母兔	0.25
妊娠后期母兔	0.57
种公兔	0.28
哺乳母兔	0.60
母兔+7只仔兔(6周龄)	2.30
母兔+7只仔兔(7周龄)	4.50

年龄和体重不同对家兔饮水量也有很大的影响，见表4-8。

表4-8　不同年龄、体重生长兔的需水量

周龄	平均体重/千克	需水量/(升/日)	需水量/(升/千克饲料)
9	1.7	0.21	2.0
11	2.1	0.23	2.1
13～14	2.5	0.27	2.1
17～18	3.0	0.31	2.2
23～24	3.8	0.31	2.2
25～26	3.9	0.34	2.2

九、各类家兔的营养需要及饲养标准

家兔的营养需要是指家兔在维持生命活动及生产(生长、繁殖、肥育、产乳、产皮毛)过程中，对能量、蛋白质、矿物质、维生素等营养物质的需要。一般用每日每只需要这些营养物质的绝对量，或每千克日粮(自然状态或风干物质或干物质)中这些营养物质的相对量来表示。

家兔对营养物质的需要受家兔品种、类型、性别、年龄、生理状态及生产性能等因素的影响。一般家兔的营养需要分为维持需要和生产需要(繁殖、泌乳、生长、肥育、产毛)。各类家兔对营养物质的需要量见家兔的饲养标准。

饲养标准是根据养兔生产实践中积累的经验,结合物质和能量代谢试验的结果,科学地规定出不同种类、品种、年龄、性别、体重、生理阶段、生产水平的家兔每天每只所需的能量和各种营养物质的数量,或每千克日粮中各营养物质的含量。饲养标准具有一定的科学性,是家兔生产中配制饲料,组织生产的科学依据。但是,家兔的饲养标准中所规定的需要量是许多试验的平均结果,不完全符合每一个个体的需要。并且它也不是一成不变的,随着科学的进步,品种的改良和生产水平的变化需要不断修订、充实和完善。因此,在使用时应因地制宜,灵活应用。

国内外对家兔适宜日粮营养水平进行了大量的研究和生产验证,以美国国家研究委员会(NRC)和法国家兔营养学家 Lebas 公布的家兔营养需要为代表,集中反映了世界各国的研究水平。现将国内外一些推荐家兔的饲养标准列于表 4-9 至表 4-17,以供参考。

表 4-9　我国推荐的獭兔的建议饲养标准

营养指标	生长兔	成年兔	妊娠兔	哺乳兔	毛皮成熟期
消化能/(兆焦/千克)	10.46	9.20	10.46	11.3	10.46
粗蛋白质/%	16.5	15	16	18	15
粗脂肪/%	3	2	3	3	3
粗纤维/%	14	14	13	12	14
钙/%	1.0	0.6	1.0	1.0	0.6
磷/%	0.5	0.4	0.5	0.5	0.4
蛋氨酸+胱氨酸/%	0.5～0.6	0.3	0.6	0.4～0.5	0.6
赖氨酸/%	0.6～0.8	0.6	0.6～0.8	0.6～0.8	0.6
食盐/%	0.3～0.5	0.3～0.5	0.3～0.5	0.3～0.5	0.3～0.5
日采食量/克	150	125	160～180	300	125

摘自:陶岳荣等,獭兔高效益饲养技术,2001。

表 4-10 我国建议的家兔营养供给量

营养指标	生长兔		妊娠兔	哺乳兔	成年产毛兔	生长肥育兔
	3～12 周龄	12 周龄之后				
消化能/(兆焦/千克)	12.2	11.29～10.45	10.45	10.87～11.29	10.03～10.87	12.12
粗蛋白质/%	18	16	15	18	14～16	16～18
粗纤维/%	8～10	10～14	10～14	10～12	10～14	8～10
粗脂肪/%	23	2～3	2～3	2～3	2～3	3～5
钙/%	0.9～1.1	0.5～0.7	0.5～0.7	0.8～1.1	0.5～0.7	1.0
总磷/%	0.5～0.7	0.3～0.5	0.3～0.5	0.5～0.8	0.3～0.5	0.5
赖氨酸/%	0.9～1.0	0.7～0.9	0.7～0.9	0.8～1.0	0.5～0.7	1.0
胱氨酸+蛋氨酸/%	0.7	0.6～0.7	0.6～0.7	0.6～0.7	0.6～0.7	0.4～0.6
精氨酸/%	0.8～0.9	0.6～0.8	0.6～0.8	0.6～0.8	0.6	0.6
食盐/%	0.5	0.5	0.5	0.5～0.7	0.5	0.5
铜/(毫克/千克)	15	15	10	10	10	20
铁/(毫克/千克)	100	50	50	100	50	10
锰/(毫克/千克)	15	10	10	10	10	15
锌/(毫克/千克)	70	40	40	40	40	40
镁/(毫克/千克)	300～400	300～400	300～400	300～400	300～400	300～400
碘/(毫克/千克)	0.2	0.2	0.2	0.2	0.2	0.2
维生素 A/国际单位	6 000～10 000	6 000～10 000	6 000～10 000	8 000～10 000	6 000	8 000
维生素 D/国际单位	1 000	1 000	1 000	1 000	1 000	1 000

表 4-11　我国安哥拉毛兔营养需要量——日粮营养含量

营养指标	幼兔	青年兔	妊娠母兔	哺乳母兔	产毛兔	种公兔
消化能/(兆焦/千克)	10.45	10.04～10.64	10.04～10.64	10.88	10.04～11.72	12.12
粗蛋白质/%	16～17	15～16	16	18	15～16	17
可消化蛋白/%	12～13	10～11	11.5	13.5	11	13
粗纤维/%	14	16	14～15	12～13	12～17	16～17
粗脂肪/%	3.0	3.0	3.0	3.0	3.0	3.0
钙/%	1.0	1.0	1.0	1.2	1.0	1.0
总磷/%	0.5	0.5	0.5	0.8	0.5	0.5
赖氨酸/%	0.8	0.8	0.8	0.9	0.7	0.8
胱氨酸+蛋氨酸/%	0.7	0.7	0.8	0.8	0.7	0.7
精氨酸/%	0.8	0.8	0.8	0.9	0.7	0.9
食盐/%	0.3	0.3	0.3	0.3	0.3	0.3
铜/(毫克/千克)	2～200	10	10	10	20	10
锰/(毫克/千克)	30	30	50	50	30	50
锌/(毫克/千克)	50	50	70	70	70	70
钴/(毫克/千克)	0.1	0.1	0.1	0.1	0.1	0.1
维生素 A/国际单位	8 000	8 000	8 000	10 000	6 000	12 000
胡萝卜素/(毫克/千克)	0.83	0.83	0.83	1.0	0.62	1.2
维生素 D/国际单位	900	900	900	1 000	900	1 000
维生素 E/(毫克/千克)	50	50	60	60	50	60

摘自:中国农业科学,1991,24(3)。

表 4-12　自由采食家兔的营养需要量(NRC)

营养指标	生长	维持	妊娠	泌乳
消化能/(兆焦/千克)	10.45	8.78	10.45	10.45
粗蛋白质/%	16	12	15	17
脂肪/%	2	2	2	2
粗纤维/%	10～12	14	10～12	10～12

续表 4-12

营养指标	生长	维持	妊娠	泌乳
矿物质				
钙/%	0.4		0.45	0.75
磷/%	0.22		0.37	0.5
镁/(毫克/千克)	300～400	300～400	300～400	300～400
钾/%	0.6	0.6	0.6	0.6
钠/%	0.2	0.2	0.2	0.2
氯/%	0.3	0.3	0.3	0.3
铜/(毫克/千克)	3.0	3.0	3.0	3.0
碘/(毫克/千克)	0.2	0.2	0.2	0.2
锰/(毫克/千克)	8.5	2.5	2.5	2.5
维生素				
维生素 A/(国际单位/ 千克)	8 000		10 000	
胡萝卜素/(毫克/千克)	0.83		0.83	
维生素 E/(毫克/千克)	40		40	40
维生素 K/(毫克/千克)			0.2	
吡哆醇/(毫克/千克)	39			
胆碱/(毫克/千克)	1.2			
尼克酸/(毫克/千克)	180			
氨基酸				
蛋氨酸＋胱氨酸/%	0.6			
赖氨酸/%	0.65			
精氨酸/%	0.6			
苏氨酸/%	0.6			
色氨酸/%	0.2			
组氨酸/%	0.3			
异亮氨酸/%	0.6			
缬氨酸/%	0.7			
亮氨酸/%	1.1			
苯丙氨酸＋酪氨酸/%	1.1			

摘自：M E Ensminger，中国养兔杂志，1990(4)。

表 4-13　法国 F. Lebas 推荐的家兔营养需要量

营养指标	生长(4～12 周龄)	哺乳	妊娠	维持	哺乳母兔和仔兔
粗蛋白质/%	15	18	18	13	17
消化能/(兆焦/千克)	10.45	11.29	10.45	9.20	10.45
脂肪/%	3	5	3	3	3
粗纤维/%	14	12	14	15～16	14
非消化纤维/%	12	10	12	13	12
氨基酸					
蛋氨酸＋胱氨酸/%	0.5	0.6	—	—	0.55
赖氨酸/%	0.6	0.75	—	—	0.7
精氨酸/%	0.9	0.8	—	—	0.9
苏氨酸/%	0.55	0.7	—	—	0.6
色氨酸/%	0.18	0.22	—	—	0.2
组氨酸/%	0.35	0.43	—	—	0.4
异亮氨酸/%	0.6	0.7	—	—	0.65
缬氨酸/%	0.7	0.35	—	—	0.8
亮氨酸/%	1.05	1.25	—	—	1.2
矿物质					
钙/%	0.5	1.1	0.8	0.6	1.1
磷/%	0.3	0.8	0.5	0.4	0.8
钾/%	0.8	0.9	0.9	—	0.9
钠/%	0.4	0.4	0.4	—	0.4
氯/%	0.4	0.4	0.4	—	0.4
镁/%	0.03	0.04	0.04		0.04
硫/%	0.04	—	—	—	0.04
钴/(毫克/千克)	1.0	1.0			1.0
铜/(毫克/千克)	5.0	5.0	—	—	5.0
锌/(毫克/千克)	50	70	70	—	70
锰/(毫克/千克)	8.5	2.5	2.5	2.5	8.5
碘/(毫克/千克)	0.2	0.2	0.2	0.2	0.2
铁/(毫克/千克)	50	50	50	50	50

续表 4-13

营养指标	生长(4～12 周龄)	哺乳	妊娠	维持	哺乳母兔和仔兔
维生素					
维生素 A/(国际单位/千克)	6 000	12 000	12 000	—	10 000
胡萝卜素/(毫克/千克)	0.83	0.83	0.83	—	0.83
维生素 D/(国际单位/千克)	900	900	900	—	900
维生素 E/(毫克/千克)	50	50	50	50	50
维生素 K/(毫克/千克)	0	2	2	0	2
维生素 C/(毫克/千克)	0	0	0	0	0
硫胺素/(毫克/千克)	2	—	0	0	2
核黄素/(毫克/千克)	6	—	0	0	4
吡哆醇/(毫克/千克)	40	—	0	0	2
维生素 B_{12}/(毫克/千克)	0.01	0	0	0	—
叶酸/(毫克/千克)	1.0	—	0	0	—
泛酸/(毫克/千克)	20	—	0	0	—

摘自:M E Ensminger,中国养兔杂志,1990(4)。

表 4-14　德国 W. Schlolant 推荐的家兔混合料营养标准

营养指标	肥育兔	繁殖兔	产毛兔
消化能/(兆焦/千克)	12.14	10.89	9.63～10.89
粗蛋白质/%	16～18	15～17	15～17
粗脂肪/%	3～5	2～4	2
粗纤维/%	9～12	10～14	14～16
赖氨酸/%	1.0	1.0	0.5
蛋氨酸+胱氨酸/%	0.4～0.6	0.7	0.7
精氨酸/%	0.6	0.6	0.6
钙/%	1.0	1.0	1.0
磷/%	0.5	0.5	0.3～0.5
食盐/%	0.5～0.7	0.5～0.7	0.5
钾/%	1.0	1.0	0.7
镁/(毫克/千克)	300	300	300

续表 4-14

营养指标	肥育兔	繁殖兔	产毛兔
铜/(毫克/千克)	20～200	10	10
铁/(毫克/千克)	100	50	50
锰/(毫克/千克)	30	30	10
锌/(毫克/千克)	50	50	50
维生素 A/(国际单位/千克)	8 000	8 000	6 000
维生素 D/(国际单位/千克)	1 000	800	500
维生素 E/(毫克/千克)	40	40	20
维生素 K/(毫克/千克)	1.0	2.0	1.0
胆碱/(毫克/千克)	1 500	1 500	1 500
烟酸/(毫克/千克)	50	50	50
吡哆醇/(毫克/千克)	400	300	300
生物素/(毫克/千克)	—	—	25

摘自:张宝庆等,养兔与兔病防治,2000。

表 4-15 Bebas(1989)推荐的集约饲养肥育家兔的营养需要

营养成分	含量	营养成分	含量	营养成分	含量
消化能/(兆焦/千克)	10.4	精氨酸/%	0.9	钴/(毫克/千克)	0.1
代谢能/(兆焦/千克)	10.0	苯丙氨酸/%	1.2	氟/(毫克/千克)	0.5
脂肪/%	3.0	钙/%	0.5	维生素 A/(国际单位/千克)	6 000
粗纤维/%	14	磷/%	0.3	维生素 D/(国际单位/千克)	900
难消化纤维素/%	11	钠/%	0.3	维生素 B_1/(毫克/千克)	2
粗蛋白质/%	16	钾/%	0.6	维生素 K/(毫克/千克)	0
赖氨酸/%	0.65	氯/%	0.3	维生素 E/(毫克/千克)	50
含硫氨基酸/%	0.6	镁/%	0.03	维生素 B_2/(毫克/千克)	6
色氨酸/%	0.13	硫/%	0.04	维生素 B_6/(毫克/千克)	2
苏氨酸/%	0.55	铁/(毫克/千克)	50	维生素 B_{12}/(毫克/千克)	0.01
亮氨酸/%	1.05	铜/(毫克/千克)	5	泛酸/(毫克/千克)	20
异亮氨酸/%	0.6	锌/(毫克/千克)	50	尼克酸/(毫克/千克)	50
缬氨酸/%	0.7	锰/(毫克/千克)	8.5	叶酸/(毫克/千克)	5
组氨酸/%	0.35	碘/(毫克/千克)	0.2	生物素/(毫克/千克)	0.2

摘自:国外畜牧学——草食家畜,1989(4)。

表 4-16　我国獭兔全价饲料营养含量

（河北农业大学谷子林建议，1998）

项目	1～3 月龄生长獭兔	4 月至出栏商品兔	哺乳兔	妊娠兔	维持兔
消化能/(兆焦/千克)	10.46	9～10.46	10.46	9～10.46	9.0
粗脂肪/%	3	3	3	3	3
粗纤维/%	12～14	13～15	12～14	14～16	15～18
粗蛋白/%	16～17	15～16	17～18	15～16	13
赖氨酸/%	0.80	0.65	0.90	0.60	0.40
含硫氨基酸/%	0.60	0.60	0.60	0.50	0.40
钙/%	0.85	0.65	1.10	0.80	0.40
磷/%	0.40	0.35	0.70	0.45	0.30
食盐/%	0.3～0.5	0.3～0.5	0.3～0.5	0.3～0.5	0.3～0.5
铁/(毫克/千克)	70	50	100	50	50
铜/(毫克/千克)	20	10	20	10	5
锌/(毫克/千克)	70	70	70	70	25
锰/(毫克/千克)	10	4	10	4	2.5
钴/(毫克/千克)	0.15	0.10	0.15	0.10	0.10
碘/(毫克/千克)	0.20	0.20	0.20	0.20	0.10
硒/(毫克/千克)	0.25	0.20	0.20	0.20	0.10
维生素 A/国际单位	10 000	8 000	12 000	12 000	5 000
维生素 D/国际单位	900	900	900	900	900
维生素 E/毫克/千克	50	50	50	50	25
维生素 K/(毫克/千克)	2	2	2	2	0
硫胺素/(毫克/千克)	2	0	2	0	0
核黄素/(毫克/千克)	6	0	6	0	0
泛酸/(毫克/千克)	50	20	50	20	0
吡哆醇/(毫克/千克)	2	2	2	0	0
维生素 B_{12}/(毫克/千克)	0.02	0.01	0.02	0.01	0
烟酸/(毫克/千克)	50	50	50	50	0
胆碱/(毫克/千克)	1 000	1 000	1 000	1 000	0
生物素/(毫克/千克)	0.2	0.2	0.2	0.2	0

表 4-17　肉兔不同生理阶段饲养标准

指标	生长肉兔		妊娠母兔	泌乳母兔	空怀母兔	种公兔
	断奶～2月龄	2月龄～出栏				
消化能/(兆焦/千克)	10.5	10.5	10.5	10.8	10.5	10.5
粗蛋白质/%	16	16	16.5	17.5	16.0	16.0
总赖氨酸/%	0.85	0.75	0.8	0.85	0.7	0.7
总含硫氨基酸/%	0.60	0.55	0.60	0.65	0.55	0.55
精氨酸/%	0.80	0.80	0.80	0.90	0.80	0.80
粗纤维/%	14.0	14.0	13.5	13.5	14.0	14.0
中性洗涤纤维(NDF)/%	30～33	27～30	27～30	27～30	30～33	30～33
酸性洗涤纤维(ADF)/%	19～22	16～19	16～19	16～19	19～22	19～22
酸性洗涤木质素(ADL)/%	5.5	5.5	5.0	5.0	5.5	5.5
粗脂肪/%	1.0	2.0	2.0	2.0	1.5	1.0
钙/%	0.60	0.60	1.0	1.1	0.60	0.60
磷/%	0.40	0.40	0.60	0.60	0.40	0.40
钠/%	0.22	0.22	0.22	0.22	0.22	0.22
氯/%	0.25	0.25	0.25	0.25	0.25	0.25
钾/%	0.80	0.80	0.80	0.80	0.80	0.80
镁/%	0.03	0.03	0.04	0.04	0.04	0.04
铜/(毫克/千克)	10	10	20	20	20	20
锌/(毫克/千克)	50	50	60	60	60	60
铁/(毫克/千克)	50	50	100	100	70	70
锰/(毫克/千克)	8.0	8.0	10.0	10.0	10.0	10.0
硒/(毫克/千克)	0.05	0.05	0.1	0.1	0.05	0.05
碘/(毫克/千克)	1.0	1.0	1.1	1.1	1.0	1.0
钴/(毫克/千克)	0.25	0.25	0.25	0.25	0.25	0.25
维生素A/(国际单位/千克)	6 000	12 000	12 000	12 000	12 000	12 000
维生素E/(毫克/千克)	80～160	80	100	100	100	100
维生素D/(国际单位/千克)	900	900	1 000	1 000	1 000	1 000
维生素 K_3/(毫克/千克)	1	1	2	2	2	2
维生素 B_1/(毫克/千克)	1	1	1.2	1.2	1	1

续表 4-17

指标	生长肉兔		妊娠母兔	泌乳母兔	空怀母兔	种公兔
	断奶～2月龄	2月龄～出栏				
维生素 B_2/(毫克/千克)	3	3	5	5	3	3
维生素 B_6/(毫克/千克)	1	1	1.5	1.5	1	1
维生素 B_{12}/(微克/千克)	10	10	12	12	10	10
叶酸/(毫克/千克)	0.2	0.2	1.5	1.5	0.5	0.5
尼克酸/(毫克/千克)	30	30	50	50	30	30
泛酸/(毫克/千克)	8	8	12	12	8	8
生物素/(微克/千克)	80	80	80	80	80	80
胆碱/(毫克/千克)	100	100	200	200	100	100

摘自:山东省地方标准,李福昌等起草。

第三节 家兔的饲料配合技术

家兔是单胃草食动物,单一的精料和粗料提供的养分均不能满足其营养需要,因此,将多种精料和一定的粗料进行合理配制成营养价值高,适口性好,成本低的全价配合饲料是家兔饲养中非常重要的一个任务,是满足家兔对各种营养物质的需要,降低饲养成本,获取最大经济效益的关键。

饲料配合是指以家兔的饲养标准为指南,根据当地饲料资源和饲料营养价值,选取适当的饲料原料确定适宜的比例和数量,使其能够满足家兔的营养需要的过程。

一、饲料配合时应考虑的问题

(一)配合饲料应具有营养性

从生产实践出发,根据家兔的品种、年龄、生理状态、生产水平、饲

养管理模式、环境条件等因素选择相应的饲养标准，以满足家兔对各种营养物质的需要。在选择饲养标准时，要尽量选用本地区和国内的标准，实在没有时再参考国外和其他地区的标准。

（二）饲料原料品种要多样化

不同的饲料种类其营养成分差异很大，单一饲料很难保证日粮平衡，采用多种饲料搭配，有利于营养物质的互补作用，从而满足家兔的营养需要。一般配合饲料应选用 4～5 种以上不同原料配制而成。家兔全价颗粒饲料中各种原料的大致比例见表 4-18。

表 4-18　全价颗粒饲料中各类饲料的大致比例　　%

饲料种类	配比
谷实类饲料	20～30
青干草粉及作物秸秆	20～40
植物性蛋白质饲料	15～20
糠麸类饲料	5～25
动物性蛋白质饲料	0～3
矿物元素饲料	1.0～1.5

（三）注意饲料的适口性

要选用适口性好、易消化的饲料。家兔能采食各种饲草、饲料，但特别喜欢采食多叶性饲草、颗粒饲料和带甜味的饲料。家兔不喜欢采食茎、草根和粉粒很细的饲料，在配合日粮时应注意这些问题。

（四）选用饲料的质量要好

家兔对霉菌极为敏感，配合饲料应严禁选用各种发霉变质的饲料，以免引起中毒。还应该考虑饲料中有毒有害物质含量，对其做适当加工，消除其毒性。

(五)符合家兔的消化生理特点

家兔是单胃草食动物。日粮中应以粗饲料为主,精料为辅,精、粗比例要适当,粗纤维含量为12%～15%,应注意青饲料的搭配一般为体重的10%～30%。同时还应考虑到家兔的采食量,容积不宜过大,否则即使日粮营养全面,但因营养浓度过低而不能满足家兔对各种营养物质的需要量。

(六)慎重选用抗生素和抗球虫药物

抗生素和抗球虫药物虽然没有直接营养作用,但添加到日粮中,能促进生长和预防细菌性传染病、球虫病,如果使用不当,可产生抗药性,给家兔和人类带来不良影响。

(七)降低日粮成本

因地制宜,在满足营养需要的前提下,充分利用当地资源,选择价格低廉的饲料,特别是蛋白质饲料。设计出比例适当、价格低廉的饲料配方。

二、饲料配合的方法

饲料配合的方法很多,目前在生产实践中常用的主要有手算法和计算机法。

(一)手算法

手算法有方形法、代数法和试差法。试差法是生产中普遍采用的方法,一般步骤如下。

(1)查饲养标准,结合经验,确定营养需要;

(2)选择原料,查饲料营养成分表,确定各原料养分含量;

(3)根据经验初拟各种原料的大致比例;

(4)用各自的比例乘以该原料所含的各种养分的含量；

(5)将各种原料的同种养分相加，得到该配方每种养分的含量；

(6)将上述含量分别与确定的营养需要比较；

(7)调整原料比例，重新计算。

在调配中，一般其他动物的营养指标的配平顺序是：能量(兆焦/千克)→ 粗蛋白(%)→ 钙(%)→磷(%)→ 氨基酸和微量元素。但是，对于家兔饲料配方，还要保证粗纤维含量，这是饲料配方设计时家兔与单胃动物的最大不同点。

以生长肉兔全价饲料配方设计为例，介绍具体步骤如下：

第一步，根据饲养标准，确定出生长肉兔的营养需要。生长兔每千克饲料中应含消化能 10.45 兆焦，粗蛋白质 16%，粗纤维 14%，粗脂肪 3%，钙 1.0%，磷 0.5%，赖氨酸 0.6%，胱氨酸＋蛋氨酸 0.5%。

第二步，选择饲料原料并查出营养成分及含量。所选原料及其营养成分见表 4-19。

表 4-19　饲料营养成分

饲料	粗蛋白质 /%	消化能 /(兆焦/千克)	粗纤维 /%	钙 /%	磷 /%	赖氨酸 /%	胱氨酸＋蛋氨酸 /%
苜蓿草粉	11.49	5.81	30.49	1.65	0.17	0.06	6.41
麸皮	15.62	12.15	9.24	0.14	0.96	0.56	0.28
玉米	8.95	16.05	3.21	0.03	0.39	0.22	0.20
大麦	10.19	14.05	4.31	0.10	0.46	0.33	0.25
豆饼	42.30	13.52	3.64	0.28	0.57	2.07	1.09
鱼粉	58.54	15.75	0.00	3.91	2.90	4.01	1.66
磷酸氢钙				23.30	18.00		
石粉				36.00			

第三步，按能量和粗蛋白质的需要量初拟配方。根据经验或参考现成的配方，初步确定各原料的比例，并计算粗蛋白质和能量水平，与营养标准进行比较。初配时，总比例要小于 100%，以留出添加食盐和其他添加剂的量(表 4-20)。

表 4-20　饲料营养与营养标准比较

饲料	配比/%	消化能/(兆焦/千克)	粗蛋白质/%
苜蓿草粉	40	5.81×40%=2.32	11.49×40%=4.60
麸皮	11	12.15×11%=1.37	15.62×11%=1.72
玉米	24	16.05×24%=3.85	8.95×24%=2.15
大麦	13.5	14.05×13.5%=1.91	10.19×13.5%=1.39
豆饼	8	13.52×8%=1.08	42.30×8%=3.38
鱼粉	1.5	15.75×1.5%=0.24	58.54×1.5%=0.88
合计	98.0	10.77	14.12
与标准比较		+0.32	−1.88

第四步，调整配方。根据初拟配方中能量和粗蛋白质含量与标准的差值，增加某种原料比例，同时降低同等量的另一种原料比例。方法是首先计算每代替 1%时，配方能量和蛋白质的改变程度，然后根据初拟配方中能量和粗蛋白质含量与标准的差值，计算出应代替的比例。一般配方营养与标准比较的差值占标准值的 2%以内即认为符合要求。

本例中初拟配方与标准比较的结果，能量稍多于标准，蛋白质比标准低 1.88 个百分点。可用能量含量低而蛋白质含量高的豆饼代替部分玉米。豆饼粗蛋白质的含量为 42.3%，玉米为 8.95%，每代替 1%，蛋白质净增 0.33%。相差 1.88%，需要代替的比例为 1.88÷0.33%=6%。因此，减少 6%的玉米，增加 6%的豆饼即可。调整后的结果见表 4-21。

从比较结果看，消化能和粗蛋白质与标准的差异分别为 0.16 和 0.11，均在允许范围内，基本符合要求。粗纤维为 13.94%，也符合要求。

第五步，调整钙、磷及氨基酸含量。如钙、磷不足，可用矿物质饲料或添加剂补充，根据上述配方计算，钙较标准低 0.21%，磷低 0.17%，用磷酸氢钙来补充：其磷含量为 18%，磷酸氢钙用量为：

0.17÷18.0%=0.94%，

0.94%磷酸氢钙补充钙：

0.94×23.3%=0.21%，

钙还差0.21%－0.21%=0，不用再补充石粉。

表4-21　配方营养含量表

饲料	配比/%	消化能/(兆焦/千克)	粗蛋白质/%	粗纤维/%	钙/%	磷/%	赖氨酸/%	蛋氨酸+胱氨酸/%
苜蓿草粉	40	2.32	4.6	12.20	0.66	0.07	0.024	0.164
麸皮	11	1.37	1.72	0.10	0.015	0.010	0.061	0.038
玉米	18	2.88	1.61	0.58	0.005	0.070	0.039	0.04
大麦	13.5	1.91	1.38	0.56	0.014	0.060	0.045	0.034
豆饼	14	1.89	5.92	0.50	0.040	0.078	0.289	0.153
鱼粉	1.5	0.24	0.88	0	0.06	0.04	0.06	0.025
合计	98	10.61	16.11	13.94	0.789	0.33	0.52	0.045
与标准比较	－2	＋0.16	＋0.11	－0.06	－0.21	－0.17	－0.08	－0.02

必需氨基酸低于标准，可用添加剂进行补充。赖氨酸低0.08%，蛋氨酸+胱氨酸低0.02%，可用*L*-赖氨酸和*DL*-蛋氨酸添加剂补充，*L*-赖氨酸添加剂用量为0.08÷78.0%=0.10%，蛋氨酸添加剂的用量为0.02%。微量元素和维生素可用兔专用饲料添加剂，按使用说明添加。调整后的配方见表4-22。

表4-22　生长兔全价日粮配方

饲料	配比/%	项目	营养水平
苜蓿草粉	40	消化能/(兆焦/千克)	10.61
麸皮	11	粗蛋白质/%	16.11
玉米	18	粗纤维/%	13.94
大麦	13.5	钙/%	1.0
豆饼	14	磷/%	0.502
鱼粉	1.5	赖氨酸/%	0.612
磷酸氢钙	0.94	蛋氨酸+胱氨酸/%	0.502
食盐	0.3		
DL-蛋氨酸	0.02		
L-赖氨酸	0.10		
合计	99.36		

最后配比不是100%，还差0.64%，一般总配比差值在1%以内，可直接调整玉米能量饲料的比例，配方营养水平基本不会发生改变。最后调整为下列配方，见表4-23。

表4-23 调整后的生长兔全价日粮配方

饲料	配比/%	项目	营养水平
苜蓿草粉	40	消化能/(兆焦/千克)	10.61
麸皮	11	粗蛋白质/%	16.11
玉米	18.64	粗纤维/%	13.94
大麦	13.5	钙/%	1.0
豆饼	14	磷/%	0.502
鱼粉	1.5	赖氨酸/%	0.612
磷酸氢钙	0.94	蛋氨酸+胱氨酸/%	0.502
食盐	0.3		
DL-蛋氨酸	0.02		
L-赖氨酸	0.10		
合计	100		

一般农户饲养肉兔是以粗、青饲料为基础日粮，再配合部分精料以补充营养不足。因此，在配合饲料时，可以根据青、粗饲料的采食量及其营养含量，计算出青、粗饲料组成的基础日粮提供的营养物质数量，并与标准需要量进行比较，欠缺部分由精料混合料补充。

(二)计算机法

使用配方软件，根据家兔对各种营养物质的需要量，所用饲料的品种和营养成分及市场价格变动情况等条件，将有关数据输入计算机，并提出约束条件(如饲料配比、营养指标等)，按照软件说明操作，很快就可以计算出既能满足营养要求而价格又相对较低的饲料配方。优点是速度快，计算准确。

思考题

1. 家兔饲料资源开发的重点是什么？

2. 家兔对营养物质(如蛋白质、碳水化合物、脂肪、能量和维生素)的需要特点是什么？

3. 不同生理阶段家兔对蛋白质的需要有什么不同？

4. 家兔饲料配合的方法有哪些？怎样利用试差法设计家兔饲料配方？

第五章

规模化生态养兔生产管理

导　　读　生态养兔,管理是关键。本章介绍规模化生态养兔的生产管理技术及其相关的基础知识,包括家兔的消化特点及其生活习性、一般管理技术、不同生理阶段的饲养管理、生态养兔技术等。

在规模化养兔生产中,良好的饲养管理是兔健康成长的重要环节。家兔的饲养管理取决于家兔的生活习性、不同发育阶段的生理要求、外界的环境条件和饲养的目的等。对此,本章结合规模化养兔生产实际,并从生态养兔的角度出发,分别阐述家兔的消化特点与生活习性,家兔的一般饲养管理技术要点,家兔不同生理阶段的饲养管理要点,并借鉴国内外生态养兔实践经验,重点介绍家兔仿生繁殖技术、生态放养技术、生态驱蚊技术和生态保暖供暖技术以及生态除臭技术等。通过对本章各节的介绍,让读者全面地了解规模化生态养兔生产管理技术,为养兔生产提供理论参考和指导。

第一节　家兔的消化特点与生活习性

一、家兔的消化特点

(一)消化道解剖特点

1. 口腔

家兔具有草食动物的典型齿式:门龈槽凿形,没有犬齿,臼齿发达;上唇有一纵裂,形成豁口,便于采食地上的矮草和啃咬树皮。成年家兔有牙齿 32 枚,其中门齿有 6 枚(上门齿 2 对,在大门齿后面有 1 对小门齿;下门齿 1 对),呈凿形咬合,便于切断和磨碎食物;兔臼齿咀嚼面宽,且有横脊,适于研磨草料。兔的舌头肌肉发达,运动灵活,如搅拌器,可将口腔内的食物送到牙齿之间。同时,舌头表面分布众多的味觉感受器——味蕾,灵敏地辨别饲料不同的味道。兔口腔内有 4 对唾液腺,分别是耳下腺、颌下腺、舌下腺和眶下腺,其中眶下腺是家兔所独有的,位于内眼角底部。

2. 胃

兔胃是单室胃,容积较大,占消化道总容积的 36%;胃的入口处有一肌肉皱褶,加之贲门括约肌的作用,使得家兔不能嗳气也不能呕吐,所以腹胀等消化道疾病较为多发;兔胃肌肉层薄弱,蠕动力小,饲料在胃内停留时间相对较长。饲料在胃内停留的时间与饲料种类有关。一般来说,粗饲料对胃壁的刺激较强,使之蠕动加快,排空的速度也较快。而精饲料的运行速度较慢。

3. 肠

家兔肠道的总长度相当于体长的 10 倍左右(马为 12 倍,猪为 14

倍，牛为20倍，羊为27倍，犬为8倍，猫为2倍），介于反刍动物与肉食动物之间。长期采食饲料的家兔肠道和体长的比例可达到14∶1。家兔的小肠分为十二指肠、空肠和回肠，是营养物质主要的消化和吸收部位。家兔的盲肠极为发达，占消化道总容积的1/2左右，与体长相当。其内含有大量的微生物，是食物残渣——粗纤维消化分解的主要场所，功能与反刍动物的瘤胃相似。兔的盲肠与回肠交界处膨大形成球形的囊状物，称作圆小囊。末端变得细而长，形似蚯蚓，故称蚓突。这两个特殊的结构还有丰富的淋巴组织，成为肠道的防御组织。因此，当发生消化道疾病时，盲肠的病变比较明显（如魏氏梭菌病，盲肠出血是典型特征）。这两个特殊的组织还可以分泌碱性黏液（pH＝8.1～9.4）中和盲肠的酸性环境，利于微生物的活动。结肠位于盲肠下，长约105厘米，以结肠系膜连于腹腔侧，分为升结肠，横结肠与降结肠3部分。结肠前部有3条纵韧带，2条在背面，1条在腹面。在纵肌带之间形成一系列的肠袋。其结构和运动的特殊方式，决定了家兔粪便的形态成为球状。

（二）胃的消化特点

在单胃动物中，家兔的胃容积占消化道总容积的比例最大，约为35.5％。由于家兔具有吞食自己粪便的习性，兔胃内容物的排空速度是很缓慢的。试验证明，饥饿2天的家兔，胃内容物只减少50％，说明兔子具有相当的耐饥饿能力。胃腺分泌胃蛋白酶原，它必须在胃内盐酸的作用下（pH 1.5）才具有活性。仔兔胃内消化和仔猪一样有段机能发育不全期。2周龄仔兔胃内缺乏游离盐酸，16日龄以后才出现少量的盐酸，对蛋白质有微弱的消化作用。4周龄已达断奶后幼兔胃内的pH水平，6周龄后已达成年兔胃内pH的稳定水平，此后胃内酸度的变化与年龄增长无关，主要是受饲料和饮水等因素的影响。2周龄内哺乳仔兔胃内有抗微生物的奶因子，这种奶因子对2周龄内的仔兔具有很强的保护机能。2周龄后抗微生物的奶因子的作用逐渐被胃酸的抗微生物作用所取代。仔兔胃内酸度要到6周龄后才能达到成年兔

胃内酸度水平。因此,在胃酸抗微生物关卡的作用尚未健全之前,幼兔对有活力的细菌或毒素特别敏感,饲养管理稍有不当就会发生腹泻和拉稀,而且死亡率也很高。因此,在生产实践中,这段时间特别难养。与其他家畜相比,兔胃内有较强的酸度和较高的消化力。胃液是胃黏膜中各种腺体分泌的混合物,兔胃液是昼夜连续不断地分泌的,但是在不同时段,胃液的分泌量不同,而且相差悬殊。纯粹的胃液是无色透明的强酸性液体,pH 1.2～4.0。昼夜间胃内容物的 pH 以清晨最底,喂料前次之,吃料和饮水后,由于唾液、饲料和饮水的冲淡、稀释和中和作用,胃内容物的 pH 明显升高。胃黏膜分泌盐酸,使胃内始终处于一种酸性环境。胃蛋白酶刚从胃腺中分泌出来时是无活性的胃蛋白酶原,经胃液中盐酸激活转变为胃蛋白酶,它们将饲料中的蛋白质分解为蛋白胨,少量的多肽和氨基酸。仔兔在 15 日龄以前胃内只能分泌凝乳酶。凝乳酶具有很强的凝乳作用。

(三)盲肠的消化特点

家兔的大肠包括盲肠、结肠和直肠。盲肠是一个大的囊袋,容积占整个消化道的一半。它起始于回盲口,此处的盲肠较粗,往后渐细,末端有一个较细而光滑的盲端——蚓突。盲肠长度与体长接近,壁薄而富有弹性,外表有环状沟纹,内壁有一条带,形成约 26 圈螺旋形突起的皱襞。盲肠是微生物发酵的场所,未经胃和小肠消化吸收的营养物质可通过盲肠微生物利用,合成自身物质。蚓突壁较厚,内含有丰富的淋巴组织,经常向肠道内排出大量的淋巴细胞,参与肠道的防御功能,同时也不断地分泌高浓度的重碳酸盐类的碱性液体,对维持盲肠内适宜的环境起到了重要的作用。

就单胃动物来说,家兔盲肠的容积最大。在庞大的盲肠内,微生物对食物残渣进行消化,同时盲肠也为微生物的活动提供适宜的条件。

1. 盲肠微生物

初生仔兔在未吃奶前,胃肠道中无菌,吃奶而没有开眼的兔胃肠道的细菌很少。仔兔开眼后,盲肠和结肠就开始出现大量的微生物。据报道,青年肉兔每克盲肠内容物中含有细菌总数为 2.5×10^8～2.19×10^9 个。

2.盲肠内环境

兔的盲肠内环境与反刍动物瘤胃有十分相似之处,有利于微生物的活动。首先,温度较高而稳定。据测定,兔盲肠内的温度平均为40.1℃(39.6～40.4℃),个体之间差异不超过1℃,昼夜之间的差异不超过1.5℃。第二,稳定的酸碱度。盲肠食糜发酵产生的脂肪酸,其中78.2%是乙酸,9.3%丙酸,丁酸占12.5%。它们部分被盲肠壁吸收入血,部分被圆小囊和蚓突所分泌的碱液所中和,使盲肠内容物的酸碱度保持在相对稳定的水平。据测定,兔盲肠的pH值平均6.79(6.4～7.0)(表5-1)。第三,厌氧条件。盲肠内容物呈糊状,无自由水和气泡,其环境条件适宜以厌氧菌为主的微生物区系。第四,适宜的水分。据测定,盲肠内容物含水率平均为80%(75%～86%)。

表5-1　不同日龄小兔盲肠各部的pH值

日龄	圆小囊	盲肠	蚓突
1～15	7.0	6.8～7.0	7.0
20～30	7.0～7.2	6.6～6.8	7.0
40～60	6.9～7.2	6.4～6.6	6.4～7.2

3.盲肠微生物对营养物质的消化

盲肠内微生物主要对进入盲肠内的未被前段胃肠消化吸收的植物纤维进行分解,这种分解主要是通过细菌分泌的纤维素酶来实现的,兔对纤维素的消化率说法不一,而且相差悬殊。这主要是由于粗纤维种类和来源不同所致。据介绍,兔对不同饲料粗纤维的消化率不同:卷心菜75%,胡萝卜65.3%,秸秆22.7%,木屑22%。尽管兔对饲料中粗纤维的消化率不高,但它能有效地利用饲草中的蛋白质。比如,兔对苜蓿干草粉蛋白质的消化率为75%,与马相似,远远高于猪(不足50%)。兔对低质量的饲草中所含蛋白质的利用率高于其他单胃家畜,兔可在高纤维饲料中充分有效地利用非纤维成分。

(四)家兔的食粪特性

家兔的食粪特性是指家兔有吃自己部分粪便的本能行为，与其他动物的食粪癖不同，家兔的这种行为不是病理的，而是正常的生理现象，对家兔本身有益，鼠类等都有这种习性。

家兔排出的粪便有两种，一种是我们平时所见到的粪球，即硬粪，这种粪量大，约占总粪量的80%。此粪较干，表面粗糙，依草料的种类而呈现深、浅不同的褐色。另一种是我们平常很少看到的软粪，约占总粪量的20%。软粪多在夜间排出，立即被兔子吞食。软粪黑而小，圆球形，多个圆球连在一起成串，圆球有黏膜包裹，内容物呈半流体状态。据测定，软粪的营养价值与盲肠内容物相似，远远高于硬粪。故认为软粪是盲肠内容物直接形成而排出，未经后肠的再次消化吸收。据资料介绍，软粪内含有丰富的营养物质，软、硬粪成分相同，只是含量不同。据测定，1克硬粪中有27亿个微生物，微生物占粪球中干物质的56%；而1克软粪中有95.6亿个微生物，占软粪中干物质的81%(表5-2，表5-3，表5-4)。

表5-2　硬粪和软粪中主要的营养含量

类别	能量/(兆焦/千克)	干物质/%	粗蛋白质/%	粗脂肪/%	粗纤维/%	灰分/%	无氮浸出物/%
硬粪	18.2	52.7	15.4	3.0	30.0	13.7	37.9
软粪	19.0	38.6	34.0	5.3	17.8	15.0	27.7

表5-3　软粪和硬粪干物质中矿物质的含量　%

粪别	钙	磷	硫	钾	钠
硬粪	1.01	0.88	0.32	0.56	0.12
软粪	0.61	1.40	0.49	1.49	0.54

表5-4　硬粪和软粪干物质中B族维生素含量　微克/克

粪别	烟酸	核黄素	泛酸	维生素 B_{12}
硬粪	39.7	9.4	8.4	0.9
软粪	139.1	30.2	51.6	2.9

在正常情况下，家兔排软粪时会自然弓腰用嘴从肛门处吃掉。软粪通常几乎全部被家兔自身吃掉，所以一般情况下，很少看到软粪的存在，只有当家兔生病时才停止食粪行为。此外，也偶见有少量吃硬粪的，大多数排泄软粪较少的幼兔吞食硬粪；成年兔在饲料不足时也吞食硬粪。关于仔兔的食粪时间，对于哺乳仔兔在未开始采食之前均不食粪，开始采食后的 4～5 天，开始食粪，说明兔食粪行为的发生与盲肠的发育以及盲肠微生物的消化有关。

家兔食粪是有规律的。家兔食粪的规律性与喂食时间密切相关，一昼夜出现 3 次食粪高峰，白天有 2 次食粪高峰，时间是在上午 11 点和下午 5 点。白天主要吃硬粪，而且经嚼碎后吞进胃内。晚上的食粪高峰在夜间 2 点，这是最明显的一次食粪高峰，主要是吃软粪，并且不经嚼碎囫囵吞咽入胃内。一般夜间食粪量多于白天。家兔食粪的多少与生理状态和营养水平有关。以泌乳母兔和妊娠母兔食粪最多，空怀母兔较少。全价营养的条件下食粪较少，而营养不全或饲料供应不足时食粪最多。

家兔的食粪行为具有重要的生理意义：①通过食粪，特别是食软粪，兔可以从中获得生物学价值较高的菌体蛋白质，同时还可以获得由肠道微生物合成的 B 族维生素和维生素 K。这些营养物质很快被胃和小肠消化吸收和利用。②由于吞食软粪，具有生物学活性的矿物质磷、钾、钠，在家兔体内滞留时间延长。在微生物酶的作用下，对饲料中的营养物质特别是纤维素进行二次消化。③家兔的食粪习性，延长了饲料通过消化道的时间。④家兔食粪相当于饲料的多次消化，提高了饲料的消化率。据测定，家兔食粪与不食粪时，营养物质的总消化率分别是 64.6％和 59.5％。⑤增强了家兔对恶劣环境的适应能力。在野生条件下，兔子的食物获得没有任何的保障。通过食粪，可以增强它们对恶劣环境的抵抗能力，在饲喂不足的情况下，食粪还可以减少饥饿感，在断水断料的情况下，还可以延长生命达 1 周。这一点对野生条件下的兔意义重大。⑥有助于维持消化道正常微生物区系，降低腹泻的发生。硬粪含有较高的粗纤维。当饲料中粗纤维不足时，有可能导致

腹泻，家兔通过大量的采食硬粪，弥补饲料中粗纤维的不足，对预防腹泻有一定的作用。⑦促进胃中消化酶的分泌，提高胃中和血液中乳酸的浓度，促进胃肠的蠕动和营养物质的消化吸收。

(五)胃肠壁的脆弱性

家兔患消化系统疾病较多，而且家兔一旦发生腹泻或肠炎，很难救治，死亡率极高。饲料中粗纤维含量不足，是造成消化机能失调的主要原因。饮食不卫生、饲料突变、腹壁受凉等因素，也将引起兔消化道内环境的改变而发生腹泻和肠炎。

(六)可利用非蛋白氮(NPN)

在家兔的日粮中添加一定的尿素，对增重有一定的促进作用。这主要是家兔具有采食自己粪便的习性，盲肠微生物利用非蛋白氮合成自身蛋白，而后通过食粪再变成蛋白源。尿素添加比例一般为0.5%～2.5%。多数试验表明，以尿素占风干日粮的1%左右为宜。

(七)对无机硫的利用

硫在家兔体内，以兔毛中含量最多。它在蛋白质代谢中是含硫氨基酸的成分，在脂类代谢中是起着重要作用的生物素的成分；也是碳水化合物代谢中起着重要的作用的硫胺素的成分，又是能量代谢中起重要作用的辅酶A的成分。饲养实践发现，在家兔日粮中添加一定量的无机硫(如硫酸铜、硫酸钠、硫酸钙、硫酸锌、硫酸亚铁等)和硫磺对增重均有促进作用。同位素示踪表明，经口服硫酸盐可被家兔利用，合成胱氨酸和蛋氨酸。这种无机硫向有机硫的转化，是与家兔盲肠微生物的活动和家兔食粪分不开的。

试验表明，家兔口服硫酸盐形式的硫，在食粪的情况下被大量地吸收进入血液中，还可在肝脏和肾脏中积聚。在肝脏中，这种硫的同位素有29%以无机盐的形式存在，有71%以胱氨酸和蛋氨酸的形式存在。在禁止食粪的家兔中，有85%的硫以硫酸盐的形式存在，只有15%以胱氨酸和蛋氨酸的形式存在。含硫氨基酸是必需氨基酸,而且蛋氨酸是限制性氨基酸。当家兔日粮中的含硫氨基酸不足时,可添加无机硫酸盐,以代替昂贵的含硫氨基酸,可提高兔的生产性能和蛋白质的沉积。笔者试验发现,对于因含硫氨基酸不足造成的食毛症,在饲料中加入一定的石膏、芒硝、硫磺和生长素(主要是硫酸盐),可使病情得以控制。

(八)对粗纤维的利用

家兔对粗纤维的消化利用能力很低。据美国 NRC 1977 年公布的材料,饲料中粗纤维的消化率家兔为 14%,牛为 44%,马为 41%,猪为 22%,豚鼠为 33%。因此,家兔不能有效地消化与利用粗纤维,一般认为家兔消化道(主要是大肠)内的微生物区系不同于其他草食家畜,缺乏能大量分解纤维的微生物。至于家兔肠道内的微生物区系的问题,目前的报道还不一致。主要有两种学说:一种学说认为,家兔肠道内的微生物主要是拟杆菌属的细菌,球菌很少,无乳酸杆菌;另一种学说认为,家兔肠道的微生物主要是革兰氏阳性菌,其中主要是需氧的枯草杆菌(45%~50%)、乳酸杆菌(39%~45%)、少量的拟杆菌(2%~12%)和大肠杆菌。

还有的试验证明,饲料的种类不同,会导致家兔肠道微生物区系的不同,即饲料可以改变家兔肠道的微生物组成。家兔对粗纤维的消化,主要在盲肠中进行。H. P. S. Maekkar(1987)对家兔盲肠和牛瘤胃内容物酶活性进行研究,发现兔的盲肠纤维分解酶的活性比牛瘤胃纤维分解酶的活性低得多。这就是兔对粗纤维消化率低的主要原因。

家兔虽然不能很好地消化和利用粗纤维,但这并不意味着粗纤维对家兔没有作用。据观察,粗纤维对维护家兔正常的消化生理是非常重要的。也就是说,在家兔的饲粮中不能缺少粗纤维,如果粗纤维低于正常限度,就会引起消化生理紊乱。据报道,饲料中的纤维性物质具有维持消化道正常生理活动和防止肠炎的作用。因此,粗纤维是家兔营养的重要结构组成成分。

二、家兔的生活习性

(一)夜行性

家兔的夜行性是指家兔昼伏夜行的习性,这种习性是在野生兔时期形成的。野生兔体格弱小,御敌能力差,在当时的生态条件下,被迫白天穴居于洞中,夜间外出活动与觅食,久而久之,形成了昼伏夜行的习性。家兔至今仍保留其祖先野生穴兔的这一特性。表现为夜间活跃,而白天较安静,除觅食时间外,常常在笼子内闭目睡眠或休息,采食和饮水也是夜间多于白天。据测定,在自由采食的情况下,家兔在晚上的采食量和饮水量占全日量的75%左右。根据兔的这一习性,应当合理地安排饲养管理日程,晚上要供给足够的饲草和饲料,并保证饮水。

(二)嗜眠性

嗜眠性是指家兔在一定条件下白天很容易进入睡眠状态。在此状态的家兔除听觉外,其他刺激不易引起兴奋,如视觉消失,痛觉迟钝或消失。家兔的嗜眠性与其在野生状态下的夜行性有关。了解家兔的这一习性,对养兔生产实践具有指导意义。首先,在日常管理工作中,白天不要妨碍家兔的睡眠,应保持兔舍及其周围环境的安静;其次,可以进行人工催眠完成一些小型手术,如刺耳号、去势、投药、注射、创伤处理等,不必使用麻醉剂,免除因麻醉药物而引起的副作用,既经济又安全。人工催眠的具体方法是:将兔腹部朝上,背部向下仰卧保定在“V”形架上或者其他适当的器具上,然后顺毛方向抚摸其胸、腹部,同时用食指和拇指按摩头部的太阳穴,家兔很快就进入睡眠状态。此时即可顺利地进行短时间的手术。手术完毕后,将兔恢复正常站立姿势,兔即完全苏醒。兔进入睡眠状态的标志是:①两眼半闭斜视;②全身肌肉松弛,头后仰;③出现均匀的深呼吸。兔属动物也有这种嗜眠性。

(三)胆小怕惊

野生穴兔是一种弱小的动物,对于其他任何动物均没用侵袭能力,而且常常是人类和其他野兽、猛禽捕猎的对象。在弱肉强食的大自然条件下,野生穴兔之所以能够保存下来并驯化成家兔,一方面是由于它们具有在短期内繁殖大量后代的能力、打洞穴居的本领和昼伏夜行的习性;另一方面是依靠其发达的听觉器官和迅速逃逸的能力,逃避猛禽和肉食兽的追捕。兔耳长大,听觉灵敏,能转动并竖起来收集各方的声响,以便逃避敌害。一旦发现异常情况便会精神高度紧张,用后足拍击地面向同伴报警,并迅速躲避。肉兔尽管在人工条件下生活,但其胆小怕惊的特性经常可以见到。比如,动物(犬、猫、鼠、鸡、鸟等)的闯入、闪电的掠过、陌生人的接近、突然的噪声(如鞭炮的爆炸声、雨天的雷声、动物的狂叫声、物体的撞击声、人的喧哗声)等,都会使兔群发生惊场现象。使兔精神高度紧张,在笼内狂奔乱窜,呼吸急促,心跳加快。如果这种应激强度过大,不能很快恢复正常的生理活动,将产生严重后果:妊娠母兔发生流产、早产;分娩母兔停产、难产、死产;哺乳母兔拒绝哺喂仔兔,泌乳量急剧下降,甚至将仔兔咬死、踏死或吃掉;幼兔出现消化不良、腹泻、胀肚,并影响生长发育,也容易诱发其他疾病。故有“一次惊场,三天不长”之说,国内外也曾有肉兔在火车鸣笛、燃放鞭炮后暴死的报道。因此,在建兔场时应远离噪声源,谢绝参观,防止动物闯入,逢年过节不放鞭炮。在日常管理中动作要轻,经常保持环境的安静与稳定。饲养管理要定人、定时,严格遵守作息时间。

(四)喜清洁爱干燥

家兔对疾病的抵抗力较低,特别是在雨季和兔舍潮湿的情况下,很难饲养。这是因为潮湿的环境利于各种病原微生物及寄生虫滋生繁衍,易使家兔感染疾病,特别是疥癣病和幼兔的球虫病,往往给兔场造成极大的损失。此外,生产中还发现,有的兔场兔的脚皮炎比较严重,这除了与家兔的品种(大型品种易发此病)、笼底板质量等有关外,笼具

潮湿是主要的诱发因素之一。平时注意观察不难发现，家兔休息时是喜欢卧在较为干燥和较高的地方，从这一点上也反映出家兔喜干怕湿的习性。根据家兔的这一特性，在建造兔舍时应选择地势干燥的地方，禁止在低洼处建筑兔场。

（五）群居性差

群居性是一种社会表现，家兔虽有群居性，但很差。家兔群养时，相同或不同性别的成年兔经常发生互相争斗现象，特别是公兔群养或者是新组成的兔群，互相咬斗现象更为严重，因此，管理上应特别注意，成年兔要单笼饲养。

（六）啮齿行为

家兔的第一对门齿是恒齿，出生时就有，永不脱换，而且不断生长。如果处于完全生长状态，上颌门齿每年生长 10 厘米，下颌门齿每年生长 12.5 厘米。由于其不断生长，家兔必须借助采食和啃咬硬物不断磨损，才能保持其上下门齿的正常咬合。这种借助啃咬硬物磨牙的习性，称为啮齿行为。在养兔生产中应注意以下几点：

(1)给兔提供磨牙的条件　如把配合饲料压制成具有一定硬度的颗粒饲料，或在兔笼内投放一些树枝等。

(2)经常检查兔的第一对门齿是否正常　如发现过长或弯曲，应及时修剪，并查找原因。

①遗传原因：有一种遗传病叫下颌颌突畸形，是由常染色体上的一个隐性基因(mp)控制，该病发病率很低，其症状是颅骨顶端尖锐，角度变小，下颌颌突畸形，下颌向前推移，使第一对门齿不能正常咬合。这种门齿间的错位现象，通常发生在出生后 3 周时。

②饲料原因：饲料过软，起不到磨牙的作用，使下颌发病机会增多。

(3)兔笼　修建兔笼时，要注意材料的选择，尽量使用家兔不爱啃咬的木材如桦木等；同时尽量做到笼内平整，不留棱角，使兔无法啃咬，以延长兔笼的使用年限。

(七)穴居性

穴居性是指家兔具有打洞穴居、并且在洞内产仔的本能行为。只要不人为限制,家兔一接触土地,打洞的习性立即恢复,尤以妊娠后期的母兔为甚,并在洞内理巢产仔。研究表明,地下洞穴具有黑暗、安静、温度稳定、干扰少等优点,适合家兔的生物学特性。母兔在地下洞穴产仔,其母性增强,仔兔成活率提高。因此,在笼养条件下,要为繁殖母兔尽可能模拟洞穴环境做好产仔箱,并置于最安静和干扰少的地方。同时,在建造兔舍和选择饲养方式时,还必须考虑到家兔的穴居性,以免由于选择的建筑材料不合适,或者兔场设计考虑不周到,使家兔在舍内乱打洞穴,造成无法管理的被动局面。

(八)耐寒怕热

家兔的正常体温一般为38.5～39.0℃,昼夜间由于环境温度的变化,体温有时相差0.2～0.4℃,这与其体温调节能力差有关。家兔被毛浓密,汗腺不发达,较耐寒冷而惧怕炎热。家兔最适宜的环境温度为15～25℃,临界温度为5℃和30℃。也就是说,在15～25℃的环境中,其自身生命活动所产生的热量即可满足维持正常体温的需要,不需另外消耗自身营养,此时家兔感到最为舒适,生产性能最高。在临界温度以外,对家兔是有害的。特别是高温的危害性远远超过低温。在高温环境下,家兔的呼吸、心跳加快,采食减少,生长缓慢,繁殖率急剧下降。在我国南方一些地区出现"夏季不育"的现象,就是由于夏季高温使公兔睾丸生精上皮变性,暂时失去了产生精子的能力。而这种功能的恢复需要较长时间(一般是45～60天,如果热应激强度过大,恢复的时间更长,特别严重时,将不可逆转)。生产中还可发现,如果夏季通风降温不良,有可能发生家兔中暑死亡现象,尤以妊娠后期的母兔严重。

相对于高温,低温对家兔的危害要轻得多。在一定程度的低温环境下,家兔可以通过增加采食量和动员体内营养来维持生命活动和正常体温。但是冬季低温环境也会造成生长发育缓慢和繁殖率下降,饲

料报酬降低，经济效益下降。刚出生的仔兔对温度的要求较高，窝温应达到 30～32℃。在冬季保温是提高仔兔成活率的关键。

（九）“三敏一钝”

家兔的嗅觉、味觉、听觉发达，视觉较差。家兔鼻腔分布大量的嗅觉感受器，可分辨不同的气味，对于采食、识别敌友和繁殖配种起到重要作用；家兔的味觉发达，在舌头上有数以千计的味蕾，区域分布感受不同的味道，喜欢甜、微酸、微辣、植物苦；听觉发达，对于声波的大小、远近判断清楚，主人的脚步声、咳嗽声、说话声都一清二楚；视觉较差，视觉范围广，可以看到脑后，分单眼视区、双眼视区和双眼盲区。

第二节　家兔的一般饲养管理技术要点

一、家兔饲养管理的基本要求

（一）以青粗饲料为主，精料为辅

家兔是草食动物，具有草食性动物的消化生理结构，故应以青粗饲料为主，辅以精料，这是饲养草食动物的一个基本原则。实践表明：兔不仅能利用植物茎叶（如青草、树叶）、块根（如土豆、胡萝卜、甜菜）、果菜（如瓜类、果皮、青菜）等饲料，还能对植物中的粗纤维进行消化，消化率为 65%～78%。其采食青饲料的能力，大约是体重的 10%～30%。对生长、妊娠、哺乳的家兔，单食饲草满足不了家兔对营养的需求，应科学地补充精料及维生素和矿物质等营养物质。通常精料补充量为50～150 克/（日·只），占日粮的 30%左右，哺乳期母兔需要更多，可占到 50%。而我国的小型家庭兔场多采取这种以草为主（表 5-5），

精料补充的“半草半料”养殖方式。尽管规模化兔场多不补充青饲料及青干草，但其配合饲料中粗饲料必须占有相当的比例。

表 5-5　不同体重家兔采食的青草量

项目	体重/克							
	500	1 000	1 500	2 000	2 500	3 000	3 500	4 000
采食青草量/克	153	216	261	293	331	360	380	411
采食量占体重/%	31	22	17	15	13	12	11	10

（二）合理搭配、饲料多样化

家兔生长快，繁殖力高，体内代谢旺盛，需要充足的营养。因此，家兔的饲粮应由多种饲料组成，并根据不同饲料所含的养分进行合理搭配，取长补短，使饲粮的营养趋于全面、平衡，以满足家兔对各种营养物质的需要。例如禾本科籽实类一般含赖氨酸和色氨酸较低，而豆科籽实含赖氨酸及色氨酸较多，含蛋氨酸不足。故在组成家兔日粮时，常以禾本科籽实及其加工副产品为主体，适当加入饼粕类饲料，从而提高整个日粮中蛋白质的利用率。

（三）定时定量

家兔是比较贪食的动物，定时、定量就是喂兔要有一定的次数、份量和时间，既可养成家兔良好的进食习惯，有规律地分泌消化液，便于饲料的消化和吸收，也可以提高饲料的利用率。若不定时给料，就会打乱进食规律，引起消化机能紊乱，造成消化不良，易患肠胃病，使兔的生长发育迟滞，体质衰弱。特别是幼兔，当消化道发炎时，其肠壁成为可渗透的，容易引起中毒。所以，我们要根据兔的品种、体型大小、吃食情况、季节、气候、粪便情况来定时、定量给料和做好饲料的干湿搭配。例如：幼兔消化力弱，食量少，生长发育快，就必须多喂几次，每次给的饲料要少些，做到少食多餐。夏季中午炎热，兔的食欲降低，早晚凉爽，兔的胃口较好，给料时要掌握中餐精而少，晚餐吃得饱，早餐吃得早。冬

季夜长日短，要掌握增加夜间喂饲。雨季水多湿度大，要多喂干料，适当喂些精料，以免引起腹泻。粪便太干时，应以多汁饲料调控；粪便稀时，多喂一些粗饲料调整，无需用药便可达到比用药更好的效果。

采用定时定量还是少食多餐的饲喂方式，始终存在着不同的观点。传统的中国养兔基本是前者，即沿用中国的精细农业的做法，效果很好。但是，西方养兔发达国家，对于育肥家兔和泌乳期的母兔，多采用自由采食，不仅降低了劳动强度，也提高了养殖效率和效果。可是，我国很多兔场模仿国外的做法，却出现了诸多问题，特别是消化道疾病频繁发生。为什么在国外可以自由采食，我们却不行？原因不在于采取的方式，重要的是饲料质量和养殖环境。我国多数兔场的饲料质量不能保证，存在这样和那样的问题，尤其是在营养平衡、抗营养因子、霉菌毒素等方面，问题比较突出，在养殖环境，特别是卫生和湿度控制方面，与家兔的生理需求还有相当的差距。硬性模仿发达国家的自由采食，必然造成消化道疾病的频发。因此，对于养殖条件不过关的兔场，还是采取中国传统的养殖方法更安全一些。

(四)更换饲料逐步过渡

家兔消化道的微生物区系和酶系统与相应的饲料类型相适应。饲料的改变会相应地引起消化系统的相应部分发生改变。如果饲料突然更换，会造成消化机能失调而出现消化机能紊乱。因此，在改换饲料时，一定要渐增渐减。新换的饲料量要逐渐增加，使兔的消化机能与新的饲料条件逐渐相适应起来。一般根据两种饲料的差别大小，分为3个阶段过渡，每个阶段更换1/3，时间2～4天。否则会引起采食量下降，甚至拒食或引起消化道疾病。

(五)切实注意饲料质量，合理调制饲料

在家兔生产中，要特别注意饲料的品质，下述几种饲料不能喂给家兔：带露水的草类，腐烂变质的饲草饲料，带泥土的草料，带虫卵和被粪便污染的草料，有异味的饲料，有毒的草，被农药和化学试剂污染的草料,冰冻的饲料,水洗后和雨水未晾干的饲料。同时要按照各种饲料的不同特点进行合理调制,通过洗净、粉碎、煮热、调匀、晾干等方式,以提高兔的食欲,促进消化,达到防病的目的。

(六)要保证充足的饮水

水是生命之源,是家兔赖以生存的重要因素。因此,一年四季均应保证有充分的水的供应。在生产中,幼龄兔处于生长发育旺期,饮水量要高于成年兔;妊娠母兔需水量增加,必须供应新鲜饮水,尤其是在母兔产前和产后,饮水不足也是发生残食仔兔的诱因之一。泌乳母兔需水量最大,必须保证其需要;高温季节的需水量是平时的2倍甚至2倍以上,喂水不应间断。冬季在寒冷地区最好饮温水,因冰水易引起肠胃疾病。此外,保证饮水的质量也很关键,家兔饮用水的质量应符合相应的微生物控制级别的要求。

(七)注意卫生,保持干燥

家兔体弱抗病力差且爱干燥,平时需打扫兔笼,清除粪便,洗刷饲具,勤换垫草,定期消毒,保持兔舍清洁、干燥,使病原微生物无法滋生繁殖,这是增强兔的体质、预防疾病必不可少的措施,也是饲养管理上一项日常化的管理程序。

(八)保持安静,防止惊扰与兽害

家兔听觉灵敏,胆小怕惊,经常竖耳收听四方的声响,一旦有突然的声响或陌生的人或动物出现,立即惊慌不安,在笼内乱窜乱跳,并顿足,从而引起更多兔的惊恐不安。这对兔的配种、分娩和哺乳影响很大。因此:日常管理中应尽量保持兔舍内外环境的安静,防止猫、犬、鼠、蛇等兽害的侵袭。

(九)合理分群,分类管理

为了便于管理,有利兔的健康,兔场应根据家兔品种、生产目的及

方式、年龄和性别等。对兔群实行分群管理。种公兔和繁殖母兔必须实行单笼饲养；幼兔可根据日龄、体重大小分群饲养；产毛兔和育肥后期的商品獭兔应单笼饲养，肉兔在育肥期可群养，但群体不宜太大。

(十)夏季防暑，冬季防寒，雨季防潮，春、秋防气温突变

家兔怕热，舍温超过25℃即食欲下降，影响繁殖。因此，夏季应做好防暑工作，兔舍门窗应打开，以利通风降温，兔舍周围宜植树、搭葡萄架、种藤蔓植物或设遮阳网等。如气温过高，舍内温度超过30℃时，应在兔笼周围洒凉水降温。同时喂给清洁饮水，水内加少许食盐，以补兔体内盐分的消耗。寒冷对家兔也有影响，舍温降至15℃以下即影响繁殖。因此冬季要防寒，要加强保温措施。雨季是家兔一年中发病和死亡率高的季节，此时应特别注意舍内干燥，垫草应勤换，兔舍地面应勤扫，加强通风除湿，在地面上撒石灰或很干的焦泥灰，以吸湿气，保持干燥。春、秋季节是气温变化最为剧烈的时候，也是家兔换毛季节，容易诱发呼吸道疾病，应格外关注。

二、家兔一般管理的基本技术要点

日常管理包括以下几点：捉兔、年龄鉴别、性别鉴定、去势、编号及给药。

(一)捉兔方法

捕捉家兔是管理上最常用的技术，如果方法不对，往往造成不良后果。家兔耳朵大而竖立，初学养兔的人，捉兔时往往捉提两耳，但家兔的耳部是软骨，不能承悬全身重量，拉提时必感疼痛而挣扎(因兔耳神经密布，血管很多，听觉敏锐)，这样易造成耳根受伤，两耳垂落；捕捉家兔也不能倒拉它的后腿，兔子善于向上跳跃，不习惯于头部向下，如果倒拉的话，则易发生脑充血，使头部血液循环发生障碍，以致死亡；若提家兔的腰部，也会伤及内脏；较重的家兔，如拎起任何一部分的表皮，易使肌肉与皮层脱开，对兔的生长、发育都有不良影响。因此，在捕捉家兔时应特别镇静，勿使它受惊。首先在头部用右手顺毛按摩，等兔较为安静不再奔跑时，然后抓住两耳及颈皮，一手托住后躯，使重力倾向托住后躯的手上，这样既不伤害兔体，也避免兔抓伤人。捉兔的操作要领如下(图 5-1 和图 5-2)：

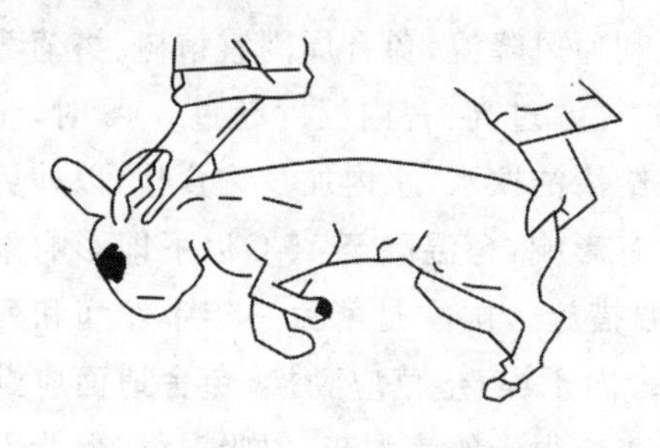

图 5-1　正确捉兔姿势　　图 5-2　错误捉兔姿势

第一，迎头。用手迎在兔的头部，以阻止其逃脱，决不可从兔的后躯下手，否则会驱使兔拼命跑脱。

第二，压耳。迎头的手顺势将兔的双耳于压于肩部。

第三，抓肩。用同一只手尽量大面积抓住兔的肩部皮肤，包括兔的双耳。抓的面积越大，兔挣脱的可能性越小，疼痛也越轻。

第四，翻腕。兔是不情愿任人捕捉的，如果此时往外拉拽兔，它会用四肢紧紧抓住笼具，如果硬性外拖，往往将其指甲甚至脚趾弄伤。如果将手腕向上翻转，使兔的腹部向上，它就会乖乖地任人摆布了。

第五，外撤。将抓住兔的手外撤至笼具外面。

第六，托臀。当兔被拖出的瞬间，另一只手托住其臀部，使重心放在这一只手上。尤其是对于体重较大的种兔，更要谨慎。

需要强调的是，将兔捕捉之后，一定要使兔的胸部向外，否则，操作者容易被兔挠伤。

(二)年龄鉴别

兔的门齿和爪随年龄增长而增长,是年龄鉴别的重要标志。青年兔门齿洁白短小,排列整齐;老年兔门齿黄暗,厚而长,排列不整齐,有时破损。白色家兔趾爪基部呈红色,尖端呈白色:1 岁家兔红色与白色长度相等;1 岁以下,红多于白;1 岁以上,白多于红。

有色的家兔可根据趾爪的长度与弯曲来区别:

(1)青年兔(1 岁以下) 趾爪较短,直平,隐在脚毛中,随年龄的增长,趾爪露出脚毛之外,而且爪尖钩曲。

(2)壮年兔(1～3 岁) 趾爪粗细适中,较平直,露出脚毛之外;门齿白色,粗长而整齐;皮板薄厚适中,结实紧密。

(3)老年兔(3 岁以上) 眼神无光,行动迟钝;趾爪粗而长,爪尖钩曲,表面粗糙无光泽,一半露出脚毛之外;门齿呈黄褐色,厚而长,时有破损。

生产中可根据皮肤的厚度和弹性来判断年龄。青年兔皮薄紧凑,富有弹性。而老龄兔皮板厚而松弛,弹性降低,长毛兔被毛出现两型毛较多。

(三)性别鉴定

初生仔兔,可观察其阴部孔洞形状和肛门之间的距离。操作时将手洗净拭干,把仔兔轻轻倒握在手中,头部朝手腕方向,细细观察,后用食指向背侧压住尾部,用拇指压下阴部,翻出红色的黏膜即可。阴部孔洞扁形而略大,与肛门大小接近,距肛门较近者为母兔(图 5-3);孔洞圆形,略小于肛门,距肛门较远者为公兔(图 5-4)。阴部前方有一对白色的小颗粒,为阴囊的雏形,是公兔;没有的则是母兔。

当仔兔开眼后,可检查生殖器官。即用右手抓住仔兔耳颈,左手以中指和食指夹住兔尾,大拇指轻轻向上推开生殖器,若局部为“O”形,下为圆柱体者是公兔;局部呈“V”形,下端裂缝延至肛门者为母兔。

3 个月以上的幼兔和青年兔鉴定时比较容易。方法是:右手抓住耳和颈皮,左手中指和食指夹住兔尾,手掌托起臀部,用拇指推开生殖孔,其口部突出呈圆柱形者是公兔;若呈尖叶形,裂缝延至下方,接近肛门的是母兔。中、成年兔只要看有无阴囊,便可鉴别其公、母。

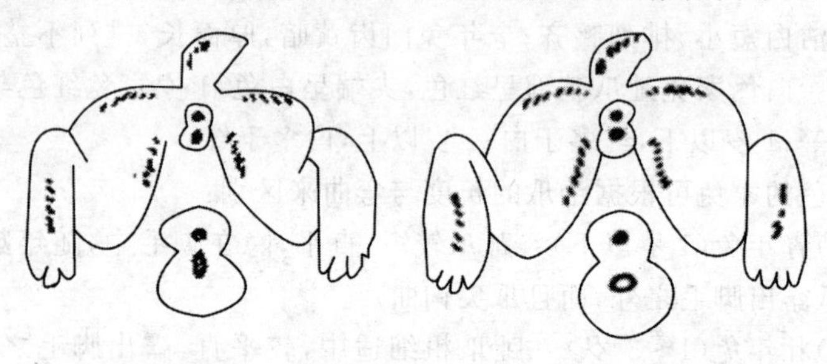

图 5-3　母兔阴部孔洞　　图 5-4　公兔阴部孔洞

(四)家兔去势

凡不留作种用的公兔,或淘汰的成年公兔,为使其性情温顺,采取群养的方式,便于管理,或为了提高皮、肉、毛质量,均可去势。家兔的去势越早越好,但是 2.5 月龄以前,睾丸仍在腹腔里或腹股沟内,阴囊尚未形成,无法去势。因此,去势一般在 2.5～3 月龄进行(淘汰的成年公兔除外)。去势方法有以下几种:

1.阉割法

可先将待去势的家兔催眠,将兔子的背朝下,头的位置稍低,适当保定,然后顺毛方向抚摸胸腹部、头侧面部、太阳穴部,家兔很快进入睡眠状态,眼睛半睁半闭,斜视,呼吸次数减少。这时阉割一般没有痛感表现。如果手术中间苏醒,可用上述方法继续催眠,手术结束后,使其站立,即刻便会苏醒。阉割时,将睾丸从腹股沟管挤入阴囊,捏紧不使睾丸滑动,先用碘酒消毒术部,再用酒精棉球脱碘。尔后用消过毒的手术刀顺体轴方向切开皮肤,开口约 1 厘米,随即挤出睾丸,切断精索。用同法取出另一颗睾丸,然后涂上碘酒即可。成年兔去势,为防止出血过多,切断精索前应用消毒线先行扎紧。如果切口较大,可缝合 1～2

针。去势后应放入消过毒的笼舍内，以防感染伤口。一般经2～3天即可康复。

2.结扎法

先用碘酒消毒阴囊皮肤，将双睾丸分别挤入阴囊捏住，用消毒尼龙线或橡皮筋将睾丸连同阴囊一起扎紧，使血液不能流通，经10天左右，睾丸即能枯萎脱落，达到去势的目的。此法去势，睾丸在萎缩之前有几天的水肿期，比较疼痛，影响家兔的采食和增重。

3.注药法

利用药物可杀死睾丸组织的原理，往睾丸实质注入药物。具体方法是：先将需去势的公兔保定好，在阴囊纵轴前方用碘酒消毒后，视公兔体型大小，每个睾丸注入5%碘酊或氯化钙溶液1.5～2毫升。注意药物应注入睾丸内，切忌注入阴囊内。注射药物后睾丸开始肿胀，3～5天后自然消肿，7～8天后睾丸明显萎缩，公兔失去性欲。此法简单可行，效果较好。

值得注意的是，商品肉兔的育肥期短，特别是配套系的商品代，仅仅70多天，没有必要去势。而去势的公兔主要针对非种用的长毛兔和商品獭兔。

(五)家兔编号

为便于管理和记录，可把种用公、母兔逐只编号。编号的适宜部位是耳内侧，编号的适宜时间是断奶前3～5天。一般公兔编在左耳，编单号；母兔编在右耳，编双号。编号方法有以下几种。

1.耳标法

先用铝片制成小标签，上面打好要编的号码，然后用锋利刀片在兔耳内侧上缘无血管处刺穿，将标签穿过小洞口，弯成圆环状固定在耳上扣好。近年来铝耳标已被淘汰，以防伪激光塑料子母扣耳标代替。分为经过激光处理印记（号码）的子扣和带有小孔的母扣两部分。子母扣均为圆形，子扣的中间有一突出的小圆柱体，尖部有箭头状突起。打耳号时，将子扣的箭头状突起刺透耳郭内侧中间偏下的无血管处，并直接穿入母扣的中间小孔内即可。一旦穿入,不能滑脱。因此,此耳标是一次性的。

其优点是打耳号快速灵活,疼痛小,感染的机会小。缺点是耳号提前按顺序编排,不能针对兔的出生或血统特点而编排,也就是说,仅仅通过耳号不能判断兔子的更多信息,需要通过耳号查阅其档案资料。

2. 耳号钳法

采用的工具为特制的耳号钳和与耳号钳配套的数字钉、字母钉。先将耳号钉插入耳号钳内固定,然后在兔耳内侧血管较少处,用碘酒消毒要刺的部位,待碘酒干后涂上醋墨(用醋研磨的墨,或墨汁中加20%～30%的食醋),再用耳号钳夹住要刺的部位,用力紧压,刺针即刺破表皮,刺入真皮,使之露血而不流血为宜。取下耳号钳,用手揉捏耳壳,使墨汁浸入针孔,数日后即可呈现出蓝色号码,永不褪色。

该种耳号钳优点是可以根据需要灵活编排耳号。但是,每打一个耳号,就要更换数字码,比较麻烦,效率较低。由于数字码上沾满了墨汁,使操作者手上难免被沾污。

欧洲一些国家使用的耳号钳,如同我国使用的可调式日期戳,5 排号码数字并列排放在耳号钳内,而且分别固定在 5 个可转动的轴上,轴心有轴承,用手拨动即可调整数字。在耳号钳的左端有一个燕尾槽,可以固定一个英文字母。打耳号的方法与中国的耳号钳一样,只不过更换号码的时候轻轻转动末尾的号码轴即可,大大提高了工作效率。

3. 墨刺法

小规模兔场,无耳号钳的条件下打耳号,可用蘸水笔尖蘸取醋墨直接刺耳号,刺时耳背部垫一块橡胶板,可控制针刺力量和深度。该方法的缺点每个数字或字母是用若干次刺点组成,每刺一下,小兔就要忍受一次疼痛,受到的应激比较严重,效率也非常低。由于手法不同,号码不规范,日后不易辨认。

(六)给药方法

给药的途径不同,不仅影响其作用的快慢与强弱,有时甚至会改变

药物的基本作用。如口服硫酸镁有良好的导泻功能。硫酸镁水溶液到达肠腔后,具有一定渗透压,使肠内水分不被肠壁吸收。肠内保有大量水分,能机械地刺激肠的蠕动而排便。因此硫酸镁可用于治疗便秘、肠内异常发酵;与驱虫剂并用,可使肠虫易于排出。而注射给药,过量镁离子可直接扩张周围血管平滑肌,引起交感神经节传递障碍,从而血管扩张,血压下降,产生镇静、抗惊厥等作用。药物性质的不同,也需要不同的给药途径,如油剂不能静脉注射,氯化钙只能静脉注射,而不能肌内注射,否则会引起局部发炎坏死。所以,临床工作中应根据病情的需要,药物的性质,动物的大小等选择适当的给药途径。

临床上给药途径一般有口服、注射和局部用药等。

1. 药物口服

此法操作简单,使用方便,适用于多种药物,尤其是治疗消化道疾病的药物。

(1)饮水给药　将易溶于水的药物,按一定比例加在水中,让兔自由饮用。用药前几小时适当停水。适用于全群预防性给药。由于不同的药物水解时间不同,药物溶水时间不应该太长,可以采取定时给药的方法。

(2)拌料给药　毒性小、无不良气味的粉剂药物可用于拌料。先将药物用少量细料拌匀,逐渐加大饲料量搅拌,最后扩大到所应添加的饲料量中拌匀饲喂,或制成颗粒饲料饲喂。此种方式同样适合大群预防性或治疗性用药。

(3)直接口服　粉状或片状或液体的药物直接通过口腔投喂。投喂时由助手保定病兔,操作者一手固定兔的头部并捏住口角使口张开,用手指、镊子、筷子或止血钳夹取药片,送入会厌部,使兔吞下。或把药片碾细加少量水调匀,用汤勺柄送取少量药物插入口角,将药物放入口中,或用注射器、滴管等吸取药液从口角徐徐灌入。注意不要误灌入气管内,造成异物性肺炎。

此用药途径注意,由于兔犬齿缺位,用手指投药时,手指应从犬齿空缺处伸入,直至将药片送入口腔后部的会厌部。另外,由于兔的食管较窄，药片如果较大，必须掰开，以免药物卡住喉咙造成窒息。

(4)胃管投药　对一些有异味、毒性较大的药物或已废食的家兔可采用此法。助手保定家兔，固定好头部，投药者用开口器(木或竹制，长10厘米、宽1.8～2.2厘米、厚0.5厘米，正中开一个比胃管稍大的圆孔)将兔嘴张开，将橡皮管、塑料管或人用导尿管作为胃管，涂上润滑油或肥皂，将胃管穿过开口器圆孔，沿上腭后壁徐徐送入食道，连接漏斗或注射器即可投药。成年兔由口到胃约20厘米。切不可将药投入肺内，当胃管抵达会厌部时，兔有吞咽动作，趁其吞咽时送下胃管。投药完毕，徐徐拔出胃管，取下开口器。

为了防止胃管误入气管，当胃管插入后，可用注射器抽取一下，如果非常顺利抽动注射器，说明误入气管，应立即拔出。如果抽取困难，并且可以抽取部分带有颜色的胃液，说明已经插入胃内，可实行投药。

2.注射给药

注射给药法吸收快，奏效快，药量准，安全，节省药物，但需注意药物质量和严格消毒。

(1)肌内注射　选在肌肉丰满处，通常在臀肌和大腿内侧注射。水剂、油剂、混悬剂均可肌内注射，刺激性较大的药物，需注于肌肉深部。但强烈刺激剂，如氯化钙等不能肌内注射。

(2)皮下注射　选皮肤薄、松弛、易移动的部位。如颈肩部、腋下、股内侧等。油类药物及刺激性大的药物不宜皮下注射。疫苗接种多用皮下注射。

局部皮下注射多用于局部感染，如乳房炎等。在局部感染的四周皮下多点注射，将药物集中注射在局部，可快速地控制病情的发展。

(3)静脉注射　多取耳外缘静脉。由助手保定兔，固定头部，左手拇指与无名指及小指相对，捏住耳尖部，以食指和中指夹住并压迫静脉向心端，使其充血怒张。若静脉不明显时，可用手指弹击耳壳数下或用酒精棉球反复涂擦刺激静脉皮肤。针头以15度角刺入血管，而后使针头与血管平行向血管内透入适当深度，回抽活塞见血，推药无阻力为进针正确，尔后缓缓注药。注射完毕拔出针头，以酒精棉球压迫片刻，防

止出血。静脉注射多用于补液。注射钙剂要缓慢,不能漏入皮下。油类药物不能静注。药量多时要加温。

(4)腹腔注射　将兔两后肢提起,后躯抬高头向下,在脐后部偏腹中线左侧3～4厘米处,剪毛消毒,针头对着脊柱方向刺针,刺入腹腔后回抽活塞,如无液体、肠内容物及血液后注药。药液应加热与体温相近。此法可用于补液。腹腔注射刺针不易过深,以免损伤内脏。当兔胃和膀胱空虚时,进行腹腔注射比较适宜。

3.局部给药

直接用药于身体的局部,多在体表,包括以下几种。

(1)表皮给药　发生疥癣病(耳癣、脚癣等)、皮肤真菌病、外伤等,将药物直接涂抹于患部,用于杀菌(虫)、消毒、止痒等。

(2)吸入给药　用于呼吸系统疾病的防治,使用喷剂或气雾剂,如治疗呼吸困难或哮喘病等。

(3)灌肠　主要用于治疗盲肠秘结、臌气等消化道疾病。将家兔保定在桌面上,在人用导尿管或输液塑料管前端涂抹少量液状石蜡、植物油或肥皂水,掀起家兔尾巴,试探着将导管插入肛门内,到达一定深度(4～6厘米)后,再通过注射器注入药液。注射完毕之后,缓慢抽出导管,捏住肛门,倒提兔体,并轻轻晃动兔体或抚摸腹部,促使药液进入肠道深部。

(4)眼部给药　当发生眼睛疾病时,可以使用一定药物(例如眼药水和眼药膏)直接用于眼部。

(5)鼻腔给药　发生鼻炎时,可通过鼻腔给药(液体药物,如抗生素)控制其发生发展。

第三节　家兔不同生理阶段的饲养管理要点

家兔不同生理阶段的饲养管理包括以下几个部分:种公兔的饲养

管理，种母兔的饲养管理，仔兔的饲养管理，幼兔和后备兔的饲养管理。

一、种公兔的饲养管理要点

养种公兔是用来配种的，它是整个兔群的关键。种公兔要发育良好，体格健壮，性欲旺盛，才能完成配种任务，过肥过瘦都不适用于配种。此阶段的饲养管理要点是保证饲料营养的全面性和饲料营养的稳定性。

（一）注意饲粮营养的全面性

种公兔的受精能力，首先取决于精液的数量和质量，而精液的质量与种公兔的营养有密切的关系，特别是蛋白质、矿物质、维生素等营养物质，对保证精液品质有着重要作用。精液的生产与饲料中蛋白质的质量关系最大，动物性蛋白质对于精液的生成和作用有更显著的效果。日粮中加入动物性饲料可使精子活力增加并使受精能力提高。实践证明：平时精液不佳的种公兔，如能喂给豆饼、花生饼以及豆科饲料如紫云英、苜蓿、苕子等，精液的质量即显著提高。维生素对精液品质也有显著影响。例如种公兔日粮中维生素含量缺乏时，精子的数目少，异常的精子多；发育中的幼小公兔的日粮中如维生素含量不足，生殖器官发育不全，睾丸组织退化，性成熟推迟，如能及早补给维生素添加剂，或饲喂青草、南瓜、胡萝卜、大麦芽、菜叶等饲料时，可得到纠正。磷为核蛋白形成的要素，亦为制造精液所必需，日粮中有谷粒及糠麸混入时，磷即不致缺乏，但应注意钙的供给量，钙、磷供给量最好控制在(1.5～2)∶1。生产中应该注意，在春秋季节换毛期，生产精液和被毛生长形成尖锐的营养需求矛盾，尤其是含硫氨基酸的不足，会影响精子的生成和换毛速度，应注意补充。

（二）注意饲粮营养的稳定性

对种公兔的饲料除注意营养全面外，还应着眼于营养上的长期性

或稳定性。饲料的变动对于精液品质的影响很缓慢,故对精液品质不佳的种公兔改用优质饲料来提高其精液品质时,要长达 20 天左右才能见效。因此,对一个时期集中使用的种公兔,应注意在 20 天前调整日粮比例。在配种期间,也要相应增加饲料用量。如种公兔每天配种 2 次,在饲料量中需增加 30%左右的精料量。同时,根据配种的强度,调整营养比例,提高优质蛋白质饲料含量(如适当增加动物性饲料),以改善精液的品质,提高受胎率。用作种公兔的饲料,可因地制宜,就地取材,但要求饲料营养价值高,容易消化,适口性好。

生产中由于种公兔数量少,绝大多数兔场没有单独给公兔配料,多使用妊娠母兔的饲料。这样,在配种集中期营养往往不足。可以采取两种办法,一种是在妊娠母兔饲料的基础上,每天补充一定的煮黄豆;另一种是饲喂泌乳母兔的饲料,同时注意适当控制喂量。

(三)关键时期的饲养管理

种公兔的配种能力和季节有很大关系,一般春季公兔性欲强,精液品质好,受胎率高;冬、秋季次之,夏季最差。而春、秋季节气候适宜,是繁殖的最好时期,也是公兔的换毛季节,应增加饲料中蛋白质的供给。夏季气温高,特别是在 30℃以上持续高温天气时,睾丸萎缩,曲细精管萎缩变性,会暂时失去产生精子的能力,此时配种不易怀胎,这就是我国南部地区常说的"夏季不育"。经测定,夏季睾丸的体积比春季缩小 30%～50%。而此时睾丸受到的破坏,在自然条件下需 1.5～2 个月才能恢复,且恢复时间的长短与高温的强度和时间成正相关。这样又容易形成秋季受胎率不高。消除"夏季不育"的唯一办法是给公兔创造良好的条件,免受高温侵扰。缩短恢复期则可通过增加营养水平(蛋白质、矿物质、微量元素和维生素等),额外补加维生素 E,使日粮中维生素 E 达到 60 毫克/千克、硒达到 0.35 毫克/千克和日粮中每千克含 12 000 单位维生素 A,添加稀土 50～100 毫克/千克;或每 5～7 天肌内注射一次促排卵 2 号或 3 号,连续 4～5 次等措施来实现。研究表明,以中药为主的兔用抗热应激制剂可以使暑热后期种公兔精液品质的恢复时间缩短20～27天，种母兔的受胎率显著提高，也明显降低生长兔的热应激程度。

(四)加强精细管理

1. 单笼饲养

将3～3.5月龄的幼兔，公、母分开饲养，严防早配偷配。非种用的獭兔公兔，可去势后肥育。作为后备的公、母兔，3～3.5月龄后分笼饲养。公兔必须一兔一笼，以防互相殴斗；公兔笼和母兔笼要保持较远的距离，避免异性刺激，影响采食和生长发育。

2. 适当运动

长期不运动的公兔，身体不健壮，容易肥胖或四肢软弱，所以，要增加公兔的运动量。公兔的笼具面积宜大一些，不低于成年母兔笼的面积，以保证有足够的活动范围。如果笼具面积较小，可将两个相邻兔笼打通，增加公兔运动面积和空间。对于规模不大的家庭兔场，可每天放公兔出笼运动1～2小时，并使其多晒太阳。

3. "嫁"母配种

配种时，一定要将母兔移到公兔笼中，决不可反过来配种。因为公兔对环境非常敏感，离开了自己所熟悉的环境或者气味不同都会使之不安，抑制性活动机能，精力不集中，延长配种时间，影响配种效果。

4. 控制配种强度

种公兔配种次数没有硬性规定，应该因兔制宜。但生产中掌握一般以一天1～2次为宜，特殊情况下，可以一天3～4次，但不可连续使用。初配的青年公兔每天以一次为宜，配种2天休息一天。如果连续配种，会造成公兔早衰，降低配种受胎率，影响使用寿命。

5. 换毛期补料控配

换毛期间，消耗营养较多，体质较差，又处于温度不稳定期，此时除了加强管理，补充营养以外，配种要严格限制。如果按照平常那样配种，会影响兔体健康和受胎率。

6. 完善档案记录

种公兔是繁殖群的核心，也是选留后代重要的参考依据。因此，要有详细配种记录，以便观察比较每只公兔所产后代的品质，以利于选种选配。要有清晰的血统档案，详尽的繁殖记录，定期分析配种效果，比较后代优劣。

7. 体重控制

种公兔的体重是评价其优劣的重要指标。生产实践表明，体重过大，容易造成行动迟缓，配种无力，持续力差，配种受胎率低，特别是容易发生脚皮炎。一旦患了该病，种兔的种用价值丧失一半以上，甚至完全丧失。同时，体重越大，采食量越多，会增加饲养成本。因此，对于种公兔，要定期检测体重，使之控制在一定范围。平时喂料，掌握八分饱，以便控制其不至于过重过肥。

8. 定期检测精液品质

公兔的精液品质在一年中并不一致，一般来说春季最好，冬季次之，夏季和秋季不良。而公兔精液品质的差异较大，有的公兔变化较小，有的公兔变化较大。为了提高群体的配种受胎率，也便于后备公兔的选育，每年最少两次对全群种公兔进行精液品质的检查，尤其是在夏末秋初，必须检测。发现精液品质差的公兔，停止配种。否则，会严重影响群体的繁殖效果。

二、种母兔的饲养管理要点

母兔是兔群的基础，它除了本身生长发育外，还有怀胎、泌乳、产毛等负担，因此，母兔体质的好坏，就直接影响到后代，所以我们一定要做好母兔的饲养管理工作。母兔的饲养管理工作是一项细致而复杂的事情。例如，成年母兔在怀孕、哺乳、空怀 3 个阶段中的生理状态有着显著的差异。因此，在母兔的饲养管理上，也应根据各阶段的特点，采取相应的措施。

(一)空怀时期的饲养管理

母兔的空怀时期是指仔兔断奶到再次配种怀孕的一段时期,一般叫做空胎期,也叫休养期。这个时期的母兔由于哺乳期消耗了大量养分,身体比较瘦弱,需要多种营养物质来补偿和提高其健康水平。所以在这个时期要给以优质的青饲料,并适当喂给精料。以补给哺乳期中落膘后复膘所需用的一些养分,使它能正常发情排卵,以便适时配种受胎。空怀时期的母兔所用的饲料,各地可因地制宜,就地取材,夏季可多喂青绿饲料,冬季一般给予优良干草、豆渣、块根类饲料,再根据营养需要适当地补充精料,还要保证供给正常生理活动的营养物质。但配种前 15 天应转换成怀孕母兔的营养标准,使其具有更好的健康水平。

空怀母兔饲养管理的目标:调整膘情,恢复体况,促进发情,早日配种。其饲养管理的方法因空怀母兔的具体情况而有所不同。

体况较差者,增加喂量,基本满足自由采食,饲喂妊娠母兔的饲料,有条件的兔场适当补充青饲料,力争在 2 周内恢复膘情并发情配种。

体况一般者,适当控制喂量,达到自由采食的 80%,有条件的兔场,每天补充一定的青饲料,力争在 1 周左右配种。

体况较好者,多数是泌乳期仔兔较少而又没有在泌乳期配种或配种没有受孕的青壮年母兔,要控制喂量,不超过自由采食的 70%,或采取半草半料,即每天精饲料 75 克,青饲料 500 克。在 1 周内完成配种。

空怀期管理的要点是控料和把握配种时间。生产中容易出现的问题是不管膘情如何,一律自由采食。这样造成一些空怀母兔出现过肥现象,导致屡配不孕或产仔数较少。

在环境控制能力较差的兔场,往往采取季节性繁殖,即春、秋繁殖,夏、冬停繁。由于空怀时间较长,如果控料不当,容易造成过肥现象,应该引起高度重视。

对于高产种兔,有时会出现连续血配,没有空怀期的现象,往往造成母兔体况差,体力和体质恢复不良,造成哺乳期营养的负平衡而死亡,或严重影响种用年限。

生产中利用空怀期的短暂时间，进行驱虫和疫苗注射以及其他管理。

(二)怀孕兔的饲养管理

妊娠期是指配种怀胎到分娩的一段时间。母兔妊娠期一般为29～32天。在怀孕期间，母兔除维持本身生命活动外，还有胚胎生长发育、乳腺发育和子宫的增长、代谢增强等都需要消耗大量的营养物质。妊娠期母兔的营养需求有明显的阶段性。妊娠期可以分为3个阶段：1～12天为胚期；13～18天为胎前期；19天以后至分娩为胎儿期。胚期和胎前期以细胞分化为主，胎儿发育较慢，增重仅占整个胚胎期的1/10左右，所需的营养物质不多，一般按空怀母兔的营养水平或略高即可，但要注意饲料质量，营养要平衡。胎儿期胎儿处于快速生长发育阶段，重量迅速增加，其重量相当于初生重的90%。胎儿生长强度大，需要的营养也多，饲养水平应为空怀母兔的1～1.5倍。28天后出现产前反应，如果饲养管理不当，会出现酮血症，导致分娩无力，产后无乳，甚至产前、产中或产后死亡。因此，要根据妊娠母兔的代谢特点进行饲养管理。

1.加强营养

母兔在怀孕期间特别是怀孕后期能否获得全价的营养物质，对胚胎的正常发育和母体健康以及产后的泌乳能力影响很大。生产中应根据胎儿的发育情况决定饲料营养的补充情况。在营养成分方面，要重视蛋白质、矿物质和维生素的补充。有条件的兔场，可适当补充青绿饲料，以调整胃肠功能，补充维生素。

生产中将妊娠期营养补充分为4个阶段：第一阶段为控料期，即妊娠15天前，根据母兔膘情酌情喂料。如果膘情较好，依然按照空怀母兔喂料。因为妊娠早期过高的营养水平和喂量会造成胎儿的早期死亡，也容易使母兔囤积过量脂肪，诱发妊娠后期的“毒血症”。当然，如果母兔膘情较差，应适当增加喂量。第二阶段为增料期，即妊娠15～20天。逐渐增加喂料量，逐渐接近自由采食。第三阶段为自由采食期，即妊娠 20～28 天。在前期喂量过渡的基础上，放开喂量，完全达到自由采食。第四阶段为减料期或逗料期，即妊娠 28 天到分娩。由于妊娠后期胎儿发育快，体积大，对胃肠压迫的机械作用，影响胃肠运动。同时由于产前反应，特别是营养代谢旺盛，代谢产物往往累积在体内，造成多数母兔食欲降低，有的甚至停食。这是非常危险的信号。因为一旦母兔停食，将失去营养的补充，胎儿发育（绝对增重最快的时候）和母兔自身代谢需要的营养全部来自母兔自身营养的分解，尤其是脂肪分解，将产生大量的代谢产物——酮体（乙酰乙酸、β-羟基丁酸和丙酮），当酮体的产生量大于肝脏的分解量时，将导致酮血症的发生。对于食欲不振的母兔，要采取“逗食”的策略，想尽办法让其采食。可以把饲料槽中的剩余饲料全部清除，补充少量的新鲜饲料，采取少喂勤添的办法。如果不吃精饲料可以给予青饲料或多汁饲料，只要不停食，产前的危险性就降低。但是，有些母兔没有明显的食欲减退现象，此时也要适当控制精饲料的喂量，可以适当补充一定的青饲料，以促进胃肠运动。

2. 做好护理，防止流产

母兔流产，一般多在怀孕中期（15～20 天内）发生。母兔流产亦如正常分娩一样，衔草拉毛营巢，但产出来未成形的胎儿，多被母兔吃掉。为了防止流产，不能无故捕捉母兔，特别在怀孕后期要倍加小心。若要捕捉，首先要使母兔处于安静情况下，轻拿轻放，防止激怒母兔而挣扎。兔场附近要保持安静，禁止噪声的产生，尤其是爆破音对母兔的刺激是非常大的。每逢节日的燃鞭放炮，往往导致母兔受到惊吓而流产。怀孕 15 天后，应单笼饲养。兔笼应干燥卫生，冬季不应饮用冰碴水，保证饲料质量，忌喂霉烂变质的饲料和有毒的草或料。毛用兔在此期间应停止采毛、梳毛，以免影响胎儿正常发育。母兔在怀孕期间，尽量避免注射疫苗和使用药物。

3. 做好产前准备工作

一般在产前 3 天（即妊娠 27～28 天）将消毒过的产仔箱放入母兔笼内，垫上软草，让其熟悉环境。对于血配母兔，产前强制断乳。母兔

在产前1～2天拉毛做窝，对于初产母兔产前或产后可人工辅助拉毛。

母兔分娩多在黎明，一般产仔都很顺利。每2～3分钟产仔一只，15～30分钟产完。个别母兔产几只休息一会儿。有的甚至会延至第二天再产，这种情况大多是产仔时受惊吓造成的。冬季应注意观察，防止母兔将仔兔产于产仔箱外而使仔兔受冻致死。

母兔有临产表现时，应加强护理，防止仔兔产于箱外。母兔产后应将产仔箱取出，清点仔兔数，剔除死胎、畸形和弱胎。

母兔产后由于失水、失血过多，腹中空瘪，口渴饥饿，饮水系统中不能断水。母兔分娩体力消耗很大，又处于高度紧张状态，产后应保持环境的安静，让其暗光静养。

在实际生产中，有的母兔妊娠期较长。如果超过预产期3天还未能分娩就应该采取人工催产措施。冬季气温在零下时，要注意增温和保温。

(三)哺乳母兔的饲养管理

母兔自分娩到仔兔断奶，这段时期为哺乳期。

母兔分娩1～3天，乳汁较少，由于吃掉胎盘胎衣，影响消化机能，往往食欲不振。加之长时间的妊娠期，体质较弱，消化能力较低。因此，产后最初几日不要急于大量喂料，可根据胃肠功能恢复情况酌情加料。当食欲降低时，可补充一定的青饲料，添加一些助消化的药物，如酵母、多酶片等。前3天喂料量控制在100～150克左右，最多不超过200克。5天以后喂量逐渐过渡到自由采食。

随着时间的延长，母兔泌乳量逐步增加，18～21天达到泌乳高峰，高产母兔日泌乳达150～250克，甚至可达300克以上。21天后泌乳量逐渐下降，30天后迅速下降。母兔的乳汁营养丰富，蛋白质含量为10.4％，脂肪12.2％，乳糖18％，灰分2.0％。哺乳母兔为了维持生命活动和分泌乳汁，每天都要消耗大量的营养物质，而这些营养物质，又必须从饲料中获得。如果喂给的饲料量不足且品质低劣时，就会使哺乳母兔得不到充足营养，从而动用大量的体内贮存。在生产实践中，哺乳母兔也常因营养不足,养分入不敷出、亏损过大而影响母兔的健康和产奶量。因此,哺乳母兔应当增加饲料量。精饲料基本上自由采食,有条件的兔场,可以每天补充一定的青饲料或多汁饲料。为了保证泌乳的需要,一定要保证自由饮水,并保证饮水的质量。在管理上,保持笼具卫生,及时清理和更换被污染的垫草。饲料槽要每天清理,防止陈料在槽底部沉积而变质。要经常检查母兔的泌乳情况,对母兔的乳房、乳头也要经常检查,如发现乳房有硬块,乳头红肿,要及时治疗。

维持较高的泌乳性能,要保证做到以下几点:

第一,提高饲料营养浓度。乳汁中蛋白质含量丰富,饲料中首先应保证蛋白质在17%以上,同时保证必需氨基酸适宜的含量和比例。一般赖氨酸在0.8%以上,含硫氨基酸在0.65%以上。维生素和微量元素要适当提高,尤其是维生素A、维生素E和维生素D,三者的含量应该分别为12 000国际单位/千克、50毫克/千克和1 000国际单位/千克。矿物质中要保证钙和磷的供应,二者分别达到1%和0.5%。

第二,能量不足会严重影响母兔的泌乳能力和健康。曾有一兔场,泌乳母兔每天采食量达到550多克,仍然不能满足仔兔对乳汁的需求,同时母兔骨瘦如柴,在泌乳中后期出现死亡现象。死后剖检,胃体积很大,如口袋一般,占据腹腔的大部。笔者怀疑能量不足,纤维过高。经过营养分析化验得到证实。经过调整饲料配方之后得到改善。因此,泌乳期间的能量是往往被人忽视的问题。总是认为兔有根据能量的高低来调整采食量的本能。当饲料中的能量远远不足的时候,调整采食量也不能满足其需求,必然造成一系列的问题出现。为了保证母兔的泌乳需求,同时提高饲料效率,建议泌乳母兔的消化能水平不低于10.46兆焦/千克。

第三,自由采食。除了产后前几天以外,母兔在整个泌乳期间宜采取自由采食的方式。如果饲料配合合理,营养全面,但由于喂量不足,同样造成营养不足而严重影响泌乳能力。生产中发现一些兔场的饲料槽设计不合理,母兔的饲料槽容积小,而且不防扒。尽管每天多次喂料,但很多饲料被刨到外面造成浪费。

第四，自由饮水。饮水被很多人所忽视，而饮水不足会严重影响母兔的泌乳能力，甚至影响健康。乳汁中绝大多数是水分，饮水的不足直接影响乳汁的合成。泌乳期间，母兔的饮水量是平时的2倍以上。自由饮水是保证母兔泌乳的必备条件。因此，要经常检查供水系统，防止输水管道和乳头式饮水器堵塞。

第五，环境安静。在泌乳期间尽量减少对母兔的干扰。母兔的泌乳受到神经和激素的双重调节。任何形式的应激，都将影响母兔的泌乳能力和哺乳行为。比如，噪声、陌生人接近、动物闯入、随意呵斥、移动产箱、拨弄仔兔等。严重的应激，会导致母兔神经系统紊乱，出现残食仔兔、拒绝哺乳等极端行为。除了乳房检查和人工授精以外，不要随意捕捉母兔，更不应以强硬的措施人工辅助哺乳。除了饲养员以外，任何人不得进入产房，更不能接触母兔。

第六，注意保健。任何疾病，都会影响母兔的泌乳。尤其是乳房炎，是母兔泌乳期最容易发生的疾病。一旦患有此病，将导致仔兔患黄尿症而全窝死亡，甚至母兔丧失种用价值的严重后果。产后1周以内是母兔乳房炎发生的集中期，要密切注视这一问题。发现早期乳房炎，及时予以治疗。对于乳房炎多发的兔场，可在母兔的妊娠前期注射葡萄球菌疫苗，也可在产后连续3天口服复方新诺明，每兔每天一片，分两次服用。每天用碘伏涂擦乳头，早期(产后5天)控料，补充青饲料，是预防乳房炎的有效措施。保持环境卫生，尤其是产箱、垫草和踏板的卫生和干燥，防止锐利物体刺伤乳房。

三、仔兔的饲养管理要点

从出生到断奶这段时期的小兔称为仔兔。胎生期的兔子在母体子宫内发育，营养由母体供给，温度恒定；出生后，环境发生急剧变化，而这一阶段的仔兔由于机体生长发育尚未完全，对外界环境的调节机能还很差，适应能力弱，抵抗力差。初生仔兔的体重一般在45～65克，在正常发育情况下，生后1周的仔兔体重比初生体重增加1倍。仔兔饲养管理,依其生长发育特点可分睡眠期、开眼期两个阶段。

(一)睡眠期

仔兔出生后至开眼的时间,称为睡眠期,一般 12 天。在这个时期内饲养管理重点应抓好以下几个方面。

1. 早吃奶,吃足奶

仔兔出生前尽管可以通过母体胎盘获得一部分免疫抗体,但是从母乳中增加免疫球蛋白含量仍然是很重要的。另外由于兔奶营养丰富,是仔兔生后到采食饲料之前营养的唯一来源,所以应保证初生仔兔早吃奶、吃足奶。实践表明,仔兔生后吃奶越早越多,成活率越高。反之,不能及时吃奶,或吃奶不足,死亡率会增加。因此,在仔兔出生后 6～10 小时内,须检查母兔哺乳情况,发现没有吃到奶的仔兔,要及时辅助让母兔喂奶。自此以后,应注意观察母兔的哺乳情况和仔兔的吃奶是否吃饱。这是仔兔饲养上的基本工作,必须抓紧抓细。发育正常的仔兔生下来后就会吃奶,母性强的母兔,也能很好哺喂仔兔。这是动物的本能。仔兔吃饱奶时,安睡不动,腹部圆胀,肤色红润;吃奶不足,仔兔在窝内很不安静,到处乱爬,皮肤皱缩,腹部空瘪,肤色发暗,如用手触摸,仔兔头向上窜,“吱吱”嘶叫。仔兔在睡眠期,除吃奶外,全部时间都是睡觉。仔兔的代谢很旺盛,吃下的奶汁大部分被消化吸收,很少有粪便排出来。因此,睡眠期的仔兔只要能吃饱奶、睡好觉,就能正常生长发育。但是,在生产实践中,初生仔兔吃不到奶的现象常会出现,这时我们必须查明原因,针对具体情况,采取有效措施。有些护仔性不强的母兔(多半是乳腺发育不良的母兔),特别是初产母兔,产仔后不会照顾自己的仔兔,甚至不给仔兔哺乳,以至仔兔缺奶挨饿,如不及时处理,会导致仔兔死亡。在这种情况下,必须及时采取强制哺乳措施。方法是将母兔固定在巢箱内,使其保持安静,将仔兔分别安放在母兔的每个乳头旁,嘴顶母兔乳头,让其自由吮乳,每日强制 1～2 次,连续 3～5 日,母兔便会自动喂乳。当然,对于乳汁分泌不足的母兔,要查找原因,采取催奶措施。

2.调整仔兔

生产中,母兔产仔数多寡不一,而乳头数量绝大多数母兔拥有8枚。因此,产仔数超过8只,部分仔兔得不到相应的乳房供奶,造成仔兔营养缺乏,发育迟缓,体质衰弱,易患病死亡;少产的母兔泌乳量过剩,个别乳房没有仔兔吮乳或时吮时不吮,也容易诱发乳房炎。在这种情况下,应当采取调整仔兔的措施。可根据母兔泌乳的能力,对同期分娩或分娩时间相差较小的仔兔进行调整。方法是:先将仔兔从巢箱内拿出,按体形大小、体质强弱分成两部分,然后分别放到两个产箱内。或将产仔较多的母兔的部分仔兔,随机取出几只(多出乳房数量的仔兔数),放入产仔数量较少的母兔的产仔箱中。为了防止被寄养的仔兔的气味被"保姆兔"发现而遭受虐待,可放置产箱1小时以后,再置入母兔笼中。

当仔兔出生后,母兔死亡,或者优良品种的母兔要求频密繁殖,以加快优种繁育速度时,采取全窝寄养的方式。寄养时应选择产仔少、乳汁多而又是同时分娩或分娩时间相近的母兔。最好是品种不同、毛色不同的母兔,以便清晰辨别仔兔,防止血统混杂。当寄养的仔兔数量较多,可将一窝的仔兔分配给多只保姆兔。如果是为了优种的快繁而寄养仔兔,应该有计划地安排配种,使产仔的优良品种母兔与保姆兔数量匹配(1∶1.15),进行同期发情、同期配种和同期产仔处理。

调整仔兔时,要注意以下几点:第一,两只母兔和它们的仔兔都是健康的;第二,两窝仔兔的日龄相近,体重基本一致,相差在10克以内;第三,将被调仔兔身上粘上的兔毛和垫草剔除干净;第四,仔兔调整后,轻轻拨弄仔兔,使两部分的仔兔充分混合,以便气味相投。经1小时以后,再放入母兔产箱内。有的资料介绍,往寄养仔兔身上涂抹保姆兔的尿液,以扰乱母兔的嗅觉。由于取尿液不方便,尿液本身不卫生,容易诱发疾病。因此,这种做法是不可取的。生产实践表明,只要按照以上方法操作,母兔很少发生歧视寄养仔兔的现象。

当需要寄养的仔兔数量较多而保姆兔数量较少的情况下,也可以试用人工哺乳的方法。人工哺乳的工具可用玻璃滴管、注射器、塑料眼药水瓶等，在管端接一乳胶自行车气门芯即可。使用新鲜牛奶或稀释的羊奶，喂饲以前要煮沸消毒，冷却到 37～38℃时喂给。每天 1～2 次。喂饲时要耐心，在仔兔吸吮同时轻压橡胶乳头或塑料瓶体。但不要滴入太急，以免误入气管呛死。不要滴得过多，以吃饱为限。生产实践中发现，人工哺乳的效果不很理想，仔兔发育不良，疾病较多。可能与技术不过关或操作诸多环节存在纰漏有关。因此此种方法在迫不得已的情况下采用。

3. 防止“吊乳”

“吊乳”是母兔在给小兔喂奶期间，母兔突然跳出，将仔兔带出产箱的现象。造成这一现象的主要原因在于母兔在哺喂期间受到内外环境的惊扰所致。此外，母兔乳汁少，仔兔吃不饱而用力咬吸乳头而刺痛母兔的情况下，也可发生这种现象。母兔没有将仔兔叼回产箱的能力，当仔兔吊出巢箱后，容易受冻，滚落入粪沟，或被踏死。所以，平时注意兔场的安静，加强兔群管理，当发现有吊乳出巢的仔兔应马上将仔兔送回巢内，并查明原因，及时采取措施。如是母兔乳汁不足引起的“吊乳”，应调整母兔日粮，适当增加饲料量，多喂青料和多汁料，补以营养价值高的精料，以促进母兔分泌出质好量多的乳汁，满足仔兔的需要。如果是管理不当引起的惊慌离巢，应加强管理工作，分析引起母兔不安的环境因素而有针对性地采取措施加以克服。如果发现吊在巢外的仔兔受冻发凉时，应马上将受冻仔兔浸入 40℃温水中，露出口鼻呼吸，只要抢救及时，措施得法，几分钟后便可使被救仔兔复活，待皮肤红润后用干毛巾吸干仔兔身体上的水分放回原巢箱内即可。

4. 保温防冻，重在产箱

仔兔出生后裸体无毛，4 天才开始长出茸茸细毛。此时仔兔没有体温调节能力，对外界环境的适应力差，抵抗力弱，其成活率的高低在很大程度上取决于人工提供的环境，尤其是环境温度。仔兔生后前 3 天最适宜的环境温度是 35℃，以不低于 33℃为宜。但是，生产中这样高的温度是很难达到的，尤其是在我国北方各地的冬、春季节。可采取整体适温（以 15℃以上为宜，冬季最低温度在 5 ℃以上），局部高温的

办法，即产箱保持较高的温度。在产箱的结构上下功夫，产箱的底部铺一层保温隔热材料(如泡沫塑料)，再放置吸湿性强、保温效果好、柔软、干燥的垫草。最理想的垫草是细木刨花，但我国兔场多以压瘪切短的麦秸或稻草为垫料。应将垫草整理成比较坚实、中间低四周高形似锅底的形状，这样便于仔兔集中在一起而不容易爬出。只要仔兔互相靠挤在一起，互相供暖，就会减少热能的损失，增强保温效果。将母兔拉下的毛盖在仔兔上面，好似棉被，起到保温隔热的作用。

5.谨防兽害

兔场兽害主要有鼠害、蛇害、鼬害、犬害、猫害等，其中，鼠害为首，尤其是对睡眠期的仔兔危害最大。据调查，个别兔场鼠害造成仔兔死亡率占仔兔总死亡率的一半以上，尤其是农村小规模兔场，兔笼和产仔箱无任何防鼠措施，常常被老鼠全窝咬死、吃掉或拉跑。

防鼠害应采取主动灭鼠和被动防鼠相结合。前者是采取一定的措施将老鼠消灭，如设灭鼠器具、投放灭鼠药物等。投药时一定要注意安全，防止家兔、家畜误食。有人采用养猫防鼠，这样做是不可取的。一方面猫既吃老鼠也吃小兔，另一方面猫在兔舍里跑动和叫声对家兔是一种刺激，再就是猫的粪尿对饲料和饮水的污染会使家兔感染一些寄生虫病。所谓被动防鼠，是说在无法杜绝老鼠的情况下，加强防范措施，特别是把产仔箱保管好，放置在老鼠无法涉及的地方，比如用绳把产仔箱吊起来，放在较高的桌面上或用铁丝制成罩子将产仔箱扣住等。

6.预防“黄尿症”

所谓黄尿症，是仔兔的一种急性肠炎。多发生在仔兔5日龄之后到开食前后。由于此期仔兔全部吃奶，没有其他固体饲料，发生肠炎后，排出水样黄色物体，稀薄如水，颜色发黄，恰似黄色尿液，故称之为“黄尿症”。

仔兔黄尿症按发生的病因分为乳房炎型黄尿症和非乳房炎型黄尿症。

乳房炎型黄尿症是由于母兔发生了乳房炎，仔兔吮吸其乳汁后，乳汁中的毒素导致仔兔肠炎的发生。当母兔没有患乳房炎，而仔兔发生黄尿症,这称作非乳房炎型黄尿症。其原因多为产箱和垫草不卫生,潮湿污浊,不洁净的物体进入仔兔消化道所致。当母兔乳房被粪尿污染,仔兔吃奶时将污物吸入口腔,也可导致黄尿症的发生。

生产中发现,母兔头胎生产,仔兔发生黄尿症的比率高于经产。其原因未见相关报道。这可能与母兔乳房首次被仔兔吮吸,乳头局部肌肉和毛细血管往往受到一定损伤而发生轻度炎症(生产中发现被仔兔吮吸过的乳头往往有血迹),加之初产母兔的乳汁更加浓稠,仔兔消化吸收不良,二者的叠加作用,以及伴随乳汁而进入消化道的有害微生物的异常发酵,导致仔兔肠炎的发生。

仔兔黄尿症为什么多发生在 5 天之后?笔者分析认为,母兔产后 3 天内分泌的乳汁为初乳,含有丰富的抗体和其他抗病物质,弥补了仔兔的先天性抗病力不足。而这种作用持续时间较短,5 天后作用大大减弱,不足以抵抗由于种种原因诱发的仔兔黄尿症。

(二)开眼期

仔兔生后 12 天左右开眼,从开眼到离乳,这一段时间称为开眼期。仔兔开眼早晚与发育很有关系,发育良好的开眼早,有的 9 天即可开眼。仔兔若在生后 14 天才开眼的,表明体质较差,容易生病,如果不注意特殊照顾,往往成为僵兔,丧失饲养的价值。

仔兔开眼后,精神振奋,会在巢箱内往返蹦跳,数日后跳出巢箱,叫做出巢。出巢的迟早,依母乳多少而定,母乳少的早出巢,母乳多的迟出巢。此时,由于仔兔体重日渐增加,母兔的乳汁已不能完全满足仔兔的需要,常紧追母兔吸吮乳汁,所以开眼期又称追乳期。这个时期的仔兔要经历一个从吃奶转变到吃固体饲料的变化过程,由于仔兔胃的发育不完全,如果转变太突然,常常造成消化机能失调而发病。所以在这段时期,饲养重点应放在仔兔的补料和断乳上。实践证明,抓好抓紧这项工作,就可促进仔兔健康生长,放松了这项工作,就会导致仔兔感染疾病,乃至大批死亡,造成损失。

1.抓好补料

肉、皮用兔生后16日龄，毛用兔生后18日龄，就开始试吃饲料。这时给少量易消化而又富有营养的饲料，并在饲料中拌入少量的消炎、杀菌、健胃药物，以增强体质，减少疾病。仔兔胃小，消化力弱，但生长发育快，根据这特点，在喂料时要少喂多餐，均匀饲喂，逐渐增加。一般每天喂给5～6次，每次份量要少一些，在开食初期哺母乳为主，饲料为辅。到25日龄以后，则转变为以饲料为主，母乳为辅，直到断乳。在这过渡期间，要特别注意缓慢转变的原则，使仔兔逐步适应，才能获得良好的效果。

我国传统的补料是母子分离，仔兔单独补料，少食多餐，有针对性配料。但是，这种补料方式，占据更大的养殖空间(仔兔补料间)，需要消耗更多的劳动时间。伴随着劳动力成本的增加，这种精细管理已经不适合规模化养殖方式。因此，目前规模化兔场，均采取母子同笼，随母吃料的方法。其优点是操作简单，提高劳动效率，利于仔兔断奶后对饲料的适应，降低断奶后的疾病风险。缺点是对母兔饲料质量要求较高，同时满足母兔泌乳和仔兔发育的需要。

2.预防疾病

仔兔在吃奶期间死亡率较高。除了因饲养管理不当人为因素(如：寒冷、受惊而吊奶、饥饿等)死亡以外，很多是由于疾病所致。预防常见病多发病，是提高仔兔成活率的关键措施。

(1)仔兔鼻塞症　生后几天到十几天，仔兔两鼻孔被污物堵塞。其主要原因是母兔患有较严重的巴氏杆菌病(以传染性鼻炎型为主)，产箱内的垫草不洁净，导致仔兔早期感染。一旦患病，死亡率很高。对于此种疾病的预防，关键要控制母兔巴氏杆菌病。在空怀期通过药物、疫苗和环境控制，减轻病症。对严重患兔，予以淘汰。如果母兔患有轻度巴氏杆菌病，为了预防仔兔鼻塞症，可采取母子分离，定时哺乳的方法，以减少母子接触机会和时间。同时加强垫草质量管理。

(2)仔兔肠炎　开眼后不久，仔兔进入开食期。此时由于正在长牙，牙床发痒，仔兔不分洁污，乱食乱啃，很容易将污物(如母兔粪便)食入口腔而发生肠炎。如果补充的饲料质量粗劣或由于过于贪食造成的消化不良,或卫生不良,或饲料霉变,均有诱发肠炎的可能。在生产实践中由于产箱和垫草潮湿污浊,踏板粪便污染而诱发的仔兔肠炎更多。因此,预防开眼后仔兔肠炎,应该从饲料入手,从卫生抓起。对于患病仔兔,进行早期隔离,口服庆大霉素或微生态制剂,并对其同窝其他仔兔实行早期预防。如果发现较早,措施得力,很快能控制病情。

(3)仔兔干瘦病　生产中发现一些仔兔,在生后几天至十几天,无病症干瘦而死亡。经过对批量死亡的此类仔兔诊断,多为附红细胞体病,或附红细胞体与巴氏杆菌混合感染,造成仔兔红细胞以及相关脏器(如肺脏)受到严重破坏所致。此病发生在仔兔身上,但病因在母兔。对于出现类似疾病的兔场,在母兔空怀期和妊娠早期,进行附红细胞体病的检测。发现较严重者,给予药物控制。否则,仔兔的附红细胞体病不可避免。

(4)仔兔球虫病　一般来说,在我国北方,30日龄以前,仔兔处于吃奶期不发生球虫病。但是,在南方温暖潮湿地区,仔兔在没有断奶前,即已严重感染球虫,并部分发生疾病。因此,根据地区气候特点,在仔兔补料期间,饲料中加入抗球虫药物,对球虫病进行早期预防。有些兔场在母兔饲料中添加毒性较小的抗球虫药物,以驱除母兔消化道内的球虫。尽管不能净化球虫,但是,会降低母兔消化道球虫的寄生数量,减少粪便中球虫卵囊的浓度,对于降低仔兔的球虫感染会有一定帮助。

3.适时断奶

我国小规模传统养兔,仔兔断奶时间较晚,一般40～45日龄。对以往生产有过调查,断奶越早,仔兔的死亡率越高,延长哺乳时间,可以提高成活率。30天断奶,仔兔成活率仅为60%;40天断奶时,成活率为80%;45天断奶,成活率为88%;60天断奶时成活率可达92%。因此,以往我国推荐42～45天断奶。但是,规模化养殖,要求提高繁殖率和生产效率。如果在42天以后断奶,严重影响了母兔的繁殖潜力的挖掘,也极大地限制了养兔效益的提高。

之所以出现断奶较早而死亡率较高的现象，主要原因在于泌乳母兔的营养不良，仔兔没有得到足够的母乳，以及补料不当，导致仔兔断奶前发育不良所致。传统的养兔方法，饲料营养严重不足，极大地影响了母兔的泌乳能力。大量的生产实践表明断奶成活率与断奶体重高度正相关。断奶体重越大，断奶后的成活率越高；反之，断奶体重小，即便延长哺乳期，断奶成活率也不能明显提高。

根据目前世界养兔的发展趋势，结合中国国情，笔者将断奶时间划分为以下几种类型：超早期断奶 3 周，早期断奶 4 周，适时断奶 5 周，晚期断奶 6 周。在饲养管理条件良好的情况下，采取 28～30 天断奶，饲养条件一般的兔场，采取 35 天断奶，最迟断奶时间不宜超过 42 天。超早期断奶仅仅处于试验阶段，要求条件较高，技术难度较大，目前还不适合生产采用。

在养兔生产中，断奶方法分为一次性断奶和分批断奶两种方法。

(1)一次断奶法　将全窝仔兔在断奶日一次性与母兔分离。此方法适合饲养条件较好，仔兔发育良好而均匀的兔场。如果此时母兔的乳汁仍然较多，断奶后母兔控制精饲料，补充青饲料和干草，经过 2～3 天的时间，母兔便停止泌乳。

(2)分批断奶法　如果全窝体质强弱不一，生长发育不均匀，可采用分期断奶法。即先将体质强的分开，体弱者继续哺乳，经数日后，视情况再行断奶。

目前，多数规模化兔场均采取一次性断奶方法，特别是实行“五同期”(发情配种、分娩、断奶、育肥、出栏)的规模化兔场。

四、幼兔的饲养管理技术

从断奶到 3 月龄的小兔称幼兔。这个阶段的特点是生长发育快，营养需求旺盛，疾病多发，抗病力差。幼兔死亡率最高，要特别注意护理。

幼兔期是死亡率最高的时期，导致幼兔发病死亡的主要原因：一是各种应激反应；二是营养不良，体弱多病，发育受阻，抗病力下降；三是饲养管理不当，造成死亡。因此，要提高幼兔的成活率，必须采取以下措施。

1. 抓断乳体重

育肥速度的快慢在很大程度上取决于早期增重的快慢。即育肥期与哺乳期密切相关。凡是断乳体重大的仔兔，育肥期的增重就快，就容易抵抗断乳的应激。而断乳体重越小，断乳后越难养，育肥增重越慢。因此，要求獭兔仔兔30天断乳重500克以上，肉兔仔兔30天断乳重600克以上。达到以上体重，必须提高母兔的泌乳力，抓好仔兔的补料，调整仔兔体重和母兔的哺育仔兔数。

2. 过好断乳关

仔兔断乳后进入育肥，环境、饲料和管理程序的过渡很重要，也就是平时所说的"养好断乳兔，抓好三过渡"。三过渡处理不好，在断乳一周后可能大批发病、死亡，并造成增重缓慢，甚至停止生长或减重。尤其是腹泻病，生产经验告诉我们：发生一天的腹泻，一周的饲料白白浪费。断乳后最好原笼原窝在一起，即采取移母留仔法。若笼位紧张，需要改变笼子，同胞兄妹不可分开。育肥应实行小群笼养，切不可一兔一笼，或打破窝别和年龄，实行大群饲养。这样会使断乳仔兔产生孤独感、生疏感和恐惧感，会造成神经的高度紧张，进一步降低抗病力而诱发疾病。断乳后1～2周内饲喂断乳前的饲料，以后逐渐过渡到育肥料。否则，突然改变饲料，2～3天会出现消化系统疾病。饲养管理程序在断奶后最好与断奶前一样，包括饲喂时间、数量、饲养人员等。如果安全度过3周，基本上闯过了危险期，为此后的快速生长发育奠定了坚实基础。

3. 饲料是关键

很多小兔断乳后出现消化道疾病，主要原因在于饲料。由于断乳后的小兔生长速度快，需要较多的营养，而此时自身酶系统发育不完善，消化机能不健全，形成尖锐的矛盾。因此，配制营养丰富、容易消化、预防应激的饲料至关重要。生产经验表明：适当添加酶制剂、微生态制剂和抗应激制剂等，可帮助小兔渡过难关。要严格控制饲料质量

（饲料原料和成品饲料），防止霉变！在喂料的方法上要灵活，不搞一刀切。饲料质量好，兔群健康，可以逐渐实行自由采食方法。否则，饲料质量没有把握，兔群健康状况不稳定，不要轻易自由采食，应采取控制喂量，调整胃肠，以稳为主的方针。

4.防病是重点

幼兔期是多种疾病暴发期，比如：球虫病、腹泻和肠炎、呼吸道疾病（以巴氏杆菌病和波氏杆菌为主）及兔瘟。球虫病是育肥期的主要疾病，全年均发，我国南部温暖高湿地区更为严重。采取药物预防、卫生管理工作相结合，主要是在饲料的合理搭配、粗纤维含量的控制、饮食卫生和环境卫生方面下工夫。预防呼吸道疾病从 3 个方面下工夫：第一，搞好兔舍卫生和保证通风换气，降低兔舍湿度和有害气体含量，给兔子提供良好的生活环境。这一点是基础，是关键。第二，在疾病的多发季节适时进行药物预防，把疾病消灭在萌芽状态。定期注射疫苗，最好注射巴氏杆菌－波氏杆菌二联苗，单一疫苗的效果甚微。第三，对于鼻炎严重的种兔，要主动淘汰，减少隐患。因为这种疾病目前没有根除的办法。患病种兔是主要的传染源。兔瘟只有注射疫苗才可控制。小兔在 35～45 日龄首免（根据每个兔场的具体母源抗体情况决定首免时间），20 天后加强免疫一次即可。

5.性能测定

幼兔阶段是选种的关键时期。其生长发育、饲料利用和疾病发生情况，是中早期选种的重要依据。要及时填写“幼兔生长发育记录表”，及时掌握兔群生长发育情况。对于表现优秀的幼兔作出标记。90 日龄（肉兔 70 日龄）时进行综合评定，优秀个体作为后备种兔继续观察和测定。其他表现一般的，一律转入商品兔育肥出栏。

五、后备兔的饲养管理

后备兔也被称为育成兔，是指 3 月龄至初配阶段留作种用的青年兔。此期的兔消化系统已发育完备，食欲强，采食量大，对粗纤维的消化利用率高,体质健壮,抗病力强,生长快,尤其是肌肉和骨骼发达,性情活跃,已达到或接近性成熟。这一时期饲养管理的要点是控制体重,保证体质健壮,使之达到种用兔的标准。

(一)饲养要点

满足生长需要,适当控制体重是后备兔饲养的基本原则。后备兔在3月龄阶段正是生长发育的旺盛时期,应利用这一优势,满足蛋白质、维生素和矿物质等营养的供应,尤其是维生素A、维生素D、维生素E以促进其骨骼和生殖系统的发育,形成健壮的体质。4月龄以后,脂肪的囤积能力增强,为防止过于肥胖,应适当控制能量饲料,多喂青饲料。一般大型品种的体重应控制在5千克以内,中型兔体重控制在4千克以内。只有这样,才能保持旺盛的繁殖机能和活泼健壮的体质。否则,体重过大,样子虽然好看,但配种能力却大大下降。

生产实践中,这一阶段没有专用饲料,一般采取幼兔饲料或母兔饲料,适当控制喂量的方式。一般掌握在自由采食的80%左右。

(二)管理要点

(1)及时预防接种。后备兔代谢旺盛,抗病力强,一般疾病很少,但对兔瘟却十分敏感,极易感染发病,死亡率高达80%~100%。因此要适时接种疫苗,重点预防兔瘟的发生。

(2)加强运动,多晒太阳,促进骨骼的生长发育,提高体质。

(3)防止早配偷配。由于后备兔已经性成熟或接近性成熟,为防止早配和偷配,在管理上应及时分开饲养。对公兔应一兔一笼,对母兔小群饲养。对于没有被选为种用的青年兔(中间发现表现不佳的),应及时出售,以提高笼具的利用率。同时,肉兔3月龄、獭兔5月龄以后再继续饲养,经济上也是不合算的。

(4)控制初配期。家兔的初配期过早过晚都不好,应根据其品种、用途、生长发育状况和季节而定。一般大型品种、核心群的后备兔可适当晚配,掌握在7~8月龄。对于中型品种和非核心群,适当早配,以6

月龄左右为宜(根据发育状况而定)。对于一般的生产群,如发育状况良好,只要达到成年体重的70%以上,5月龄以后即可初配。

第四节　生态养兔实践

多年来,我国劳动人们在长期的养兔实践中,不断总结和探索,在生态养兔方面积累了丰富的经验。笔者在近30年的家兔科研、教学和生产实践中,注意总结前人的经验,对生态养兔进行积极的改革和尝试,取得一些进展。

一、仿生地下繁育技术

(一)仿生地下繁育洞的设计原理

家兔的祖先是野生穴兔,打洞是其本能和天性。尽管经过上千年的人工驯化,仍然保留其祖先的这一特点,只要接触地面,总要挖穴打洞,尤其是妊娠期的母兔为甚。

我国农村传统的养兔方式是在庭院挖一上小下大的洞,将一公一母种兔放入,每天投喂一些草或其他饲料,自然配种,自己在洞中打洞繁育小兔。教科书和以往的课堂上对这样的繁育洞如此评价:阴暗、潮湿、污浊,不利于兔的生长和疾病防治,一定要淘汰地下窝,采取笼养。但是,我们大面积实行笼养并使用人工产箱之后,繁殖效果如何?发现多有产前不拉毛、泌乳力降低、食仔癖等现象,成活率受到很大影响。

笔者1983年在邢台调研时,一些老百姓将兔放在院子里自由打洞,繁殖效果很好,于是指导老百姓挖建地下窝,实践发现,多数效果很好,有的效果不好;有的春季和冬季很好,夏季和秋季较差,当时不知所措。后来笔者在井陉县指导老百姓利用土石山建造靠山掏洞繁殖窝,效果非常理想。因此，总结生产经验教训，地下窝只要解决防潮问题，就能以满足母兔繁殖所需要的适宜条件，环境安静、光线暗淡、温度恒定。这是任何地上人工巢穴所不能与之相比的。

动物自己选择的就是最好的。按照动物的行为和需求进行模拟，就是仿生技术。

2004 年以后，笔者按照仿生学的原理，对以往地下洞和靠山掏洞的经验教训进行总结，设计了仿生地下繁育洞。

(二)仿生地下繁育洞的设计类型

建筑形式包括洞穴的建筑形式、洞穴的排列形式和观察口的分布形式。

1. 洞穴的建筑形式

洞穴的建筑形式分为 4 种类型：

第一种：九棱式。即以九块普通砖块砌成的九棱洞穴。九棱式建造较复杂，打扫卫生劳动强度较大，但应用效果良好(图 5-5)。

图 5-5　九棱洞穴

第二种：预制件组装式。以水泥预制件制成两个半圆锥形的洞穴。预制件组装式建造快捷，其他同第一种(图 5-6)。

A. 产仔洞穴

B. 跑道

图 5-6　半圆锥形洞穴

第三种:条沟式。以普通砖块垒砌的两堵墙,然后在中间分别打成小隔断;其他同第二种。需要注意的是,应将隔断的 4 个角抹圆滑,不留死角(图 5-7)。

图 5-7　条沟式洞穴

第四种:套筒式。即在母兔笼前挖建一个方坑,将普通产箱(木质或特种防潮材料制作)放在里面,母兔在产箱内产仔。需要更换垫草、消毒或清理粪便等,将上盖打开,取出产箱即可。如果在多雨季节小环境湿度较大,还可以向洞下放置一些吸潮的物体,如干沙、石灰等。其

优点是克服了以上几种地下窝管理不方便，清理卫生困难等诸多缺点（图 5-8）。

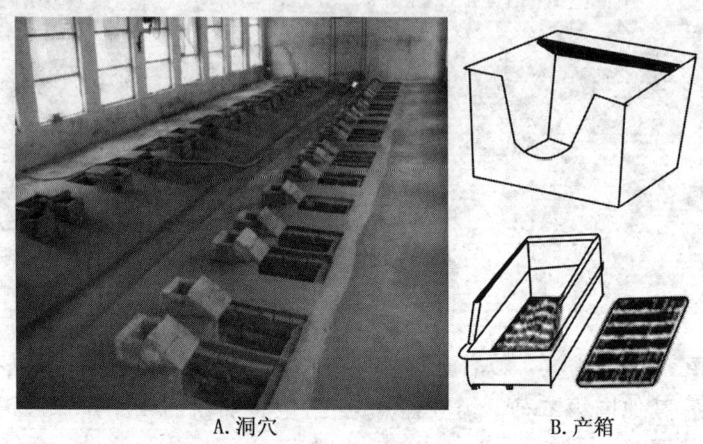

A. 洞穴　　B. 产箱

图 5-8　套筒式洞穴

2. 洞穴排列形式

洞穴排列形式共分为 4 种：

第一种：一线交错式。对头式笼具，在走道下面设置仿生繁育洞。产仔洞在一条纵轴上相间交错排列，形成一字排开，使观察口在一条直线上。这样的排列方式需要两排笼具之间的距离在 1.6 米以上。

第二种：两线握手式。对头式笼具，当两排笼具之间的距离小于 1.6 米的时候，两侧笼具对应的产仔洞在两条纵轴上相间排列。也就是说，一侧笼具的产仔洞越过走道中线而靠近对侧的笼具，两个产仔洞如握手一样排列。使观察口在两条直线上。

第三种：两线平行式。对头式笼具，当两排笼具之间的距离大于 1.6 米，或设置的洞穴走道较短的情况下，两个产仔洞没有交叉，也没有交错，而是平行在各自一侧排列。其观察口同样是在两条直线上，与第二种不同的是，它们没有交错空间。

第四种：两线交叉式。当两排对头式笼具之间的距离较短的时候

（小于 1.6 米），而为了保持较长的地下跑道，不得不将两个产仔洞穴延长到对侧笼具较近的地方建筑。同样，观察口在两条直线上平行设置。

3. 观察口分布方式

洞穴设置，决定了观察口的分布方式。对应上面的不同形式，其观察口分别如下。

第一种：单列式（一线交错式洞穴）如图 5-9 所示。

第二种：交互双列式（握手式洞穴）如图 5-10 所示。

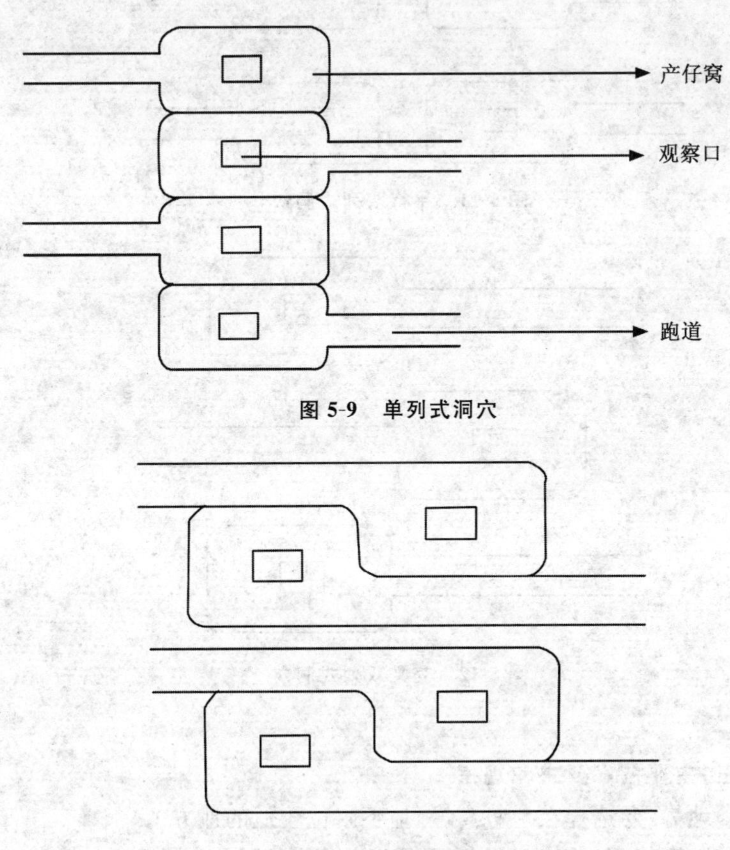

图 5-9　单列式洞穴

图 5-10　握手式洞穴

第三种:平行双列式(两线平行式洞穴)如图 5-11 所示。

第四种:交叉双列式(两线交叉式洞穴)如图 5-12 所示。

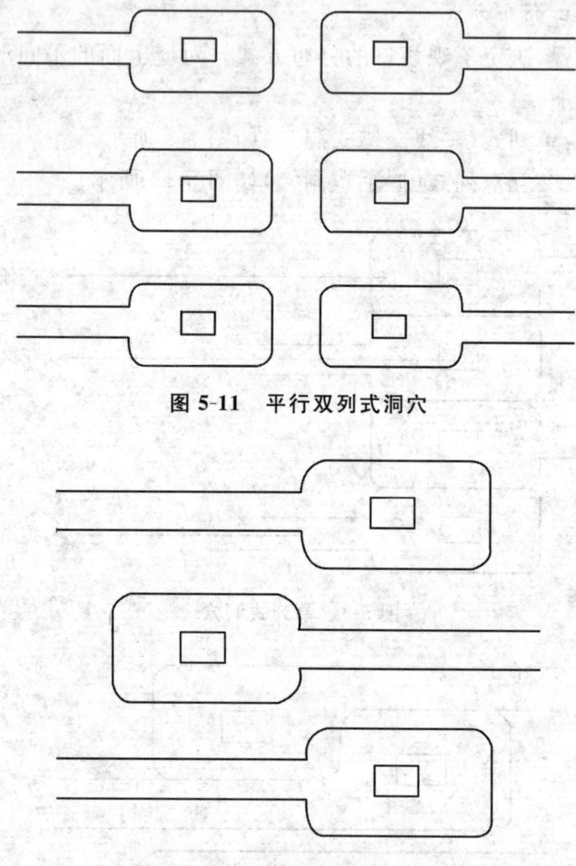

图 5-11　平行双列式洞穴

图 5-12　交叉双列式洞穴

(三)主要技术要求和规格

(1)地势:要选择在地势高燥,地下水位较低的地方。

(2)防潮处理:整个仿生地下繁育洞的底部和四周都要做防潮处理。通常用塑料薄膜、油毡纸等材料。

(3)间距:对头式笼具,两排笼具间距大于等于1.6米。

(4)洞口入口尺寸:(13～15)厘米×26厘米。

(5)跑道斜度和尺寸:≤40度,14厘米×17厘米。

(6)产仔室尺寸:25厘米×30厘米(中型兔,大型肉兔适当大些),下大上小,圆形或椭圆形,不留死角。

(7)观察口尺寸:约10厘米×10厘米,一砖盖住为宜。洞口小不便于管理,也可以大一些,但需要制作特定的盖板。

(8)洞穴深度:40～60厘米,根据当地冬季和夏季温度确定。寒冷地区宜深,温暖地区宜浅。

(9)施工技巧:先挖沟后建洞。

(四)仿生地下繁育洞的四季温度变化规律

仿生地下繁育洞的四季温度变化规律见表5-6至表5-9。

表5-6　春季仿生产仔洞及兔舍内外环境温度的变化　　℃

测定时间	室外温度	室内温度	空产仔洞温度	有兔产仔洞温度
早晨	17.33±2.41	19.21±1.32	20.55±1.91	24.64±1.54
中午	23.54±5.72	24.83±3.76	20.79±1.26	24.21±0.31
晚上	17.71±3.18	20.38±3.20	20.81±2.41	24.83±1.09

由表5-6可知:春季室外温差在6.21℃,室内温差为5.63℃,空产仔洞穴温差0.26℃,有仔洞穴温差0.62℃。可见洞穴内的温度在春季相对稳定的。

表5-7　夏季仿生产仔洞及兔舍内外环境温度的变化　　℃

测定时间	室外温度	室内温度	空产仔洞温度	有兔产仔洞温度
早晨	23.11 ± 0.99^{B}	25.72 ± 1.31^{Bb}	24.91±0.17	28.21±0.18
中午	30.05 ± 0.59^{A}	29.71 ± 0.84^{Aa}	24.97±0.05	28.12±0.38
晚上	24.81 ± 1.22^{AB}	27.37 ± 1.14^{Ab}	25.07±0.13	28.30±0.26

注:同列不同小写字母表示差异显著($P<0.05$);不同大写字母表示差异极显著($P<0.01$);相同字母表示差异不显著($P>0.05$)。

由表 5-7 可知：夏季室外温差在 6.94℃，室内温差为 4℃左右，空产仔洞穴温差 0.16℃，有仔洞穴温差 0.18℃。室内室外温度尽管普遍提高，但温差与春季接近，洞穴内的温度在夏季是非常稳定的。

表 5-8 秋季仿生产仔洞温度与外界温度变化 ℃

测定时间	室外温度	室内温度	空产仔洞温度	有兔产仔洞温度
早晨	15.27 ± 4.79^{B}	17.83 ± 4.65^{b}	20.41±3.43	25.71±1.76
中午	26.39 ± 4.46^{A}	23.72 ± 3.95^{a}	21.49±2.91	25.90±1.80
晚上	17.77 ± 4.29^{B}	20.31 ± 4.25^{ab}	21.10±2.94	26.09±1.58

注：同列不同小写字母表示差异显著（$P<0.05$）；不同大写字母表示差异极显著（$P<0.01$）；相同字母表示差异不显著（$P>0.05$）。

由表 5-8 可知：秋季室外温差在 11.12℃，室内温差为 5.89℃，空产仔洞穴温差 1.08℃，有仔洞穴温差 0.38℃。同样表现为洞穴内的温度的稳定性。

表 5-9 冬季仿生产仔洞温度与外界温度变化 ℃

测定时间	室外温度	室内温度	空产仔洞温度	有兔产仔洞温度
早晨	−3.33±4.19	4.47±1.21	9.78±0.38	17.38±0.39
中午	5.56±6.19	6.00±2.65	10.06±0.82	17.50±0.87
晚上	−1.60±4.28	5.54±1.09	10.36±1.80	17.69±1.66

表 5-9 表明：冬季室外温差 8.89℃，室内温差在 1.53℃，空洞穴温差为 0.58℃，有仔洞穴温差 0.31℃。尽管室冬季室内外温度普遍下降，但洞穴内的温度变化很小。

（五）仿生地下繁育洞的四季繁育效果

表 5-10 表明：不同巢穴母兔的胎均产仔数相近，但断奶仔兔数、断奶个体重和断奶成活率差异显著，即仿生地下繁育洞明显优于普通产箱，而且母兔没有出现窝外产仔和食仔现象。全年平均计算，每胎增加断奶仔兔 0.6 只，断奶体重增加 19.74%，断奶成活率提高 7.51 个百

分点。

表 5-11 和表 5-12 表明，不同季节不同的巢穴繁殖效果大不相同。仿生地下繁育洞，夏季每胎增加断奶仔兔数量 1.78 只，断奶体重增加 18.38%，断奶成活率增加 22.53 个百分点，均达到差异极显著水平($P<0.01$)，其他季节差异显著($P<0.05$)。

由于仿生地下繁育实现全年繁殖配种，每年每只母兔产仔 6.5 胎，年出栏商品兔子达到 30～33 只，而用普通产仔箱，每只母兔年均产仔 5.5 胎，平均出栏商品兔 22～25 只，仿生地下繁育洞产出效率较普通产仔箱提高 34.04%。

总之，根据各地的季节和气候特点，利用仿生技术原理以及家兔地下洞穴"光线暗淡、温度恒定和环境稳定"的优势，开展的仿生地下洞穴繁育技术研究，取得了较理想的效果。充分体现了地下洞穴温度恒定的特点，不仅满足了家兔生长和繁殖的需要，而且提高了断奶仔兔的成活率，降低了劳动成本，大大提高了生产效率和效益。因此，此技术成果适合在我国北方广大地区推广应用。

二、生态养殖技术

兔的规模化放养是一新生事物，尽管在全国一些地方有不同规模和形式的放养实例，也积累了一定的经验，但是都处在探索阶段，没有完整和完善的技术规程。根据我们近年来的试验和实践，从以下几个方面阐述。

(一)家兔生态放养技术

1. 生态果园养兔技术

用果园生态条件，在果园内搭棚养兔，既经济又保持了生态平衡，但在饲养过程中，有其优势，也存在问题，应采取相应措施。

表 5-10　不同巢形对母兔繁殖性能和繁殖特性的影响

项目	胎数	胎均产仔数	断乳仔数	断奶个体重/克	断奶成活率/%	窝外产仔胎数	食仔胎数	食仔率/%
仿生	7 268	7.85±1.46	7.58±1.48[a]	542.4±31.72[a]	96.31[a]	0	0	0
产箱	14 466	7.86±1.47	6.98±1.62[b]	453.0±52.51[b]	88.80[b]	810	51	0.35

注：同列不同小写字母表示差异显著（$P<0.05$）；不同大写字母表示差异极显著（$P<0.01$）；相同字母表示差异不显著（$P>0.05$）。

表 5-11　冬、夏季节不同巢形对母兔仔兔的影响

项目	冬季					夏季				
	胎数	胎产仔数	断奶仔数	断奶体重/克	断奶成活率/%	胎数	胎产仔数	断奶仔数	断奶体重/克	断奶成活率/%
仿生	1 540	7.86±1.51	7.58±1.52[a]	540.6±32.88[a]	96.43[a]	1 478	7.55±1.62	7.10±1.56[A]	481.13±36.46[A]	94.04[A]
产箱	3 126	7.86±1.53	7.04±1.76[b]	452.3±49.71[b]	89.57[b]	1 565	7.44±1.84	5.32±1.69[B]	406.43±39.62[B]	71.51[B]

注：同列不同小写字母表示差异显著（$P<0.05$）；不同大写字母表示差异极显著（$P<0.01$）；相同字母表示差异不显著（$P>0.05$）。

表 5-12　春、秋季节不同巢形对母兔仔兔的影响

项目	春季					秋季				
	胎数	胎产仔数	断奶仔数	断奶体重/克	断奶成活率/%	胎数	胎产仔数	断奶仔数	断奶体重/克	断奶成活率/%
仿生	2 444	8.22±1.02	7.98±0.87[a]	595.36±54.18[a]	97.08[a]	1 806	7.59±1.15	7.28±0.94[a]	534.47±42.72[a]	95.92[a]
产箱	5 474	8.23±1.03	7.57±0.89[b]	489.09±53.76[b]	91.98[b]	4 301	7.54±1.17	6.79±0.97[b]	451.90±40.79[b]	91.76[b]

注：同列不同小写字母表示差异显著（$P<0.05$）；不同大写字母表示差异极显著（$P<0.01$）；相同字母表示差异不显著（$P>0.05$）。

(1)果园养兔的优势

①以园养兔,成本低。果园修剪大量的枝条和叶子,是家兔良好的饲料。不仅提供营养,而且有预防异食癖的作用。果园的行间和株间,尤其是幼树期,可以种植各种低矮作物,尤其是豆类,其茎和叶子是良好的粗饲料,而收获的种子籽实及其加工下脚料,是优质的蛋白饲料。在果园内搭棚养兔,草料来源方便,成本低,见效快。在合理添加精料的条件下,饲养一般肉兔月平均增重在500克以上,若饲养优质良种兔则月平均增750克以上,大大地增加了果农的经济收入。

②以兔促园,降低肥料成本,提高果实品质。在果园内搭棚养兔,不仅能为果农增加直接经济收入,而且还能为果园提供优质肥料。若将兔粪收集就地堆积,用塑料薄膜或土覆盖发酵,可成为果树的优质肥料。经发酵过的兔粪可以代替部分化学肥料,能有效地防止土壤板结,促进果树生长,既环保,又降低投入,而且明显提高果实品质。

(2)果园生态养兔技术措施和注意的问题

①避开农药喷洒期采剪果枝。用于喂兔的修剪果枝,要避开农药喷洒期。最好使用生物农药,或高效低毒农药,并在其安全期剪枝。敌敌畏、氧化乐果等多种有机磷农药的毒杀作用期为7天左右(遇雨季为3天左右),在7天后采剪才较安全。

②采用生态模式灭虫。果园防治病虫害,传统的做法是使用化学农药,尽管目前国家禁止剧毒农药生产和使用,但是低毒农药也存有一定毒性,在果实、叶子,甚至土壤中有一定残留,造成一定的生态问题。如果采用诱虫灯、捕食螨等器具进行防治,则更符合生态农业的要求。

③储备干叶和干草。在果子收获之后,可以适当采集一定的果叶,晒干后储存,待冬季饲用。利用空闲,首个果园的青草,及时晒干,储藏起来备用。

④适当补充精料。利用果园的生态条件进行养兔,在充分利用果园的果叶,辅助农作物及杂草作为家兔的营养来源以外,还应适当添加精料,尤其是在冬季野外可采食的牧草短缺期,更应适当补充人工配合饲料,以满足兔的正常生长需要。

(3)果园养兔实例　据福建钟永荣报道,福建省长汀农业服务公司根据当地人爱吃野味的习惯,在长汀各乡镇推广了一种“生态饲养”模式的养兔方法。具体做法如下:用铁丝网将果园围起来,在果园中套种串叶松香草、黑麦草、紫云英等各种饲料草,在大田里放养兔子。

由于家兔是由野生穴兔驯化而来,对于回归自然放养非常适应。经过放养,皮毛细腻柔软、有光泽,肉质鲜嫩,具有浓厚的野味。野外优良的环境,使兔子的抗病力增强,很少发生疾病,其粪便还是果树生长的优质肥料。再加上果园养兔繁殖力强,投资少,见效快,成为当地农民脱贫致富的好项目,深受养殖户的青睐。目前,长汀县仅红山乡就有几个村上百户农民在果园养兔。每只成品兔可卖 40～60 元,远销广东、厦门等地。许多养殖户年纯收入达 3 万～5 万元。

2.林地养兔技术

(1)林地养兔的优势　①充分利用兔粪增加地力,有利于树木的生长。②兔子在林地内生活,空气好,因而体质健壮,患病率低,繁殖快,肉质好,无污染,价格比普通养殖的要高。③林地发展养兔,减少了环境污染,节省开支,降低成本,见效快,风险低,管理简便,可以说实现经济效益、社会效益、生态效益的“三赢”。

(2)林地养兔的主要措施

①重视兽害。树林养兔,特别是山场树林养兔,野生动物较其他地方多,特别是老鹰、狐狸、蛇、老鼠等,对兔子的伤害严重。除了一般的防范措施以外,可考虑饲养和训练猎犬护兔。

②谢绝参观。林地养兔,环境幽静,对家兔的应激因素少,疾病传播的可能性也少。但是严格限制非生产人员的进入。一旦将病原菌带入林地,其根除病原菌的难度较其他地方要大得多。

③林下种草。为了给家兔提供丰富的营养,在林下植被不佳的地方,应考虑人工种植牧草,如林下草的质量较差,可考虑进行牧草更新。

④注意饲养密度和小群规模。根据林下饲草资源情况,合理安排饲养密度和小群规模。考虑林地长期循环利用,饲养密度不可太大,以防林地草场的退化。

⑤重视体内寄生虫病的预防。长期在林地饲养，兔群多有体内寄生虫病，应采用生态药物定期驱虫。

(3)林地养兔实例　据李学飞(2007)报道，山东省郯城县泉源乡集东村养殖户冷廷国，在林地内养兔，提高了林地综合利用率，取得了较好的经济效益，走出了林牧结合、生态养殖的好路子。2004年，冷廷国在泉源信用社的大力扶持下，投资20多万元，承包了泉东村2.3公顷林地，全部种上了杨树，又在林地内建起了兔舍500间，饲养起肉兔、长毛兔和獭兔等7个优良品种，年纯收入4万元。2006年，在原来的基础上，他又新建兔舍2 000间，存栏基础母兔1 000余只，仔兔2 000余只。由于林地内青草多，每只兔平均可节省饲料款1.5元，兔粪又成了林木和青草的好肥料，形成了一个良好的生态小环境。林地内养殖的兔，肉质好，无污染，出售价格每千克比市场高出0.6元，当年预计纯收入可达10多万元。此外，冷廷国致富不忘众乡亲，他又成立了马陵开运兔业协会，专门负责实施种兔供应、饲料供销、技术指导、产品回收。目前，协会已发展会员150余家，其中大型养殖户30余户，辐射和带动了周边十几个村，为"百万农户致富工程"开拓了一条增收致富的好渠道。

(二)家兔生态饲喂模式

随着家兔养殖规模化的发展，全价颗粒饲料逐渐普及。但是，随着饲料价格的上涨，养兔成本的增加，在市场行情不好的时候，极大地降低了养兔效益。怎样利用山区丰富的饲草资源，同时又不影响家兔的生产性能？我们开展了半草半料养兔试验。

夏、秋季节，每天每只成年种兔补充一把(500克左右)新鲜青草，减少精饲料70克；生长育肥兔子每天补充250克青草，减少精料35克。观察对繁殖性能、泌乳性能、育肥性能和腹泻率的影响。

本试验分为弗朗德肉兔组(试验Ⅰ)和獭兔组(试验Ⅱ)，结果见表5-13和表5-14。

表 5-13　半草半料法对于种兔繁殖性能和泌乳性能的影响

项目	母兔数	受胎率/%	产仔总数	胎均产仔数	断奶成活数	胎均断奶仔兔数	断奶成活率/%	断乳窝重/克	30日龄平均重/克	乳房炎数量
试验Ⅰ	120	94.17 (113/120)	938	8.3	887	7.85	94.56	4 774.4	608.2	2
对照Ⅰ	120	85.0 (102/120)	670	7.88	612	6.00	91.34	3 662.4	610.4	8
试验Ⅱ	150	92.0 (138/150)	1 125	8.15	1 046	7.58	92.98	3 885.5	512.6	1
对照Ⅱ	150	86.0 (129/150)	1 014	7.86	912	7.07	89.94	3 638.9	514.7	7

表 5-14　半草半料养兔法对于育肥兔生产性能的影响

组别	数量	2.5千克日龄	出栏数	出栏率/%	消耗饲料/克	料重比	腹泻只日数	腹泻率/%	每只兔饲料费/元
试验Ⅰ	300	80	286	95.33	1 260.69	2.32∶1	69	0.47	12.34
对照Ⅰ	300	78	272	90.67	1 829.47	3.54∶1	2 102	6.53	18.83
试验Ⅱ	350	107	328	93.71	1 699.04	2.59∶1	378	0.69	14.50
对照Ⅱ	350	103	312	89.14	2 627.04	4.21∶1	2 791	8.65	23.58

注：出栏是指达到 2.5 千克时出售数量；消耗饲料是指全群育肥期消耗的配合饲料总量（草未计入），包括死亡兔子消耗的饲料数量；料重比是指全群消耗的饲料与出栏兔子体重的比较。

由表 5-13 可以看出，采取半草半料养兔法，可以提高母兔的受胎率、胎产仔数、断奶成活率，降低乳房炎发生率。一年按照青饲料供应 7 个月计算，每只母兔年节约精饲料 15 千克。每千克饲料按照当时的 2.8 元计算，可以节约 42 元，是一笔不小的成本。受胎率肉兔增加 9.17 个百分点，獭兔增加 6 个百分点；胎均产仔数肉兔增加 0.42 只，獭兔胎增加仔兔 0.29 只；断奶仔兔肉兔增加 1.85 只，獭兔增加 0.51 只；断乳窝重肉兔增加 30.36%，獭兔增加 6.78%。一年按照 6 胎计算，肉兔可增加仔兔数 7 只以上，而獭兔增加 3 只以上，效益十分可观。

研究发现，凡是饲喂青草的种兔，被毛光滑，膘情正常，精神良好，发情明显规律，没有发生消化道疾病，能保持良好的种用体况。正如谷子林十几年前所说的“四季不断青，胎胎不配空”。

由表 5-14 可知，半草半料养兔法达到 2.5 千克体重，肉兔晚出栏 2 天，獭兔晚出栏 4 天。而出栏率肉兔提高 4.66 个百分点，而獭兔出栏率提高 4.57 个百分点。腹泻率肉兔低 6.06 个百分点，而獭兔低 7.96 个百分点，差异均极显著。饲料费用(饲草未计入)肉兔每只降低 6.5 元，而獭兔降低 9 元之多，效益显著。由于大量使用天然牧草，降低腹泻，减少药物的使用，是生态养兔的有效措施。

(三)中草药预防球虫病技术

球虫病是家兔的主要体内寄生虫病，目前没有疫苗生产，基本上靠抗生素或化学药物控制。由于常用药物容易产生耐药性，给养兔生产造成很大的压力。略有不慎，就会造成重大损失。为了有效预防球虫病，同时降低化学药物或抗生素的使用，在多年试验研究的基础上，河北农业大学家兔课题组对中草药预防家兔球虫病的配方进一步调整，开展了中草药预防家兔球虫病的试验。

中草药配方及其制作：青蒿、常山、黄柏、黄芪、苦参、仙鹤草、地榆、马齿苋、神曲、麦芽等 15 味中草药，按照一定比例配合，粉碎过 40 目筛，充分混合，按照配合饲料 0.75%的比例添加在饲料中。为了叙述的方便，将该药物定名为球净。

试验选择210只30日龄断奶的獭兔，按照体重相近，性别相等的原则，随机分成3组，每组70只。饲料和饲养管理完全相同，仅仅预防球虫的药物不同，分别是氯苯胍125毫克/千克，地克珠利3毫克/千克，中药球净0.75%。

试验期间采取自由采食和自由饮水，每天观察兔群的表现，记录腹泻和死亡情况，对于死亡兔子即刻解剖和进行盲肠内容物球虫卵囊的检测，以判断死亡原因。试验期60天，至90日龄结束。结果见表5-15。

表5-15　不同抗球虫药物对獭兔球虫病的预防效果统计表

组别	开始数量	结束数量	成活率/%	腹泻只日数	腹泻率/%	球虫病死亡数	球虫死亡率/%
中药球净	70	66	94.29	15	0.37	0	0
氯苯胍	70	63	90.0	258	6.46	5	7.14
地克珠利	70	61	87.14	325	8.27	6	8.57

由表5-15可以看出，中草药预防球虫病效果显著，不仅没有发生球虫病，而且有效地降低了腹泻率和死亡率；氯苯胍和地克珠利对于球虫病有一定的预防效果，但是，两种药物在生产中应用多年，已经不同程度地产生了耐药性，不能很好地完全控制球虫病的发生。由此可见，中草药在预防家兔球虫病方面大有可为。尤其是绿色兔肉生产，中草药值得推广应用。

三、生态驱蚊技术

蚊子是一种昆虫，在我国南北各地均有滋生，尤其是炎热季节，非常严重。其不仅叮咬家兔的皮肤裸露之处，吸取血液，造成痛痒，影响家兔的精神和食欲，特别是夏季对于刚刚出生的仔兔危害巨大，而且还是一些疾病的传播者。为了控制兔场蚊虫滋生繁衍，生产中多使用有机磷农药，其安全性较差，同时对于环境造成一定威胁。纱窗难以完全

控制兔舍内的蚊虫问题，蚊香尽管有效，但烟雾会诱发兔群的呼吸道疾病，同时消耗的费用较大。根据笔者的实践，并收集了广大养兔爱好者的生产经验，将驱蚊方法介绍如下。

（一）利用驱蚊植物

（1）种植驱蚊草　驱蚊植物主要有除虫菊、夜来香、薰衣草、猪笼草、天竺葵、七里香、食虫草和驱蚊草等。除虫菊是目前世界上唯一集约化栽培的杀虫植物，它根、茎、叶、花等都含有毒虫素物质，是提取除虫菊酯的主要原料，也是用来配制各种杀虫剂的好原料。由于使用它不污染环境，不破坏生态平衡，无抗药性，对人畜无毒害等优点，成为理想的天然绿色农药。因此，大力发展人工栽培除虫菊，具有广阔的前景。除虫菊养殖场栽植：兔场平均 2～3 米^2 栽一墩除虫菊，可驱避场内蚊蝇。将除虫菊干品粉碎撒入圈舍内，可使动物外体不生虱子、跳蚤、臭虫等寄生虫，夏季可控制蝇蛆生长，防止疾病传播。

夜来香、薰衣草、猪笼草、天竺葵、七里香、食虫草和驱蚊草等，都具有特殊的气味，使蚊子退避三舍，不敢凑近。在兔舍内使用花盆种植以上植物，或在兔舍的四周大面积种植，可以起到美化环境，驱蚊避蝇的作用。

值得注意的是，夜来香释放的气体有一定毒性，凡兔舍种植该植物，一定要加强通风，尤其是孕妇要格外小心。

（2）蓖麻叶或艾蒿烟熏驱蚊　在兔舍兔笼周围用阴干、切碎的蓖麻叶，每立方米空间用 25 克进行烟熏；将艾蒿搓成绳子，晒干后在上风口点燃。这两种方法都有很好的驱蚊效果。

（3）在兔舍兔笼内喷洒薄荷叶榨汁　采新鲜的薄荷叶若干榨汁，掺入适量高度白酒，然后装入喷雾器中喷洒整个兔舍兔笼。

（4）兔舍兔笼内悬挂苦楝树枝叶　用鲜苦楝树叶 500 克，用细绳将其捆牢，蘸上柴油（油水 3∶7 比例），用细铁丝将其悬挂在兔舍兔笼内，每 5 天换一次，能很好地驱除蚊蝇，对兔子安全无毒。

（5）特殊气味树叶等做垫料　采集有特殊气味的树叶，如桉树、山苍子树树叶或薄荷投于兔舍兔笼内做垫料。每周1～2次，驱避蚊虫的效果也很理想。

(6)葱蒜驱蚊　在兔舍兔笼内放一些切碎的葱或大蒜，因蚊虫惧怕葱蒜特殊的气味，会逃之夭夭。

(7)在兔舍兔笼周围栽种树木驱避　在兔舍周围栽种上有特殊气味的树木，如桉树、香樟树、山苍子树等，能有效地驱赶蚊虫，而且具有遮荫造凉作用。

(二)光驱蚊技术

(1)依据蚊虫怕红光的特性，每20米^{2}兔舍安装40～60瓦红色灯泡，傍晚开灯2～3小时，驱蚊效果良好。

(2)使用灭蚊灯。昆虫多有趋光性，灭蚊灯正是据此习性而设计的。灭蚊灯主要由两部分组成，一部分是可发出一定波长的特殊微光灯管；另一部分是带有1 400～4 000伏高压的电栅。灭蚊灯通电工作时，微光灯管发出的具有一定波长的微光，会诱使蚊蝇等飞虫飞过来，而设置在灯管前的高压电栅会因飞虫身体的导电性发生高压电弧放电，瞬间使蚊蝇死亡。这是一种典型的环保灭蚊产品，灭蚊灯除蚊效果显著，无烟无味，清洁卫生外，而且能耗低，价格也不高，使用时功率消耗低，仅在6～12瓦，为普通养殖户所接受。

(三)其他驱蚊技术

(1)给家兔喂维生素B_1，每次10～15毫升，隔3天喂服1次，也可拌入饲料中给兔服用，能使兔子免受蚊虫叮咬。这是因为家兔服用维生素B_1，经代谢后，随尿排泄出来，会产生一种蚊虫不喜欢的味道。

(2)使用微生态制剂，将微生态制剂按一定比例喷洒到兔舍的粪便上，在除臭的同时，也有一定的驱虫效果(对于苍蝇的驱避效果最好)。

(3)保证兔场良好的环境卫生，定期清粪，保证兔舍的干燥和通风，对减少兔场蚊虫具有积极的效果。

四、生态保暖供暖技术

为了提高家兔的繁殖率和经济效益，养兔场积极创造条件，实行四季繁殖。以河北省中部地区为例，冬季气温一般在－10～－15℃，如果不采取增温保温措施，家兔将无法繁殖，育肥兔子也难以快速发育。为此，河北农业大学家兔课题组遵循就地取材，废物利用的原则，借鉴农民火龙供暖的原理，创造了“地下坑池兔粪自燃供暖法”，利用兔场的粪便供暖，以解决冬季繁殖的难题，取得较好效果。

（一）地下坑池的建造和使用方法

在兔舍中间的地面下挖一个深约 1 米，宽 0.8～1 米，长度适宜（一般兔舍长度为 15 米，坑池长度在 3 米左右即可）的坑池。四壁砌砖，表面用水泥抹平。在靠近兔舍外墙的一面上部，挖一个直径 8～10 厘米的烟道，直接通到兔舍的外面，并上接一个 2 米左右的烟筒。在另一面上部，留一个直径 3 厘米左右的可调节进气量大小的进气口。池子上面用水泥板盖住（图 5-13）。在寒冷季节，往池子里面装锯末或兔粪等可燃物料，填平并压实。如果物料干燥，可适当喷些水分，防止压不实而燃烧过快。将一块燃烧的蜂窝煤放入池子内将燃料引燃，盖好盖板，并用泥土封严盖板缝隙，防止漏烟。根据气温情况调节进气口的大小。如果气温较低，可将进气口放大；反之，缩小进气口。一般情况下，一池子燃料可燃烧 3～4 周。燃烧完后，再往池子里面填充燃料（可不清池）。一个冬季一般用 3 池即可。如果兔舍与其他保温措施相结合，舍内温度可保持在 10℃左右，最低也在 5℃以上，而且温度恒定，兔舍内干燥。不仅可防止饮水结冰，而且可进行冬繁冬育。将产仔箱集中叠放在池子上部（底下要垫一定物料，防止温度过高），仔兔的成活率相当高。如果一些幼兔发生腹泻，将其放在池子盖板上面，不用喂药，2 天自愈。

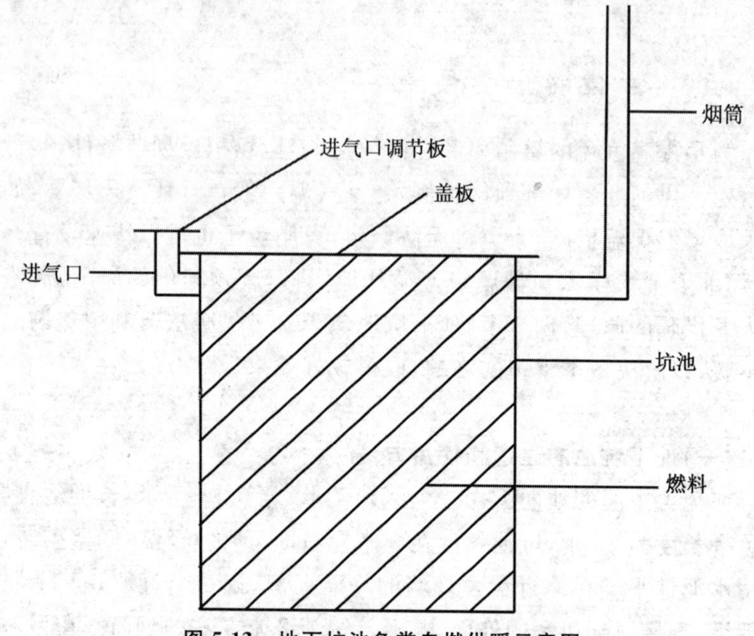

图 5-13　地下坑池兔粪自燃供暖示意图

(二)地下坑池兔粪自燃供暖法的使用效果

为了比较冬季不同供暖方式对家兔繁殖效果,选择 600 只獭兔进行了对比试验。分别采取燃煤炉子、土暖气为对照。统计从 11 月中旬到翌年 2 月中旬 3 个月的生产情况(表 5-16)。

表 5-16　不同供暖方式对家兔冬繁效果的影响

组别	母兔数	繁殖胎数	产仔总数	胎均产仔	断奶数量	总成活率/%	断奶体重/克	温度范围/℃	设备投资/元	燃料费用/元	每只成本/元
兔粪自燃	150	300	2 436	8.12	2 242	92.04	468.6	5～15	1 200	720	0.37
暖气	150	286	2 299	8.04	2 091	90.95	466.8	8～16	29 000	14 400	8.27
煤火炉	150	268	2 058	7.68	1 770	86.01	438.2	4～18	1 960	10 800	6.32
人工保温	150	165	1 181	7.16	416	35.22	388.7	8～10	720	0	0.87

注:1.人工保温是关闭门窗,挂草帘,增加垫草等措施,没有额外增加热源。2.每只成本=(设备折旧+燃料费)/断奶仔兔数量;折旧期:兔粪燃坑 10 年,锅炉 10 年,煤火炉配套设备 5 年,人工保暖的草苫 2 年。

从表 5-16 可以看出，不同的供暖方式对于母兔的繁殖、仔兔成活有很大影响。环境温度变化差异较大。从总体来看，地下坑池兔粪自燃供暖法和暖气兔舍温度变化幅度较小，对于家兔的繁殖和健康有利，因此，产仔胎数最多，成活率都达到 90%以上，煤火炉的温度升降较快，气温不稳定，最大隐患是煤气中毒。由于兔舍内有一定的不良气体泄露，影响家兔健康。在河北省多数地区，仅靠简单的兔舍保温，不能解决家兔的冬季繁殖问题。

以上 4 种供暖方式的综合比较，暖气和煤火炉不仅一次性投资大，燃料费用也高。暖气每一只断奶小兔仅设备和燃料费用达到 8 元以上，煤火每只 6 元多。人工保温的草苫子费用每只断奶小兔折合 0.87 元，而兔粪自燃方法每只断奶小兔仅支出 0.37 元，是 4 种方式中成本最低的。

此外，暖气和煤火供暖都需要专人管理照顾，增加了管理成本。由于地下坑池兔粪自燃供暖方式热量从地下向上传导，地面非常干燥。一旦有个别小兔发生腹泻，放在盖板上，不治自愈。

五、生态除臭技术

在养兔生产中，保持良好的空气质量非常关键。当前，在养兔场臭气体主要有氨、硫化物、甲烷等有毒有害成分，不仅直接或间接危害人畜健康，而且会引起家兔生产力降低，影响到养殖业的经济效益。因此，为了给家兔创造良好的生存环境，为人类生产出更多的健康绿色好品质肉，长期以来国内外科学家曾研究了许多处理技术和方法，如粪便的干处理、堆肥处理和恶臭气处理技术等，以及干燥法、热喷法和沼气法等。这些技术在治理畜牧污染方面都具有良好的效果。当前，生态除臭技术的研究和应用成为畜牧行业的热点之一，也是今后养殖场控制空气和环境质量的发展方向。对此，河北农业大学家兔课题组开展了本项技术研究，同时收集了前人的成功经验，介绍如下。

(一)发酵法除臭技术

大量试验表明,将兔粪进行发酵处理,可达到粪便除臭的目的。通常采用生物发酵法、发酵池发酵和堆积法发酵法。

1.发酵池发酵

在兔场围墙外修建数个发酵池,大小根据养兔数量而定。池壁和池底用砖砌、水泥抹面,再用防渗水泥处理,保证其不渗水。然后将每天清扫的兔粪、污物等倒入池内,池满时在粪便表面盖一层杂草,上面盖10厘米厚的土,冬季发酵1～2个月,夏季2～3周即可作为肥料使用。

2.堆积法发酵

在距离养兔场生产区100～200米的地方设立堆粪场,挖建深20～30厘米、宽100～150厘米、长视兔场规模而定的浅沟,先在沟底铺20～25厘米的秸秆,其上堆准备发酵消毒的兔粪、垫草、污物等,厚度1～1.2米,然后在粪堆上盖10厘米厚的谷草,谷草上再覆盖10厘米厚的土。夏季堆积3周左右即可发酵成功,可以作为肥料使用。

(二)绿色饲料添加剂技术

选用高效率、无污染的绿色饲料添加剂也是治理畜禽排泄物污染的重要措施之一。通过向家兔饲料中添加绿色饲料添加剂(如微生态制剂、酶制剂、中草药饲料添加剂、有机微量元素添加剂和生物活性肽等),不仅提高家兔对饲料的消化率和饲料利用率,从而减少粪便的排放量,而且可减少了恶臭气体的排放量。

1.微生态制剂

微生态制剂是指能够促进动物机体内微生物生态平衡的有益微生物或其发酵产物。随着国际上不断要求抗生素添加剂禁止在动物饲料中添加,微生态制剂在养殖中的作用日益显现。目前,市场上微生态制剂有很多,既有单一菌制剂,又有复合菌制剂,使用较多的如酵母、霉菌、乳酸杆菌、双歧杆菌、光合杆菌、复合菌(如EM)等。研究发现,微

生态制剂对环境除臭具有明显的效果，其作用机理为：动物摄入大量的有益微生物后，可改善胃肠道环境。形成生态优势有益菌群，从而抑制了腐败细菌的生长活动，促进了营养素的消化吸收，减少了氨气、硫化氢的释放量和胺类物质的产生。有益菌群在生长繁殖时能以氨、硫化氢等物质为营养或受体。因此，一部分臭气可被微生物利用。微生态制剂中的有些微生物（如真菌）还有一定的固氮的功能，从而减少了NH_4^+-N在碱性条件下的挥发，改善饲养环境。李维炯等（1996）试验表明，EM技术能有效地去除畜禽粪便中的恶臭，总除氨率为42.12%～69.70%，经EM处理的饲料中17种氨基酸的含量可提高28%左右。此外，由河北省山区研究所研制的生态素是一种良好的微生态制剂，在养兔生产中，通过饮水或直接喷洒到兔粪上，达到良好的兔舍除臭效果，明显改善兔场环境卫生条件。

2.酶制剂

饲用酶制剂是通过特定生产工艺加工而成的含单一酶或混合酶的工业产品。目前，使用酶制剂来提高饲料中能量的利用率和蛋白质、植酸磷的消化率已取得了很大进展。纤维素酶、阿拉伯木聚糖酶、β-葡聚糖酶等可分解纤维性饲料原料，蛋白酶可直接促进蛋白质原料的分解，提高氮的利用率。张申等（2008）报道，在断奶仔猪的玉米-豆粕日粮中添加0.1%的饲用酶制剂，结果发现，添加酶制剂组的日增重比未添加组提高8.84%，饲料转化率提高9.95%，从而大大减少了有害气体的排放量，减少了粪便臭味。

3.有机酸制剂

有机酸可激活胃蛋白质酶原为胃蛋白酶，促进蛋白质的分解，提高小肠内胰蛋白酶和淀粉酶的活性，减慢胃的排空速度，延长日粮在胃内的消化时间，增进动物对蛋白质、能量和矿物质的消化吸收，提高氮在体内的存留；同时能通过降低胃肠道的pH值改变胃肠道的微生物区系，抑制或杀灭有害微生物，促进有益菌群的生长增殖。汪莉等（2000）在仔猪日粮的基础上添加0.15%的溢多酶和1%的柠檬酸，结果表明：试验组仔猪的平均日增重比对照组提高8.82%，饲料干物质消化率提高 2.51%，粗蛋白消化率提高 6.49%，磷的消化率提高 10.89%；试验组猪舍比对照组有害气体氨的浓度下降了 17.6%，硫化氢降低了 14.95%。美国俄亥俄州养兔中心的试验发现，加有机酸饲料虽然提高兔的日增重不显著，但饲料利用率却提高 34.5%。

4. 中草药除臭剂

中草药不但可提供给动物丰富的氨基酸、维生素和微量元素等营养物质，能提高饲料的利用率，减少日粮中污染物的排放，促进畜禽生长；而且含有多糖类、有机酸类、甙类、黄酮类和生物碱类等多种天然的生物活性物质，可与臭气分子反应生成挥发性较低的无臭物质。同时中草药还具有杀菌消毒的作用，可增强机体的免疫力，抑制病原菌的生长与繁殖，降低其分解有机物的能力，使臭气减少。10%的甘草提取物加 90%的矿物质粉末制成的除臭剂，可用于去除鱼、贝类和畜禽肉的臭气。用于家畜，古有苍术、菖蒲治犬臭法。云南省畜牧兽医研究所研制的“科宝”，系由黄芪、当归、首乌、黄柏、黄连、金荞麦和桉叶等 18 味中草药配制而成，不仅具有保健功能，而且对畜舍除臭、降低氨浓度有良好效果。

(三)天然吸附物除臭技术

该类物质具有表面积大，孔隙大，吸附能力和交换能力强的特点，它可利用分子间范德华吸引力将恶臭物质吸附，以达到除臭的目的。同时，此类物质含有丰富的矿物质元素，如果在饲料中添加可以补充机体微量元素之不足，促进动物机体对营养物质尤其是蛋白质的消化吸收，从而提高饲料中营养素的利用率，以减少有害气体的产生。常见的吸附型除臭剂有沸石粉、活性炭、膨润土、麦饭石、凹凸棒石、蛭石和海泡石等。

1. 沸石粉

沸石粉为硅酸盐。20 世纪 60 年代，日本首先把天然沸石用于畜牧业，作为畜牧场的除臭剂，前苏联也将沸石称之为“卫生石”。其除臭机制是：沸石呈三维硅氧四面体及三维铝氧四面晶体格架结构，具有很

多排列整齐的晶穴和通道，表面积大，对畜舍氨气、硫化氢和二氧化碳等有害气体有很强的吸附性，把沸石粉撒在粪便及其畜舍的地面上，不仅能降低舍内有害气体的含量，还能吸收空气与粪便中的水分，有利于调节环境中的湿度；作为添加剂添加到饲料中，可补充畜禽所需要的微量元素，提高日粮的消化利用率，减少粪尿中含氮、硫等的排放，提高动物的生产性能。给猪饲喂含10%斜发沸石的饲料，猪粪干后各种形态的氮素含量比对照组高，撒在地板上能吸收氨和其他液态废料，使舍内干燥清洁、臭味明显降低。

2. 膨润土

膨润土又名斑脱岩、白陶土、观音土、高岭土等，是一种黏土型矿物质，属蒙脱石族矿物，主要成分为硅铝酸盐，同时也含有动物生命所必需的某些微量元素，如锌、铜、锰、钴、碘、硒等。由于膨润土具有吸附性、微粒性、吸水性(可高达200%～300%)、离子交换能力和胶黏性等特性，在饲料工业中可用作添加剂载体、矿物质添加剂、解毒剂、稀释剂、黏合剂和除臭剂等。据报道，膨润土在动物胃肠道中不仅对多余的氨具有明显的吸附作用，而且还由于膨润土具有良好的乳化特性和离子交换能力，从而可有效地改善动物机体的代谢过程，提高动物增重4%～11%。美国用于农业各个领域的膨润土达100多万吨。其中有70多万吨作为畜用除臭剂。

此外，其他具有类似结构和独特物理吸附特性，可用于除臭剂的还有活性炭、麦饭石、凹凸棒石、蛭石和海泡石等。

六、粪便有机物分解控制技术研究

粪便中含有很多营养物质，包括蛋白质和无氮浸出物等，同时还含有很多微生物，包括大肠杆菌、腐败菌等有害微生物。这些有机物在一定条件下被粪便中固有的微生物和环境微生物分解，产生氨气、硫化氢气体、二氧化碳气体等。它们释放到环境中造成污染，尤其是氨气和硫化氢气体，具有强烈的刺激性气味，对兔子的健康造成严重威胁。家兔的呼吸道疾病之一——传染性鼻炎，主要原因是由于兔舍内的有害气体超标造成的。控制粪便中有机物质的分解，是降低有害气体的有效措施。

为了有效控制兔舍中粪便有机物的分解和有害气体的产生，河北农业大学家兔课题组开展了本项技术研究。

1. 试验设计

粪便中臭味的产生，主要是有机物质的分解，尤其是蛋白质的分解所致。控制蛋白质的分解，可以从以下几个方面入手：

第一，微生物抑制剂的利用。粪便中蛋白质的分解，主要是大肠杆菌和腐败菌的繁衍所致。如果抑制了分解菌的活动，就可以有效控制粪便中蛋白质的分解。

第二，分解条件的控制。微生物活动需要一定环境条件，比如：营养、水分等。而营养是粪便中固有的，无法控制。水分降低，就可以控制微生物的活动。

第三，通风和换气的控制。一定的有害气体在一个密闭的小环境中会产生较强的刺激性气味。因此，加强通风是降低有害气体浓度的有效措施。

2. 试验方法和效果

从表 5-17 可知：生态素和 EM 具有等同效果，无非是成本的差异，可在生产中应用；生石灰对于吸潮保持干燥和降低臭味有较好效果，但受资源和成本限制以及对粪便再利用的影响，不宜大面积推广。

兔舍潮湿的主要原因是饮水器滴水，控制滴水就可提高兔舍环境质量，配合粪尿的及时清理，可很好地改善兔舍环境。无粪沟兔舍，将粪尿直接进入集粪桶，减少地面蒸发面积，可有效降低兔舍湿度和臭味。在气候适宜的地区，利用室外从事家兔养殖，也是降低有害气体浓度，降低呼吸道疾病的有效方法。

表 5-17　不同处理对粪便分解和环境的影响

项目	方案	效果
微生物抑制剂的应用	1. 生态素饮水(千分之二);2. 生态素喷料(千分之二);3. 生态素喷粪(5%浓度,每周一次)	1 和 2 效果等同,有效控制兔舍臭味,同时预防腹泻和控制苍蝇;3 可有效控制臭味和苍蝇
	1. EM 饮水;2. EM 喷料;3. EM 喷粪(用量同上)	与生态素有等同效果,但是价格较高,是生态素的 7 倍多
	生石灰撒粪沟(根据粪尿情况酌情,一般每周 2 次左右)	有效控制湿度和气味,但费用高,处理后的粪便碱性大,作为肥料利用对农田有影响
分解条件的控制	饮水器滴水的控制	有较好效果
	无粪沟兔舍(直接将粪尿接入桶内,并及时清理)	效果良好,但劳动强度大
	及时清理粪尿	有一定效果
通风和换气的控制	室外兔舍(敞篷兔舍)	效果很好,但冬季有难度
	加强通风和换气	有一定效果,但是冬季通风和保温形成矛盾

注:生态素,为河北农业大学家兔课题组研发的微生态制剂,主要由乳酸菌、双歧杆菌和芽孢杆菌等组成。

思考题

1. 家兔的消化特点有哪些?

2. 家兔的生活习性有哪些?在生产中应该注意什么?

3. 家兔的一般管理技术有哪些?

4. 母兔有哪些生理阶段?各阶段应该怎样饲养管理?

5. 本章介绍了哪些生态养兔技术?你认为你的兔场在哪些方面有待改进?

第六章 规模化生态兔场的环境控制

导　读　环境是影响家兔健康和发育的重要因素。分析我国不同兔场养殖效果差异的重大原因是环境控制的差异。抓好了环境,就等于养兔成功了一半。本章围绕规模化生态兔场的环境控制,介绍生态养兔对养殖环境、饮用水和空气质量的基本要求,规模化生态兔场环境污染的控制措施和控制技术。

第一节　生态养兔对场地环境的基本要求

兔场环境条件主要包括温度、湿度、通风、光照、噪声等,是影响家兔生产性能和健康水平的重要因素之一。通过合理设计兔舍的保温隔热性能,组织有效的通风换气、采光照明和供水排水,并根据具体情况采用供暖、降温、通风、光照、空气处理等设备,给兔创造一个符合其生理要求和行为习性的生态环境,同时也为兔场内部的工作人员创造一个较为清爽和舒适的工作环境。

一、温度

家兔是恒温动物，平均体温在38.5～39℃之间，但受环境温度的影响较大。一般来说，夏季高于冬季，中午高于夜间。家兔适宜的生态环境温度，初生仔兔为30～32℃、幼兔为18～21℃、成年兔为10～25℃，临界温度为5～30℃。

体温调节的最适宜温度范围叫等热区，在等热区内，消耗较小的能量，主要通过物理调节即可维持正常体温的恒定，因此，是代谢率最低的温度带。在此温度带内，饲料利用率、生产性能和抗病力均较高，饲养最经济。一般认为，家兔的等热区在15～25℃。家兔可根据外界温度的变化而调节自身的体温，当气温下降时，机体散热增加，提高代谢来增加产热以维持体温的恒定，这种开始提高代谢的温度称为下限临界温度。当气温低于下限时，体温也下降，此时的低温叫临界低温。当气温上升时，机体散热受阻，体温升高，代谢率也增高，这种因高温而引起的代谢率增高的环境温度叫上限临界温度，当气温超过上限时体温上升，此时的高温叫临界高温。

家兔的等热区的宽窄和临界温度的高低受诸多因素的影响。大型家兔单位体重的体表面积较小，较耐受低温而不耐热，其等热区较宽，临界温度较低。幼兔的单位体重体表面积较大，等热区较窄，临界温度较高。饲养水平越高产热越多，临界温度越低，则越耐受寒冷。等热区和临界温度在家兔生态养殖中具有重大意义。根据家兔不同的生理阶段分类管理始终创造适宜的环境条件，这样家兔机体的产热和代谢率都处于生理的最低水平，热能的无偿消耗最小，饲料利用率、生产性能和抗病力均较高，从而获得最大的经济效益。

（一）温度对家兔的影响

1. 高温对家兔的影响

从家兔的生理特点来看，其汗腺极不发达，通过皮肤散热有限。当环境温度升高时，为维持体温恒定，除改变机体代谢强度外，主要依靠呼吸散热的方式来调节体温。在高温下，家兔易出现热性喘息，呼吸频率加快，当温度接近或者高于皮肤温度时，仅仅依靠呼吸散热已不能维持平衡的散热作用，热量就会在体内聚集，引起体温升高，导致一系列的反应，严重影响家兔的健康和生产力。

高温能引起家兔繁殖性能的明显下降。其中种公兔最为敏感，若环境温度连续几天处于30℃以上，其繁殖力就会下降，表现为性欲降低，睾丸中精子生成严重受阻，精液品质恶化(如活力下降、密度减少、畸形精子率升高、有效精子数减少等)。在我国南部地区夏季出现不孕(育)现象，在华北以南地区，秋季的配种受胎率最低，一般要经过6周多的时间才能恢复。经过采精发现，春季的射精量、精子活率和密度最佳，而秋末最差，出现大量的无性欲公兔、无精兔和死精兔。研究发现，高温造成公兔睾丸曲细精管上皮变性，暂时失去产生精子的能力。美国《家兔生产指南——热的影响》一文中论述，气温在30℃以上造成公兔精子死亡，其正常精子的恢复时间平均为52天，而造成公兔不育时间为45～70天，不育程度与热的程度呈正相关。

暑热对精液品质及繁殖性状的影响见表6-1。

表6-1　暑热对精液品质及繁殖性状的影响

项目		冬季 温度(16±3)℃ 湿度70%±8%	夏季 温度(35±3)℃ 湿度46%±8%
精液品质	精液量/毫升	0.7±0.06	0.8±0.08
	精子密度/(10^6/毫升)	210.5±14.1	156.11±11.8
	活精子密度/(10^6/毫升)	180.8±13.6	129.9±10.8
	死精子/%	14.6±0.29	17.0±0.17
	精子活力/%	56.0±0.83	40.6±0.68
	畸形精子/%	14.3±0.51	15.2±0.37
繁殖性状	受胎率/%	47.1±6.3	20.2±4.3
	窝产仔数/只	8.3±0.36	6.8±0.42

注：摘自中国养兔杂志1995年02期《不同气候条件及日粮补充硒＋维生素E或锌对新西兰白兔血液成分和精液品质的影响》，作者：朱瑾佳，El-Masry K. A.，Nasr A. S.，Kamal T. H.。

高温对母兔的繁殖力也产生很大的影响。母兔按生理阶段的不同可划分为空怀母兔、妊娠母兔、泌乳母兔。高温的不利影响主要是对妊娠母兔，其次是泌乳母兔，对空怀母兔的影响相对较小。母兔在妊娠期，随着胎儿的快速生长，对营养物质的需求逐渐增多。但由于母兔和胎儿共同代谢产热的叠加作用，使母体散热更加困难，反射性地造成采食量减少，获得的营养不能满足胎儿快速发育的需要，则动用机体的营养储备，分解后产生大量的代谢产物（如酮体），导致妊娠毒血症。因此，在炎热的夏季，妊娠母兔很容易中暑死亡或产前产后发生酮病死亡。即便母兔没有死亡，胎儿发育会严重不良，有的甚至死亡。据江西农业大学资料表明，在高温季节，母兔的受胎率降低 91%，窝产仔数减少 25%～30%，胚胎死亡数随着温度的升高而增加。若环境温度为 30℃时，受精后 6 天的胚胎死亡率高达 25%～45%。母兔在泌乳期间消耗大量的营养，而高温使母兔的采食量降低，造成泌乳量和体质急剧下降，从而引起仔兔发育不良。空怀母兔受高温的影响性机能衰退，出现久不发情等现象。

高温影响仔兔和幼兔的生长以及育肥兔的增重。在高温条件下，家兔采食量下降，饲料通过消化道的速度减慢，饲料利用率降低。据资料显示，幼兔在 18～21℃温度内，生长最快；育肥兔在 10～20℃温度内增重最快。

高温对家兔的毛皮品质影响极大，主要是影响被毛生长和毛囊发育。在高温条件下，兔体主要通过利用被毛的数量和状况来调节机体散热的速率，从而被毛稀疏，生长缓慢，数量减少，造成毛皮品质下降。据资料显示，长毛兔在 12～25℃内产毛量最高；25～27℃内产毛量开始下降，28℃以上时明显下降。另外，环境温度还影响毛的品质，其中粗毛含量随着温度的升高而增加，随环境温度的降低而减少。

高温也影响家兔的健康。在高温环境下兔体的整个新陈代谢发生很大变化，采食量下降，对营养物质的消化吸收率降低（表 6-2），造成体质下降，抗病力降低。高温期间，家兔的呼吸加快，肺负担加重，如果持续高温得不到缓解，容易诱发肺炎等呼吸道疾病。

表 6-2　温度对营养物质消化率的影响(相对湿度 65%)　　%

物质	温度/℃	
	18	34
干物质	70.8	67.1
有机物	72.4	68.8
粗蛋白质	80.0	73.6
脂肪	85.6	80.8
粗纤维	22.4	20.8
无氮浸出物	79.7	76.5

注:据 Aguilera 的资料。

2.低温对家兔的影响

与高温相反,适当的低温可刺激家兔食欲,采食量增加,体内脂肪囤积增强。低温刺激毛囊发育和被毛生长加快,产毛量提高;低温有助于提高毛皮质量。但是,低温使家兔营养消耗增加,用于维持体温的维持净能与用于长肉、产毛、产奶等生产净能的比值加大。

家兔对低温的适应能力相对于高温强。在一定的低温条件下,只要有充足的饲料供应,家兔有生理调节的机能,仍能保持热平衡,维持恒定的体温。若温度过低,持续时间太长,将会引起体温下降,代谢率也随之下降,对家兔造成危害。−5℃以下的低温,对于种兔的性活动和生长兔的增重都有一定影响,−10℃以下的低温,对种兔的繁殖和商品兔的育肥产生严重影响,尤其是对于初生仔兔的保温造成困难。

(二)温度的控制

1.高温的控制

兔舍内的热源主要来自太阳辐射热、大气环境的对流热和辐射热、兔体散热、粪便等微生物发酵产热。为家兔创造生态的养殖环境,控制兔舍高温主要有以下几个方面。

(1)改善兔舍环境　在兔舍设计和配套设施上要适应当地气候环境的特点。在气候炎热地区兔舍建筑以最小接受太阳辐射热量为原

则，在兔舍上方架遮阳网，舍前栽种藤蔓植物，舍顶和墙壁采用隔热材料等措施。在夏季则要加大通风量，尽量控制不使舍温过高。但当气温达到32℃以上时，即使加大通风量，也难以达到有效的降温目的。有条件时，可在兔舍内安装空气冷却设备，使空气降温，也可采取喷水降温和结合舍内通风的措施，繁殖母兔舍可采用地窝式建筑方式。

(2)调整饲料配方　在高温期，以一定的油脂代替部分碳水化合物作为能量饲料的来源，可减少热能消耗，同时补喂一些富含水分的青绿多汁饲料，缓解热应激。

(3)减少产热　粪便微生物发酵可产生大量的热量，加重了夏季高温期兔舍散热的负担。应及时清理粪便，使用抑菌消毒剂控制微生物的繁殖。

(4)降低饲养密度　可通过降低饲养密度减少散热，尤其是泌乳母兔，可采用母子分笼饲养以减少母兔与仔兔的接触时间，长毛兔缩短剪毛间隔等。

(5)应用抗热应激剂　高温季节可在家兔饮水或饲料中加入抗应激剂，主要有电解质(碳酸氢钠、碳酸氢钾、氯化钾、氯化钠、氯化铵、无机磷等)、维生素C、中草药、微生态制剂等。

2.低温的控制

在冬季，为维持较高的舍温，应增加热能的获得并减少能量的释放。如加强兔舍的保温隔热设计，增加热源，可采用锅炉或空气预热装置等集中产热，再通过管道将热水或热空气传输至兔舍，也可在兔舍局部单独安装供热设备，如电热器、保温伞、散热板、红外线灯、火炉、火墙等，饲料配方中增加能量饲料和增加喂料量，可适当增加饲养密度。

二、湿度

兔是较耐湿的动物，尤其是在20～25℃时，对高湿度空气有较强的耐受力，一般不发病。湿度往往伴随温度而发生影响，高温高湿、低温高湿对家兔都有不良的影响。兔舍内的相对湿度以60%～65%为宜,一般不低于55%或高于70%。

据生产实践证明,舍内空气湿度过大会带来间接危害,如笼底网潮湿不堪污染被毛,引起腹泻,为寄生虫活动、疥癣蔓延和湿疹提供了有利的条件;反之,兔舍空气过于干燥,相对湿度在55%以下,同样引起呼吸道黏膜干裂,细菌、病毒感染等。冬季供暖、夏季通风都是缓解高湿、排除多余湿气的有效途径。

(一)湿度对家兔的影响

1.高湿度对家兔的影响

高湿度对家兔百害而无一利。高温高湿,不利于蒸发散热和呼吸散热,减少家兔夏季的饮水量和降低通过饮水散热的效率;低温高湿,不利于保温增温。高湿环境,使水溶性有害气体滞留,对家兔产生不良作用,同时,有利于各种病原微生物的繁殖,尤其是体内外寄生虫病(如球虫病、疥癣病、真菌病等)发生。

2.低湿对家兔的影响

高温低湿,有助于蒸发和对流散热;低温低湿,有助于兔舍的增温保温。但是,湿度过低,使家兔皮肤脱水干燥发焦,失去光泽;幼兔生长缓慢,母兔的泌乳力下降;黏膜(口腔黏膜、呼吸道黏膜及眼结膜等)干裂出血,同样容易被病原微生物感染。

(二)兔舍湿度的控制

就我国多数兔场而言,高湿对家兔的负面影响是主要的。兔舍高湿产生的原因主要是:饮水器具滴水漏水、剩余饮水抛弃、冲刷地面和粪沟、粪尿排泄、兔舍消毒、饲料和饮水的蒸发、呼吸等。其中前4项是主要的。当然,降雨和大气含水对兔舍湿度也产生重大影响。控制兔舍的高湿环境,应尽量减少水无谓地流落在兔舍,如经常检修滴漏的饮水器具,饮水槽里的剩水集中后移出兔舍;尽量减少粪沟的蒸发面积,避免大水冲刷地面和减少冲刷次数(夏季降温时除外);平时控制粪沟内积水积尿。兔舍喷洒消毒剂,应控制用量,尽量选择在中午消毒,以

增加消毒效果和便于湿度的控制。合理配料和加强腹泻的控制，也是降低兔舍湿度不可忽视的措施。

三、光照

家兔对光照的反应没有对温度、湿度和有害气体敏锐，但光照对家兔的生理机能有着重要的调节作用。适宜的光照有助于提高家兔的新陈代谢，增进食欲，促进钙、磷吸收等，还可杀菌、保持兔舍干燥，有助于预防疾病。据实践经验，光照对家兔的繁殖影响较大，繁殖母兔每天光照 14～16 小时，有利于正常发情、妊娠、分娩，获得最佳繁殖效果；每只成年母兔的断奶仔兔数，接受人工光照的比自然光照的多 8%～10%。种公兔光照可稍短些，每天 8～12 小时，过长反而降低繁殖力。仔、幼兔需要光照较少，尤其仔兔一般每天约供 8 小时弱光即可。肥育兔光照每天 8～12 小时。据试验，连续光照 12 小时，会引起家兔繁殖紊乱。一般每天光照不宜超过 16 小时。

一般兔舍主要靠门窗自然光照，如补光多采用白炽灯或日光灯，光照强度以每平方米 4 瓦为宜。

(一)光照对家兔的影响

关于光照对家兔的影响，国内外研究得还不充分，所得到的结果也不一致。但一致认为，光照对家兔是有影响的。

1. 光照对性成熟的影响

短光照尤其是持续黑暗，抑制生殖系统发育，性成熟延迟；延长光照促进生殖器发育，性成熟提早。光照的这种影响是通过松果腺起作用，视网膜感受到光刺激后，调节支配松果腺神经的活动，这些神经释放一种递质。控制松果腺形成 5-羟-吲哚-邻甲基转移酶，此酶控制褪黑色素(MLT)的合成。MLT 主要是在黑暗下进行合成，它可抑制垂体合成和释放促性腺激素；延长光照可减少 MLT 的产生，减少其对促性腺激素分泌的抑制作用，从而影响繁殖机能。

2.光照对繁殖的影响

就目前的研究结果,光照对繁殖性能的影响较大。法国国家农业科学院的研究表明,兔舍内每天光照14～16小时,光照每平方米不低于4瓦,有利于繁殖母兔正常发情、妊娠和分娩。公兔喜欢较短的光照时间,一般需要12～14小时,持续光照超过16小时,将引起公兔睾丸重量减轻和精子数减少,影响配种能力。又据资料介绍,在20～24℃和全暗的环境条件下,每平方米补充1瓦光照2小时,母兔虽有一定的繁殖力,但受胎率很低,一次配种的受胎率只有30%左右;若光照增加到每平方米15瓦,光照12小时,则一次配种受胎率可达50%左右。在相同光照强度下连续照射16小时,母兔的受胎率可达65%～70%,仔兔成活率也可明显提高。因此,增加光照强度和时间可明显提高母兔的受胎率和仔兔的成活率。

3.光照对生长和被毛的影响

光照对于生长和产毛都有一定的影响。由于光照有助于性腺的发育,促进家兔性成熟,性机能的亢进影响采食和生长,因此,养兔发达的法国以弱光育肥获得理想的效果。光照可刺激皮肤的新陈代谢,有助于被毛的生长。据日本东京农业大学的研究,毛兔适宜的光照是每天照射15小时,每平方米日光灯5瓦,育肥兔以每天8小时为宜。

4.光照对换毛的影响

由于家兔每年两次季节性换毛,而季节性换毛发生在春季的3～5月份和秋季的9～10月份,也就是说,日照时间由短变长和由长变短,均发生被毛的脱换现象。由短变长时,开始生长夏毛,而由长变短时,开始生长冬毛。在养貂实践中,成功地利用光照与被毛脱换的规律,在夏季逐渐减少光照时间,可促进冬毛生长,被毛提前成熟,但在家兔方面还没有相关的报道。

5.光照对于其他的影响

光照与温度和湿度有一定的相关性。充足的光照可以保持兔舍干燥,并不利于病原菌的繁殖。而黑暗的环境,往往潮湿污浊,寄生虫病容易发生,因而,适当的光照对于疾病预防是有益的。

(二)兔舍光照的控制

根据已有的研究结果,对不同生理阶段的家兔采取不同的光照制度,在不同的季节和地域,根据当地的具体情况合理设计光照程序。

我国养兔多以自然光照为主,人工光照为辅。即根据当地日照时间长短,将不足部分人工补充光照到额定时间。如某地区冬季光照时间 11 小时,而母兔繁殖需要 16 小时,二者差距 5 小时,那么人工补充 5 小时即可。可采取早补(即日出前补充 5 小时)或晚补(即日落后补充 5 小时),也可以早晚补(即日出前和日落后各补充一定的时间)。对于光照时间较长的季节,需要缩短光照时间,但目前我国多数养兔场没有采取措施。可设置窗帘黑布控制光照,尤其是对于育肥兔是有必要的。在全封闭的兔舍,实行程序化控光可获得满意的效果。兔舍安装光照程序控制器,仪器内芯由电脑芯片经组装而成,能自由设置程序,开关渐明渐暗时间达 30 分钟,模拟自然阳光,对兔群无应激。

四、通风

兔舍的通风换气是很重要的,不仅可以调节温度,防止高湿度,而且有利于送入新鲜空气和排除污浊气体。但是,通风量的大小、风速的高低必须加以控制。通过兔舍的科学设计(如门窗的大小和结构、建筑部件的密闭情况等)和通风设施的配置来控制通风。一般要求兔舍内的气流速度不得超过 0.5 米/秒,夏季以 0.4 米/秒,冬季以不超过0.2 米/秒为宜。

通风换气可以起到排污的作用,将兔舍内的有害气体排出,使舍外新鲜的空气进入兔舍,保持兔舍内适宜的空气成分。同时,通风换气在一定程度上调节舍内的温、湿度。在干燥季节,通风可起到排湿的作用,但在高湿季节,这种作用甚微。

通风换气的方式有自然通风和机械通风。一般小型兔场,基本上为自然通风。由于饲养密度较小,仅靠门窗的开启和关闭即可实现通风和换气的作用。规模型兔场,多采用机械通风,或机械通风与自然通风相结合。在春、秋季节,以自然通风为主,而在夏季和冬季,以机械通风为主。

机械通风分为正压通风和负压通风。正压通风是将外界新鲜空气强制性地送入舍内,使舍内压力稍高于外界大气压,这样将舍内污浊的空气排出;负压通风是利用风机将舍内污浊空气强行排出舍外,使舍内压力稍微低于大气压力,舍外空气自行经进气口进入兔舍。

通风的方向可分为纵向通风和横向通风。纵向通风是将风机装在兔舍的长轴的山墙上,进风口设在兔舍前端山墙及其近处两侧壁上。风机启动后,气流的方向是与兔舍长轴相平行。横向通风是将风机安装在兔舍的一侧墙壁上,进风口则在另一侧墙壁上,风机启动后气流从一侧壁进入,经兔舍空间后从另一侧壁排出,气流的方向与兔舍的纵轴方向垂直。一般来说,纵向通风的效果优于横向通风。此外,安装吊扇是将吊扇吊于兔笼的顶部,通过风叶的转动,使兔笼上方的气体旋转流动。通风可保持兔舍内一定的气流速度,根据不同的季节、舍内外的温差等调整风机的数量和功率。但在风机设置时,应注意风流在兔舍内的均匀度,防止死角出现。

五、噪声

家兔胆小怕惊,突然的噪声可引起妊娠母兔流产,哺乳母兔拒绝哺乳,甚至残食仔兔等严重后果。保持安静的环境是养兔的一个基本原则。在建造兔场时应将环境的噪声作为重要的因素去考虑,要求环境的噪声在85分贝以下。

(一)兔场噪声的来源

噪声的来源主要有3方面:一是外界传入的声音,如汽车等机动车辆的马达声,雷鸣和鞭炮的爆炸声,动物和人发出的声音等;二是家兔自身产生的声音,如采食、走动和争斗的声音,特别是公兔之间的咬斗、受到惊吓后肢拍击地板和惊群后窜动产生的声音;三是舍内家兔以外

产生的声音，如饲养人员操作，舍内设备的运行，风吹门窗产生的声音等。

(二)噪声对家兔的影响

噪声使家兔精神高度紧张，甚至精神紊乱，对家兔的生产性能和健康产生严重的影响。如可造成妊娠母兔流产，母兔产仔期难产、食仔和踏死仔兔；泌乳母兔泌乳量降低，甚至停止乳汁的分泌和拒绝哺喂仔兔；生长兔受到惊吓后，消化机能失调，长期受到惊吓会降低生长速度。个别家兔受到惊吓后会造成瘫痪和突然死亡等。经常发生噪声的兔场，母兔的流产率、食仔率升高，泌乳量降低，仔兔的成活率和幼兔的生长发育速度降低。

对家兔危害最严重的是突发性噪声和异常性噪声。对于经常出现的同频率的噪声，家兔可逐渐适应，如犬的吠叫。

(三)兔场噪声的控制

减少噪声应从多方面入手：第一，建造兔舍一定要远离高噪声区，如公路、铁路、工矿企业等，尽可能避免外界噪声的干扰。第二，饲养管理操作要轻、稳，不大声喧哗，尽量保持兔舍的安静，减少对兔群的惊扰。第三，饲养区不允许汽车、拖拉机开进，饲料加工车间也要远离兔舍，兔场不养犬、猫等动物。第四，兔舍内的设备要规范，兔笼等设施应结实，如兔笼结实，不容易晃动；饲具安装牢固，不容易脱落；门窗固定良好。

国外大量的试验表明，给动物(如鸡、牛、猪等)播放轻音乐，可使动物表现安静，提高生产性能。但在家兔方面，这样的报道还不多见。

第二节　生态养兔对饮用水卫生要求及防治污染措施

水是地球上一切生命赖以生存的物质基础，也是畜牧生产中不可缺少的物质。它是畜体组织的组成成分之一,特别是在高温炎热的夏季,水在家畜体内的重要性更加突出。水对任何家畜的消化、吸收、营养物质的运输、利用,以及体内代谢产物的排除和体温的调节均有重要作用。水在家畜体内是各种消化液的主要成分,在胃内可以刺激胃液分泌,提高胃液的消化能力,在肠内不仅可以促进消化,而且可以稀释和溶解已经消化了的营养物质,便于畜体吸收;水是各种营养物质的最重要的溶剂,各种物质只有溶于水中,才能随水运送到全身各部,以供组织器官的需要;水是畜体内各种生化反应的参与者,家畜体内各种物质的合成或分解都与水有密切关系,缺水时,合成和分解过程均无法进行;水是家畜体内各种代谢产物的溶剂,代谢产物只有先溶于水中,才能随水运到适当的器官排出体外,如果缺水,体内代谢废物便会逐渐蓄积起来,以致影响家畜的健康;水是家畜体温调节的重要因素,家畜能够借着水分散发体热,以保持体温的正常。

生态兔场的生产过程需要大量的水,包括人、兔用水,饲料调制,兔舍、工艺设施与工具的清洗和消毒以及兔产品的加工。而水质好坏直接影响兔场人、兔健康。兔场要有水质良好和水量丰富的水源,同时便于取用和进行防护,才能保证最终生产出安全、优质的兔产品。

一、水源概述

天然水的分类和成分:天然水一般可分为大气水、地表水和地下水。大气水指以水蒸气、云、雨、雪、霜及冰雹的形式存在的水;地表水包括江河水、湖泊水及海洋水;地下水是指存在于填层和岩石层的水。

水和水体:水和水体是两个不同的概念。天然水体是指河流、湖泊、沼泽、水库、地下水、冰川、海洋等诸水体的总称。它不仅包括水,还包括水中的溶解物、悬浮物以及底泥和水生生物,是指地表被水覆盖的自然综合体系,是一个完整的生态系统。当水体受到重金属污染后,重金属污染物通过吸附、沉淀的方式,易从水中转移到底泥中,水中重金属的含量一般都不高,所以仅从水的角度考虑,似乎未受到污染,但从

整个水体来说，已受到严重污染，而且是不易净化的长期污染。

水在自然界分布广泛，因其来源、环境条件和存在形式的不同，又有各自的卫生特点。

（一）地表水

地表水包括江、河、湖、塘、水库等。这些水主要由降水或地下水在地表径流汇集而成，容易受到生活及工业废水的污染，常常因此引起疾病流行或慢性中毒。地表水一般来源广、水量足，又因为它本身有较好的自净能力，所以仍然是被广泛使用的水源。河流的流水一般比池塘的死水自净能力强；水量大的比水量小的自净能力强。因此，在条件许可的情况下，应尽量选用水量大、流动的地表水作牧场水源。

（二）地下水

地下水深藏在地下，是由降水和地表水经土层渗透到地表以下而形成。地下水经地层的滤过作用，水中的悬浮物和细菌大部分被滤除。同时，地下水被弱透水土层或不透水层覆盖或分开，水的交换很慢或停顿，受污染的机会小。但是地下水在流经地层和渗透过程中，可溶解土壤中各种矿物盐类而使水质硬度增加，因此，地下水的水质与其存在地层的岩石和沉积物的性质密切相关，化学成分较为复杂。该水质的基本特征是悬浮杂质少，水清澈透明，有机物和细菌含量较少，溶解盐含量高，硬度和矿化度较大，不易受污染，水量充足而稳定和便于卫生防护。但有些地区地下水含有某些矿物质毒物，如氟化物、砷化物等，往往引起地方性疾病。所以，当选用地下水时，应首先进行检验，才能选作水源。

（三）降水

大气降水指雨、雪，是由海洋和陆地蒸发的水蒸气凝聚形成的，其水质因地区的条件而定。靠近海洋的降水可混入海水飞沫；内陆的降水可混入大气中的灰尘、细菌；城市和工业区的降水可混入煤烟等各种可溶性气体和化合物，因而易受污染。但总的来说，大气降水是含杂质较少而矿化度很低的水。降水由于贮存困难、水量无保障，因此除缺乏地表水和地下水的地区外，一般不用作畜牧场的水源。

二、水的卫生学标准和特性

（一）水的感官性状

包括水的温度、色度、浑浊度、臭和味、肉眼可见物等指标。水体受到污染后，水的感官性状和一般化学指标往往发生变化，因此上述指标可作为水是否被污染的参考。

1. 水温

温度是水的重要物理特性，它可影响水中生物、水体自净和人类对水的利用。地表水的温度随季节和气候的变化而变化，一般来讲，水温的变化总是落后于大气温度的变化，其变化范围为 0.1～30℃之间。地下水的温度比较稳定，水温为 8～12℃。当大量工业含热废水进入地表水时可造成热污染，导致水中溶解氧下降，危害水生生物。

2. 色

洁净的水无色。自然环境中的水由于受某些自然因素的影响而使水呈现不同的颜色，如流经沼泽地带的地表水，由于含腐殖质而呈棕色或褐色；有大量藻类生存的地表水呈绿色或黄绿色；清洁的地下水无色，而含有氧化铁时，水呈黄褐色；含有黑色矿物质的水呈灰色；当水体受到工业污染时，可使水呈现该工业废水所特有的颜色。所以，当发现水体有色时，应调查它的来源。我国《畜禽饮用水水质标准》中规定色度不超过 30 度。

3. 浑浊度

浑浊度是表示水中悬浮物和胶体物对光线透析阻碍程度的物理量。浑浊度的标准单位是以 1 升水中含有相当于 1 毫克标准硅藻土形成的浑浊情况，作为一个浑浊度单位，简称 1 度。

地下水因有地层的覆盖和过滤作用，水的浑浊度较地表水低。地表水往往由于降水将临近地面的泥土和污物冲入，或因生活污水、工业废水排入，或因强风急流冲击到水底和岸边的淤泥，致使水的浑浊度提高。我国《畜禽饮用水水质标准》中规定浑浊度不超过 20 度。

4. 臭

臭指水质对鼻子的嗅觉的不良刺激。清洁的水没有异臭，地表水中如有大量的藻类或原生动物时，水呈水草臭或腥臭。当水中含有人畜排泄物、垃圾、生活污水、工业废水或硫化物等时，可呈现不同的臭味。水的臭气通过嗅觉来判断，可以分为泥土气味、沼泽气味、芳香气味、鱼腥气味、霉烂气味、硫化氢气味等。根据臭气的性质，常常可以辨别污染的来源。

5. 味

味指水质对舌头味觉的刺激。清洁的水应适口而无味，天然水中各种矿物质盐类和杂物的含量达到一定浓度时，可使水发生异常的味道。如水中含有过量的氯化物，可使水含有咸味；含硫酸钠或硫酸镁时有苦味；含有铁盐呈涩味；水中含有大量腐殖质时产生沼泽味。动物尸体在水中分解、腐败可产生臭味。

(二)水的化学性状

水的化学性状比较复杂，因而采用较多的评价指标：pH 值、总硬度、溶解性总固体、氯化物、硫酸盐等用来阐明水质的化学性质遭受污染的状况。

1. pH 值

pH 值决定于它所含氢离子和氢氧离子的多少。天然水的 pH 值一般在 7.2～8.5。当水质出现偏碱或偏酸时，表示水有受到污染的可能。地表水被有机物严重污染时，有机物被氧化而产生大量游离的二氧化碳，可使水的 pH 值大大降低。被工业废水污染的地表水，pH 值也会发生明显的变化。

我国《畜禽饮用水水质标准》规定，pH 值在家畜为 5.5～9.0；家禽为6.5～8.5，家兔可参照家畜标准。若水的pH值过高则盐类析出，水的感官恶化，还会降低氯化消毒的效果；pH值过低则能加强水对金属（铁、铅、铝等）的溶解，具有较大的腐蚀作用。

2. 总硬度

水的硬度是指溶于水中的钙、镁盐类（碳酸盐、重碳酸盐、硫酸盐、硝酸盐、氯化物等）的总含量。一般以相当于$CaCO_3$的量（毫克/升）表示。通常$CaCO_3$的量低于75毫克/升时属于软水，超过此量即为硬水。硬度的划分并非基于对健康的影响，而主要是考虑到硬水煮沸时会在锅炉内沉积水垢等影响。水的硬度过高易析出沉淀物而阻塞水管及饮水器喷嘴，从而影响畜牧场的供水。地下水的硬度一般比地表水高。地表水硬度随水流经过地区的地质条件而不同，一般都变化不大。但当流经石灰岩层或其他钙、镁岩层时，则硬度增加。我国《畜禽饮用水水质标准》规定，总硬度（以$CaCO_3$计）不超过1 500毫克/升。

3. 氮化物

氮化物包括有机氮、蛋白氮、氨氮、亚硝酸盐氮和硝酸盐氮。有机氮是指有机含氮化合物的总称。蛋白氮是指已经分解成较为简单结构的有机氮。它们主要来源于动植物，如粪便、植物体、藻类和原生动物的腐败等。当水中有机氮和蛋白氮显著提高时，说明水体新近受到了明显的有机污染。

在实际工作中，当水体"三氮"（氨氮、亚硝酸盐氮、硝酸盐氮）含量增加时，除应排除与人畜粪便无关的来源外，往往需要根据水中"三氮"的变化规律进行综合分析。当三者均增高时，表明该水体过去、新近都受到污染，目前自净正在进行，如水体中仅硝酸盐氮增加，表明污染已久，且已趋于净化。

4. 氯化物

自然界的水一般都含有氯化物，其含量随地区而不同。但在同一地区内，通常水体中的氯化物是相当稳定的。为了确定水源是否受到污染，掌握正常情况下本地水中氯化物的含量，是十分必要的。我国《畜禽饮用水水质标准》规定，氯化物以Cl计，在家畜为1 000毫

克/升；禽类为 250 毫克/升。水中的氯化物是水流经含氯化物的地层、受生活污水或工业废水的污染等产生的。水中氯化物含量突然增加时，表明水有被污染的可能，尤其是含氯化合物同时增加，更能说明水体被污染。

5. 硫酸盐

天然水中含有硫酸盐，且多以硫酸镁的形式存在。含有大量硫酸盐的水，其永久性硬度高。我国农业行业标准《无公害食品　畜禽饮用水水质》(NY 5027—2008)以硫酸盐计，在家畜为 500 毫克/升；禽类为 250 毫克/升。当水中硫酸盐含量突然增加时，表明水可能被生活污水、工业废水或化肥硫酸铵等污染。硫酸盐含量过高可影响水味和引起家兔轻度腹泻。

6. 溶解氧

溶解氧指溶解在水中的氧含量，其含量与空气的氧分压、水温有关。一般而言，同一地区空气中氧分压变化甚微，故水温是主要影响因素，水温越低，水中溶解氧含量越高。清洁的地表水溶解氧含量接近饱和状态。水层越深，溶解氧含量越低，尤其是湖泊、水库等静止水更为明显。当水中有大量藻类时，其光合作用释放出的氧，可使水中溶解氧呈过饱和状态；当有机物污染或藻类大量死亡时，水中溶解氧迅速减少，甚至使水体处于厌氧状态，于是水中厌氧微生物繁殖，有机物发生腐败，水体发臭。

(三)水的细菌学指标

水中可能含有多种细菌，其中以埃希氏杆菌属、沙门氏菌属及钩端螺旋体属最为常见。评价水质卫生的细菌学指标通常有细菌总数和大肠菌群数。虽然水中的非致病性细菌含量较高时可能对动物机体无害，但在饮水卫生要求上总的原则是水的细菌越少越好。

我国农业行业标准《无公害食品　畜禽饮用水水质》(NY 5027—2008)(表 6-3)规定，畜禽饮用水每 100 毫升的总大肠菌群数：成年家畜应不超过 100 个，幼龄家畜和禽类应不超过 10 个。饮用水只要加强管

表 6-3　畜禽饮用水水质标准

项目		标准值	
		畜	禽
感官性状及一般化学指标	色/度	≤30	
	浑浊度/度	≤20	
	臭和味	不得有异臭、异味	
	肉眼可见物	不得含有	
	总硬度(以 $CaCO_3$ 计)/(mg/L)	≤1 500	
	pH	5.5～9.0	6.5～8.5
	溶解性总固体/(mg/L)	≤4 000	≤2 000
	硫酸盐(以 SO_4^{2-} 计)/(mg/L)	≤500	≤250
细菌学指标	总大肠菌群/(MPN/100 mL)	成年畜≤100,幼畜和禽≤10	
毒理学指标	氟化物(以 F^- 计)/(mg/L)	≤2.0	≤2.0
	氰化物/(mg/L)	≤0.2	≤0.05
	总砷/(mg/L)	≤0.2	≤0.2
	总汞/(mg/L)	≤0.01	≤0.001
	铅/(mg/L)	≤0.1	≤0.1
	铬(六价)/(mg/L)	≤0.1	≤0.05
	镉/(mg/L)	≤0.05	≤0.01
	硝酸盐(以 N 计)/(mg/L)	≤10	≤3

注:摘自中华人民共和国农业行业标准《无公害食品　畜禽饮用水水质》(NY 5027—2008)。

理和消毒,一般能达到此标准。

细菌学检查特别是肠道菌的检查,可作为水受到动物性污染及其污染程度的有力根据,在流行病学上具有重要意义。在实际工作中,通常以检验水中的细菌总数和大肠杆菌总数来间接判断水质受到人畜粪便等的污染程度,再结合水质理化分析结果,综合分析,才能正确而客观地判断水质。

(四)水的毒理学指标

饮水中可能含有微量的有毒元素,如氟化物、砷、铅、汞、镉、硒、铬、钼等,当其含量超过一定的允许量时,就会直接危害动物的健康和生产

性能。这些指标往往是直接说明水体受到某种工业废水污染的重要证据。

1.氟化物

水中一般含有适量的氟化物，它有良好的抗龋齿作用，而含氟量高则可引起中毒。一般认为，水中含氟量低于0.5毫克/升时，能引起龋齿；超过4毫克/升时，则可引起氟中毒。因此，农业行业标准《无公害食品　畜禽饮用水水质》(NY 5027—2008)规定含氟量不超过2.0毫克/升。

由于大多数地区天然水源都含有微量的氟，所以水中氟含量不足的情况并不普遍。在更多的情况下是含量过高。水中氟化物含量过高带来的危害比含量不足更为明显和严重。地表水高氟的起因，主要是各种含氟工业(如磷酸厂、炼铝厂、玻璃厂、枕木防腐厂等)废水污染的结果。地下水中含氟量则有明显的地区性，在含氟矿层(如萤石、冰晶石、磷灰石等)丰富的地区，水中含氟量往往较高。在搞好饮水卫生和水源选择上应予重视。

2.氰化物

水中氰化物主要来源于含氰化物的各种工业(如炼焦、电镀、选矿、金属冶炼等)废水的污染。氰化物毒性很强，可引起急性中毒。长期饮用含氰化物的水，还可引起慢性中毒，使甲状腺素生成量减少，从而表现出甲状腺机能低下的一系列症状。在我国农业行业标准《无公害食品　畜禽饮用水水质》(NY 5027—2008)中要求比较严格，规定氰化物含量家畜不得超过0.2毫克/升，禽类不超过0.05毫克/升。

3.汞

含汞工业废水种类甚多，主要有电器、电解、涂料、农药、催化剂、造纸、医疗、冶金等工业废水。此外，农业生产中的有机汞杀菌剂浸种，多年应用也会造成环境污染，可由土壤转入水体。汞的毒性很强，而有机汞的毒性又超过无机汞。无机汞如$HgCl$、$HgCl_2$、HgO等在水中不溶解，进入生物组织较少。有机汞化合物如烷基汞(CH_3Hg、C_2H_5Hg)、苯基汞(C_6H_5Hg)等，有很强的脂溶性，容易进入生物组织，并有很高的富集作用。无机汞在水体中易沉淀于底层沉积物中，在微生物作用下转为有机汞，然后进入生物体内，通过食物链逐渐富集，如最后进入人体，危害很大。

汞及其化合物在机体内，分布广且不易分解，排泄较慢。在我国农业行业标准《无公害食品　畜禽饮用水水质》(NY 5027—2008)中规定汞含量家禽不得超过 0.01 毫克/升，禽类不超过 0.001 毫克/升。

4. 砷

砷是传统的剧毒药，俗称的砒霜即三氧化二砷。砷主要是存在于冶炼、农药、氮肥、制革、染色、涂料等多种工业废水中。砷不溶于水，存在水溶液中的是各种化合物或离子等，很多砷盐难溶或微溶于水。砷所引起的中毒有急性和慢性之分，成年人经口服 100～300 毫克可致死，长期饮用含砷量 0.2 毫克/升以上的水可慢性中毒。慢性中毒表现为肝和肾的炎症、神经麻痹和皮肤溃疡，近年来还发现有致癌作用。农药砷酸铅、砷酸钙杀虫剂，是污染环境的来源之一，现已禁止使用。饲料添加剂阿散酸、洛克杀生也为砷制剂。在我国农业行业标准《无公害食品 畜禽饮用水水质》(NY 5027—2008)中规定总砷含量不超过 0.2 毫克/升。

5. 硝酸盐与亚硝酸盐

水中的硝酸盐摄入体内后，可被胃肠道中的某些细菌(硝酸盐还原菌)转化为亚硝酸盐，被吸收入血后能使血红蛋白转为高铁血红蛋白，导致血液失去携氧能力，可引起机体缺氧，甚至窒息死亡。硝酸盐和亚硝酸盐随饮水进入体内，于一定条件下在胃内、口腔、膀胱内(特别是在感染时)可与仲铵形成致癌物亚硝胺。

动物饮水中硝酸盐和亚硝酸盐的允许含量，各国的规定不一致。我国畜禽饮用水规定为 10 毫克/升；美国 NRC(2001)资料，亚硝酸盐(以 N 计)为 10 毫克/升，硝酸盐＋亚硝酸盐(以 N 计)为 44 毫克/升；加拿大 CCME(2005)资料，亚硝酸盐(以 N 计)为 10 毫克/升，硝酸盐＋亚硝酸盐(以 N 计)为 100 毫克/升；澳大利亚(2000)资料，亚硝酸盐(以 N 计)为 30 毫克/升，硝酸盐＋亚硝酸盐(以 N 计)为 400 毫克/升。

三、家兔饮水禁忌

(1)不宜直接饮用自来水　自来水虽是人的饮用水,但因杀菌而放入的漂白粉,饮后对家兔的健康和生长发育有害。要把自来水放入桶内,存放半小时后再供家兔饮用,让漂白粉有个释放氯的进程。

(2)不宜饮工业用水或再生水　工业用水或再生水(即经人工处理净化废水)中,各种细菌和有毒有害成分往往严重超标,家兔饮用这种水后,极易引起中毒或生长迟滞。

(3)不宜饮池塘、水沟里的死水　这种水因长期储存,致病微生物和寄生虫容易繁殖,家兔饮后易发生各种传染病和寄生虫病。

(4)不宜直接饮用河水　河水虽然是活水,病源微生物不容易在河水中生长,但可以成活,如果上游有丢弃的病死动物,照样会传播疾病。如果养殖场靠近河边须用河水时,可在河边挖一口井或砌个池,将河水隔开,通过河沙过滤后再用就比较安全。

(5)不宜饮没有化验过的井水　自己打井取水,最好经过检验部门化验,符合饮用水标准后再用。尤其是在靠近化工厂、造纸厂、染织厂等化学工业厂家的养殖户,更要注意。

(6)不宜饮用冰雪水　冬季气温低,家兔饮冰雪水容易致病,如果是妊娠母兔容易流产,仔兔容易腹泻。

(7)不宜饮用家庭废水　家庭废水可以区别对待,如淘米水、水饺汤、菜汤、麦汤等可以给家兔饮用。而蒸馒头水、洗衣水、洗澡水等都含有有害成分,不能饮用。

四、防治污染措施

(一)污染源

按照水体污染的污染源的形成原因或污染来源的角度分为两大

类:人为污染源和天然污染源。

人为污染源是指由人类活动产生的污染源,是环境保护防治的主要对象。根据人类活动方式,主要有以下几种污染源:工业污染源(主要是工业污水、废渣、废气);生活污染源(人类生活污水和生活垃圾等);农业污染源(农药、化肥、畜牧生产中的污水及粪便等);交通污染源(机车、轮船等排出的尾气通过大气降水进入水环境);城市地表雨水径流含有较高的悬浮固体,而且病毒和细菌的含量也较高,如注入地表水体或渗入地下,会造成地表水和地下水的污染。

天然污染源,也称自然污染源,是指天然存在的污染源,主要是海水、咸水及含盐量高或水质差的含水层、石油等。天然污染源主要污染地下水。

(二)防治污染措施

结合污染物来源,控制污染途径,可采取如下防治措施:

(1)畜禽养殖场、养殖小区应当加强和改进对畜禽粪便、废水的综合利用,保证无害化处理设施正常运转,制定畜禽养殖场的排放标准、技术规范以及环保条例,保证污水达标排放,防止污染水环境。

(2)含病原体的污水应当经过消毒处理,符合国家有关标准后,方可排放。禁止向水体排放、倾倒工业废渣、城镇垃圾和其他废弃物;禁止将含有汞、镉、砷、铬、铅、氰化物、黄磷等的可溶性剧毒废渣向水体排放、倾倒或者直接埋入地下。存放可溶性剧毒废渣的场所,应当采取防水、防渗漏、防流失的措施。

(3)禁止向水体排放油类、酸液、碱液或者剧毒废液;禁止在水体清洗装贮过油类或者有毒污染物的车辆和容器;禁止向水体排放、倾倒放射性固体废物或者含有高放射性和中放射性物质的废水,向水体排放含低放射性物质的废水,应当符合国家有关放射性污染防治的规定和标准。

(4)建立固定的垃圾堆,并且及时分类处理,不直接将垃圾倒入河中。建造生活垃圾填埋场,采取防渗漏等措施,防止造成水污染。

(5)使用农药,应当符合国家有关农药安全使用的规定和标准,开发、推广和应用生物防治病虫害技术,减少油剂农药的使用量。研究采用多效抗虫害农业,发展低毒、高效、低残留量的新农药,严禁使用剧毒、高残留农药。完善农药的运输与使用方法,合理处置过期失效农药,减少农药造成的水环境污染。

(6)农业主管部门和其他有关部门,应当采取措施,指导农业生产者科学、合理地施用化肥,调整化肥品种结构,采用高效、复合、缓效的化肥品种,增加有机复合肥、生物肥的使用,改善灌溉方式和施肥方式,减少肥料流失,控制化肥的过量使用,避免肥料流入水体或者渗入地下水。

(7)对水源生态环境进行治理与恢复,坚决禁止毁林种果,或以经济林取代生态林等现象,治理好源头水土流失问题,全面确保流域的生态植被和饮用水源安全。

第三节　生态养兔对空气环境质量的要求

兔舍内空气的化学成分与大气不同,尤其是封闭式兔舍,因为家兔呼吸、生产过程和有机物分解等产生了有害气体。有害气体能够危害人畜健康,严重时引起畜产公害。兔舍内空气成分因通风情况、饲养密度、饲养管理方式、温度及微生物的作用等而变化。兔舍温度越高,湿度越大,饲养密度越高,有害气体浓度越大。此外,外部有害气体进入兔舍(如化肥厂的氨气、燃烧石油或作物秸秆等),尽管是特殊情况,但同样会对兔子产生不利影响。兔舍内的有害气体主要是氨、硫化氢、一氧化碳和二氧化碳等。有害气体产生的特点为:①由于畜牧生产是一个连续的过程,家兔生理活动产生废物较多,每天产生大量粪便、污水以及废弃垫料,以上这些废弃物腐败分解时都会产生有害气体。②与天气、空气温湿度有关。天气晴朗,废弃物物料的水分少,空气多,使物料的供氧较多，依靠好氧分解，含碳物质能够彻底氧化为二氧化碳。相反，阴天、潮湿，水分对物料气孔有阻塞作用，供氧不足，发生厌氧分解，有机物分解不彻底，产生氨气、硫化氢及其他恶臭物质，而且分解慢，对人和家兔有直接影响，影响家兔的正常生理机能。

空气中的灰尘和微生物对家兔有较大影响。灰尘主要来自风吹起的干燥尘土、被毛、皮肤的碎屑和饲养管理工作中产生的大量灰尘，如打扫地面、翻动垫草、分发干草和饲料等。其含量因兔舍形式、饲养密度、空气湿度和温度、通风情况、饲料形式和地面条件不同而存在差别，灰尘浓度大会对家兔造成不良的作用，尤其容易导致呼吸道感染，如肺炎、支气管炎等；灰尘还可吸附空气中的水汽、有毒气体和有害微生物，产生各种过敏反应，甚至感染各种传染性疾病；降落到兔体体表，可与皮脂腺分泌物、兔毛、皮屑等粘混一起而妨碍皮肤的正常代谢，影响兔毛品质。空气中微生物含量与灰尘含量密切相关，空气中有多种微生物，其中以大肠杆菌、霉菌为主，也有一些病毒，地面过于干燥、通风不良等，都会造成灰尘或微生物含量的增加，凡是灰尘较多的兔舍，空气中含有的微生物数量增多，家兔呼吸道和眼部的疾患增加。人员和动物的进入，工具、饲料等运进兔舍，空气的流动，蚊蝇的飞舞等，都是兔舍内病原微生物进入的重要途径。在家兔的换毛期，尘埃增多；在发生皮肤霉菌病时，空气中的霉菌增多，应及时消毒处理。

一、兔舍内主要有害气体

（一）氨气

氨气（NH_3）是无色有刺激性臭味的气体，对空气的相对体积质量为 0.956，标准状态下，1 毫克 NH_3 为 1.316 毫升，极易溶于水呈碱性，形成 NH_4OH，0℃可溶解 9.07 克/升水，20℃可溶解 899 克/升水。舍外大气中不含氨气，主要来自粪尿、垫草、饲料等含氮有机物分解产生，兔舍内的含量与通风、清洁程度、饲养密度等有关，一般为 6～35 毫克/

立方米，高者达 150 毫克/立方米，甚至更高。氨的体积质量小，在温暖的舍内一般升向舍顶，但由于氨发生在地面和家畜周围，因此在畜舍地面含量也较高，特别是在潮湿的舍内。如果舍内通风不良，由于水汽不易逸散，舍内氨的含量就更高了。不及时清粪和更换垫草、采用水泡粪工艺、地面蓄积粪尿污物、排水系统不畅等都会使兔舍内 NH_3 浓度大大提高。

氨气对家兔的危害：①溶解于呼吸道和眼结膜上，产生碱性刺激，1% NH_3 溶液的 pH 值为 11.7，使黏膜发炎充血水肿，分泌物增多，重者造成眼灼伤，组织坏死，引起坏死性支气管炎，肺水肿充血，眼失明。②经肺泡进入血液，与血红蛋白结合，破坏其输氧能力，引起组织缺氧。③短时间内低浓度 NH_3 可由尿排出，但长时间高浓度中毒则不易缓解，使中枢神经麻痹，中毒性肝病，心脏损伤。④使抵抗力和免疫力降低。⑤降低生产力，饲料利用率下降。兔舍内 NH_3 的浓度应不超过 30 立方厘米/立方米。

（二）硫化氢

硫化氢（H_2S）是一种无色、易挥发、具有强烈臭鸡蛋气味的腐蚀性剧毒气体，对空气的相对体积质量为 1.19，标准状况下，1 毫克 H_2S 为 0.649 7 毫升，易溶于水，在 0℃时，1 体积的水可以溶解 4.56 体积的 H_2S。兔舍中的 H_2S 是由含硫有机物分解所产生，主要来自于粪便，尤其当给予家兔以富含蛋白质的日粮时；同时家兔消化机能紊乱时，可从肠道排出大量 H_2S 气体。管理良好的封闭式兔舍中，H_2S 浓度在 15 毫克/米^3 以下，如管理不善、通风不良时，其浓度达到较高程度。厌氧处理也会产生大量 H_2S，粪肥搅拌、沼液泵出施肥、沼渣清理等过程中将释放出极高浓度的 H_2S，通常会达到 1 000 毫克/升。

硫化氢对家兔的危害：①引起的症状类似 NH_3，但有区别。H_2S 遇到家兔黏膜上的水分可以很快溶解，并与钠离子结合生成 Na_2S，对黏膜产生一定的刺激作用，引起眼炎和呼吸道炎症，严重时发生肺水肿。②经肺泡进入血液，与氧化型细胞色素氧化酶中的三价铁结合，使酶失去活性，影响细胞氧化过程，造成组织缺氧。③长期处于低浓度 H_2S 环境中，家畜体质变弱，抗病力下降，容易发生肠胃炎，心脏衰竭等。高浓度的 H_2S 可以直接抑制呼吸中枢，引起窒息死亡。兔舍内 H_2S 的浓度应不超过 10 立方厘米/立方米。

(三)二氧化碳

二氧化碳(CO_2)为无色、无臭、略带酸味的气体，对空气的相对体积质量为 11.524，在标准状态下，1 升 CO_2 重量为 1.96 克，每毫克的容积为 0.509 毫升。畜舍中 CO_2 的主要来源为家畜呼吸。

二氧化碳对家兔的危害：CO_2 本身无毒性，它的危害主要是造成缺氧，引起慢性中毒。家畜兔长期在缺氧的环境中，表现精神萎靡、食欲下降、生产力下降，对疾病的抵抗力减弱，特别是对于结核病等传染病易于感染。兔舍内 CO_2 的浓度应不超过 3 500 厘米^3/米^3。

CO_2 的卫生学意义在于，它表明畜舍空气的污浊程度；同时亦表明畜舍空气中可能存在其他有害气体，因此 CO_2 的存在可以作为畜舍空气卫生评价的间接指标。

(四)一氧化碳

一氧化碳(CO)为无色、无味、无臭的气体，对空气的相对体积质量为 0.967，在标准状态下，1 升 CO 重 1.25 克，每毫克的容积为 0.8 毫升。一氧化碳比空气略轻，燃烧时呈浅蓝色火焰。在畜舍空气中一般没有 CO，冬季在封闭式畜舍内生火炉取暖时，如果煤炭燃烧不完全，可能产生 CO，特别是在夜里，门窗关闭，通风不良，此时 CO 浓度可能达到中毒的程度。

一氧化碳对家兔的危害：CO 是对血液循环、神经造成损害的一种有害气体，能够与血红蛋白活性中心四级结构中铁卟啉中的铁结合，抑制血红细胞对氧的运输。高浓度的 CO 可使家兔头痛、晕眩、恶心、呕吐，甚至出现昏迷或死亡。兔舍内 CO 的浓度应不超过 30 厘米^3/米^3。

二、兔舍空气中尘埃和微生物

(一)尘埃

尘埃是指空气中夹杂的固体微粒,其粒径一般在1 000微米以下,小于100微米者居多,称为粉尘。粉尘中粒径大于10微米的沉降较快,称为降尘;粒径小于10微米的降落较慢,甚至可长期飘浮形成烟云,称为飘尘。由于飘尘能长期飘浮在空气中,危害最大。

大气中的尘埃多半是随风飘浮的土壤微粒、工业排放的烟尘和粉尘,还有动植物碎屑(粪、毛、皮屑、茎叶碎片、花粉等),其中无机尘粒占2/3～3/4。兔舍中的尘埃除由大气带入外,主要来自打扫地面、翻动垫草、分发干草和饲料等操作,其中有机尘粒可占50%或更多,粒径以小于5微米者居多。

尘埃对家兔的危害:尘埃落入眼睛可引起灰尘性结膜炎或其他眼病;进入呼吸道后可刺激呼吸道黏膜引起炎症,还可影响家兔的呼吸和对氧气的利用。尘埃最大的危害在于其为微生物提供了营养和庇护,使微生物既可获得营养,又可避免不良环境的危害,从而促进病原微生物的繁衍和传播。尘埃还可大量吸附NH_3和H_2S等有害气体,使其在兔舍中大量蓄积,加剧其危害。兔舍内空气中的微粒按飘尘计算应不超过0.5毫克/米^3。

(二)微生物

大气环境因空气干燥,缺乏营养,有太阳紫外线照射,故对微生物生存不利,但空气气溶胶(悬浮的固体微粒和液体微滴)却可为微生物提供营养和庇护,并随其广泛传播,如微生物以粒径为5微米的尘粒或微滴为载体,可沿风向传播30千米。刮风天气大气含尘量高,微生物含量也随之增加,而降雨天气可使尘埃和微生物含量减少,使大气变得清新。大气中的微生物含量因季节、天气等条件不同而变化很大,一般每立方米空气可含数百、数千甚至数万个微生物，种类约有100种，但大部分是非致病菌。而兔舍空气中因含尘量高、紫外线弱、微生物来源多，故微生物含量比大气中多得多，严重危害家兔健康。兔舍空气中的细菌数应不超过5万～10万个/立方米。

三、噪声

家兔胆小怕惊，无规律的噪声极易引起家兔不安，使其在笼中乱窜、碰撞而发生损伤；突然的噪声可引起妊娠母兔流产或产仔期难产，哺乳母兔拒绝哺乳，甚至发生残食仔兔等严重后果。兔场环境的噪声应不超过85分贝，在我国《实验动物环境及设施标准》(GB 14925—2001)中规定：饲养实验兔的兔舍噪声应不超过60分贝。

四、兔舍空气环境的净化措施

(1)日常操作时(地面的清扫、产箱垫草的填换、粪便的清理、干草和饲料的投放等)，要小心谨慎，防止扬起灰尘；干燥季节可适当喷雾(结合消毒最好)，降低粉尘的产生。

(2)及时清除粪尿。粪尿是有害气体的主要来源，要防止粪尿在畜舍内的积存和腐败分解。清洗和消毒可以使畜舍空气中的细菌数量下降。粪尿上喷洒过磷酸钙吸收氨气。过磷酸钙能吸附氨气生成铵盐，从而降低舍内氨气的浓度。

(3)畜舍中保持良好的通风状态。保持一定的通风量是减少舍内有害气体的有效措施，通过合理地组织畜舍的通风换气，可以排出舍内多余的有害气体和水汽，并及时排出舍内微粒。机械通风时可在进气口设防尘装置，进行空气过滤。

(4)加强畜舍防潮保温，使舍温不低于露点温度。潮湿的畜舍、四壁和其他物体表面一旦达到露点就会出现水滴凝结，它们可以吸附大量的氨和硫化氢，当舍温升高时，挥发出来污染空气，因此舍内保温隔

热设计是防潮的重要措施。

(5)饮水或饲料中添加微生态制剂(如河北农业大学山区研究所研制的生态素),以降低兔舍臭味和减少蚊蝇数量。

(6)兔场周围设防疫沟,防止小动物将病原微生物带入场内。及时隔离病畜,及时消毒畜舍,结合带畜消毒彻底清除舍内病原微生物,避免病原微生物的传播。

(7)兔场周围植树,场内地面种草,是调节兔场小气候和减少空气灰尘的有效措施。绿化可以使尘埃减少 35%～67%,使细菌减少22%～79%。

(8)尽量保持舍内安静,避免猫、犬等动物惊扰家兔。

第四节　规模化生态兔场环境污染的控制措施

一、养殖场污染对环境的危害

(一)污染空气

畜禽粪尿中含有大量的有机物质,分解后会产生氨、硫化氢、甲基硫醇、粪臭素等有害气体。这些有害气体结合粉尘、微生物等排入大气后,可通过大气的气流扩散、稀释、氧化和光化学分解、沉降、降水溶解、地面植被和土壤吸附等作用而得到净化。但当污染物排放量超过大气的自净能力时,将影响空气质量,导致动物应激,引发呼吸道疾病,甚至刺激人的嗅觉,影响人类健康。

(二)损坏水质

畜禽养殖场中高浓度、未经处理的污水和固体粪污被人为冲洗和降雨冲刷流入江河、湖泊、池塘或渗入地下水后，使水中固体悬浮物、有机物、微生物和重金属等含量升高，改变水体的物理、化学和生物群落组成，使水质变坏。粪污中有机物的生物降解或水生生物的繁衍大量消耗水体溶解氧，使水体变黑发臭，水生生物死亡，发生水体富营养化，水资源受到严重破坏，严重影响人畜饮水和生态平衡。

（三）侵蚀土壤

粪污中含有大量的有机质，流入土壤后被微生物分解后产生氨、胺、硝酸盐、磷酸盐等，通过土壤自然净化大部分能被植物吸收利用。但是，如果粪污排量超过土壤消纳自净能力，便会出现降解不完全和厌氧腐解，产生恶臭物质和亚硝酸盐等有害物质，导致土壤孔隙堵塞、透气透水性下降及板结，造成土壤结构破坏。同时，畜禽饲料中通常含有一定剂量的重金属微量元素、抗生素等添加物质，经过消化吸收排出后，仍大量残留在排泄物中。这种粪污作为有机肥料长期使用，在土壤中富集，不仅对土壤本身结构造成破坏或改变，对农作物生长产生不利影响；而且还通过食物链危害人和动物的健康。土壤的污染也极易引起地下水污染。

（四）传播病菌

粪污中含有大量的病原微生物和寄生虫卵并滋生蚊蝇，如不及时有效处理，会使环境中病原种类增多，病原微生物和寄生虫大量繁殖，引起人畜传染病的发生、蔓延，危害人畜健康。

（五）影响畜产品安全

饲料中微量元素、抗生素、激素类添加剂的超量使用及疫苗、兽药的滥用，对畜产品造成污染，影响畜产品安全，最终危害人类健康。

二、造成养殖场污染的主要原因

1. 畜禽养殖业的环境管理起步晚，农业与环境政策脱节

畜禽养殖业的迅速发展一直是农业部门的政策目标，各级农业部门都将畜牧业的发展作为农业产业结构调整、实现农业增长的重点内容加以推行。但由于环境保护不是其核心职能，因此，在其政策中没有充分体现畜禽养殖业污染防治内容。同样，环保部门过去由于工作重点主要集中在城市和工业，因此没有将畜禽养殖污染防治纳入其水污染、大气污染、固体废弃物污染防治的重点内容中。这样一来，农业部门对促进包括畜禽养殖在内的农业发展的职能非常明确，而环保部门对环境管理（包括对畜禽养殖业污染在内的农村环境管理）却缺乏相应的职能和手段，所以畜禽养殖业的环境管理基本上处于放任自流的状态。

2. 缺乏规划，场址与布局建造不合理

为了解决城市居民的肉、蛋、奶问题，我国兴建了大量规模化养殖场，考虑到运输成本，早期兴建的养殖场多建在交通比较便利的城乡结合地区，未经科学规划，选址、栏舍建设都存在很大的随意性，不少养殖场建在村庄旁、河流溪沟畔；栏舍建设多数是边发展边建设，左一列、右一排，布局零乱、建造简陋、设施陈旧，极易对周边人居环境造成影响。

3. 缺少投入，粪污处理设施不完善

一方面，畜禽养殖业主多数是普通农户逐步发展壮大的，经济基础比较薄弱；另一方面，养殖业是微利产业，而污染治理投资与运行费用相对较高，多数养殖场户在资金上自身难以承受。因此，相当一部分养殖场在规划设计时，忽视粪污对环境和畜禽自身的影响，缺乏有效收集、处理、综合利用粪污的配套技术与设施，大量未经处理的畜禽粪污随意排入河、溪、田、塘，对环境造成污染。

4. 认识不足，环保意识不强

不少畜禽养殖场只注重养殖增效，不重视生态环保。对进行粪污治理改造缺乏主动性，不愿花钱建设粪污处理设施项目，对栏舍冲洗用水很少控制，污水随意排放；畜禽粪便随处堆放，不建造堆放设施，粪便任其风吹日晒，遇到下雨天，污水横流、臭气熏天，严重影响了养殖场及其周边环境。

5. 农牧脱节，粪污资源不能有效利用

20 世纪 80 年代以前，我国畜禽养殖业非常落后，在农村是以副业的形式出现，种植、养殖一条龙，畜禽粪便绝大部分作为农家肥料直接施入农田，对环境污染较轻。随着集约化养殖的兴起，养殖场规模逐渐变大、饲养数量增多，由于受土地资源的制约，不少规模畜禽养殖场没有足够的配套土地，造成农牧脱节，不能对畜禽粪污（特别是污水）进行就地、及时的消纳和有效加以利用。随着改革开放的进行，大量农民工进城务工，使得农村劳动力紧缺，留下从事种植业生产的多数是弱劳动力。由于粪肥体积大、用量多，畜禽粪便还田费劳力、成本高，而化肥具有肥效高，运输、贮存、使用方便等特点，深受农民的欢迎，现代农业的化肥代替传统的有机粪肥导致畜禽粪肥的还田利用率降低，这是规模化养殖场造成环境污染的一个重要原因。农牧脱节现象致使畜禽粪便发生了变“宝”为“废”、变“利”为“害”的质的转变。

6. 生产不规范，兽药、饲料添加剂使用不当

随着规模化养殖业的发展，为防止发生疫病和促进畜禽生长的需要，养殖者长期大量使用疫苗、抗生素、金属微量元素等，导致药物残留，对畜产品和环境造成污染。

三、养殖场污染防治基本原则

（一）减量化原则

鉴于我国畜禽养殖发展迅速、污染排放大的特点，在畜禽污染防治上首先应强调减量化原则，即通过养殖结构调整及开展清洁生产，减少畜禽粪便的产生量。可从养殖场生产工艺改进入手，采用清污

分流、粪尿分离等手段减少污染物的产生和数量；采用用水量少的干清粪工艺，减少污染物的排放总量，降低污水中的污染物浓度，从而降低处理难度和成本，同时也可使固体粪污的肥效得以最大限度地保存和处理利用。也可从饲喂的角度出发，通过改进饲料配方，提高畜禽对饲料营养物质的消化率和利用率，以减少畜禽粪尿的排泄量和氮、磷的产生量。

(二)资源化原则

资源化利用是畜禽粪便污染防治的核心内容。畜禽粪便是一种有价值的资源，经过处理后可作为肥料、饲料、燃料等，具有很大的经济价值。未被利用的畜禽粪便大量流失，不仅污染环境，而且造成了资源的巨大浪费，同时也降低了土壤肥力和农产品质量。在绿色食品、有机农业呼声日益高涨的今天，利用好畜禽粪便资源，不仅可减轻对环境的污染，还可提高土壤有机质含量，提高土壤肥力，进而提高农产品品质。因此，对畜禽污染的防治要提倡畜禽粪便资源化和综合利用的方法，坚持以利用为主、利用与污染治理相结合的原则。

(三)无害化原则

畜禽粪便在资源化利用时必须注意无害化问题，因为畜禽粪便中含有大量的病原体，会给人、畜带来潜在的危害。故在利用之前要进行粪便和污水的无害化处理，使其在利用时不会对牲畜的生长产生不良影响，不会对作物产生不利的因素；排放的污水和粪便不会对地下水和地表水产生污染等。

(四)生态化原则

根据物质循环、能量流动的生态学基本原理将畜牧业回归农村，促进种植业与畜牧业紧密结合，以农养牧、以牧促农，实现生态系统的良性循环，是我国解决畜禽养殖污染的主要途径之一，也是我国实现农业可持续发展的必由之路。加强农牧结合，既可减轻畜禽粪便对环境的污染,又可为绿色食品及有机食品的生产提供基础保障,进而提高产品质量和经济效益,这是我国农业发展的主要方向。

(五)产业化原则

畜禽粪便收集和处理以及达标排放,必须遵循谁污染谁治理的原则。同时可采用产业化和专业化运作模式,吸引社会各界投资,这种社会化服务是社会发展的趋势。固体粪便堆肥、污水处理产业化不仅可为畜禽养殖场解决污染,而且可为绿色食品生产提供可靠的物质保障,并通过出售有机肥提高经济效益。通过产业化吸引多方投资和通过专业的运营可以实现环境、农业和投资者多赢的局面。

四、规模化兔场环境污染的控制措施

(一)从生产流程控制环境污染

规模化兔场饲养规模大,集约化程度高,有利于提高家兔的饲养技术、防疫能力和管理水平。与传统方式相比,规模化饲养能大大提高生长速度和饲料转换率,从而有利于降低兔场的饲养成本,增加经济效益。然而集约化养殖场却存在着诸多环境方面的隐患,它们每天要向外部环境排放大量粪尿等污染物,这些粪尿污水若得不到及时处理,任其随意排放就会污染周围环境,特别是兔场附近的土壤生态系统。因此,首先要从生产流程角度来控制兔场污染物,合理地选择厂址,科学规划设计兔场,减少环境污染。

过去许多规模化兔场过多考虑运输、销售等生产成本而忽视其对环境的潜在威胁,往往将场址选择在大中城市的城郊或靠近公路、河流水库等环境敏感的区域,以致产生了严重的生态环境问题,现在不得不重新面临搬迁。因此,建场时一定要把兔场的环境污染问题作为优先考虑的对象,将排污及配套设施规划在内,充分考虑周围环境对粪污的容纳能力。在场址的选择上,应尽量选择在偏远地区、土地充裕、地势

高燥、背风、向阳、水源充足、水质良好、排水顺畅、治理污染和交通方便的地方建场；同时可在兔场的周围构筑防护林，以降低风速，防止气味传播到更远距离，减少臭气污染的范围；防护林还可降低环境温度，减少气味的产生与挥发；树叶可直接吸收、过滤含有气味的气体和尘粒，从而减轻空气中的气味；树木通过光合作用吸收空气中的二氧化碳，释放出氧气，可明显降低空气中二氧化碳浓度，改善空气质量。

(二)从营养角度控制环境污染

科学合理的配制日粮，可以提高饲料的利用率，减少污染物的产量，从源头控制污染。

1.减少家兔粪便中氮的排出

(1)消除饲料中的抗营养因子　目前，我国家兔日粮多以玉米——豆粕型为主，在这些植物性饲料原料中含有大量的抗营养因子，如蛋白酶抑制因子、凝集素等，这些抗营养因子的存在对日粮蛋白质的消化吸收会产生不利的影响。经过适当的加工处理，如加热、膨化、制粒、添加酶制剂等可以消除日粮中的抗营养因子对日粮中粗蛋白消化，吸收的影响，实践证明，加热处理过的大豆饼粉比未加热处理的氨基酸的消化率提高30%以上，饲料中蛋白质的消化吸收率的提高，相应减少了粪便中氮的排出量。

(2)按理想蛋白模式配制日粮　动物对蛋白质的营养需要实际是对氨基酸营养的需要，饲粮蛋白质中氨基酸比例越平衡，就越容易被机体所利用，其营养价值也就越高。在配合日粮时，为满足动物第一限制性氨基酸的需要，往往会加大蛋白质比例，这就造成其他氨基酸过量，而在体内分解，通过粪尿排出。日粮中各种氨基酸的比例应由动物品种、年龄、生产目的等因素决定。因此理想蛋白质指满足动物维持生命活动和为了一个特定生产目的所需的最佳日粮氨基酸比例。在实际生产中，按理想蛋白质模式，可消化氨基酸为基础添加合成氨基酸，配制成符合家兔营养需要的平衡日粮，可以适当降低饲料粗蛋白质水平而不影响家兔的生产性能。

(3)降低粗蛋白含量　减少氮排泄量的最有效方法是在保证日粮氨基酸需要的前提下,降低日粮的粗蛋白含量。工业合成氨基酸的诞生使降低日粮粗蛋白质的做法成为可能。欧洲饲料添加剂基金会指出,降低饲料中粗蛋白质含量而添加合成氨基酸,可使氮的排出量减少20%～50%。如果以理想蛋白质模式和降低粗蛋白质含量,添加必需氨基酸数量为基础制作配方将改善氮的利用率。我国目前低氮日粮没有得到推广,原因在于人们还没有充分认识到低氮日粮对节约蛋白质资源以及对环境的好处。

(4)添加外源蛋白酶,提高蛋白质利用率　随着酶工业的发展,各种酶制剂相继应用于饲料工业中,这不仅可以提高蛋白质的利用率,降低氮的排出量,而且可以提高畜禽生产能力。现在开发的蛋白酶主要包括胃蛋白酶、胰蛋白酶、木瓜蛋白酶、菠萝蛋白酶等,其主要作用是将动物摄取的饲料蛋白质分解为小分子的肽或氨基酸,被动物吸收后用于重新组合成自身的蛋白质。在配制家兔日粮时,可适当添加蛋白酶以提高蛋白质的利用率。

(5)分阶段饲喂　家兔各个生长阶段的营养要求是不相同的,实行阶段饲养,可以满足动物不同生长阶段的不同营养需要,按生长阶段和季节进行阶段饲喂是减少氮排泄的有效措施,可有效降低氮的排泄量,减少对环境造成的污染。

2.减少畜禽粪便中磷的排出

畜禽排泄的磷是水质污染和湖泊等地表水富营养的原因之一。植物性饲料中约75%的磷是植酸磷,大部分不能被畜禽利用,随粪尿排出,会使局部地区土壤和湖水中的磷浓度超过卫生标准,造成土壤的营养累积和水体的富营养化,引起严重的环境污染。而利用植酸酶可减少磷的排泄量,日粮中添加植酸酶,可释放出动物能够利用的磷,从而使原经粪便排泄的磷被消化利用,粪便中磷的排泄量减少到30%至50%。禾本科饲料中含有丰富的植酸酶,小麦中所含磷的利用率为50%,而其他饲料原料如玉米、高粱等磷的利用率仅为12%～25%。因此可将植酸酶作为饲料添加剂用于家兔日粮的配制。

3.减少微量元素的排出

在日粮中添加高剂量的铁、铜、锌具有一定的促生长作用，但在实际生产中其添加量大大超出适宜需要量，过多的部分未能被动物完全吸收利用而随粪便排出体外，对环境造成污染。在加拿大，国家饲料协会已将日粮中铜锌的最大限量规定为125毫克/千克和500毫克/千克。当日粮中的含量刚好满足动物体的需要时，这两种物质在粪便中的排出量会显著降低。

研究发现，有机微量元素的生物学效应明显高于无机微量元素，在饲料中用有机微量元素替代无机微量元素，可以减少微量元素的添加量，减轻兔粪中微量元素对环境的污染。随着科技的发展，微量元素添加剂已由无机微量元素经过有机微量元素发展为现在的第三代产品——微量元素氨基酸螯合盐。微量元素有机物（包括微量元素氨基酸螯合盐和有机酸微量元素）具有生物学效价高，改善畜禽生产性能，增强畜禽免疫机能等优点。微量元素氨基酸螯合盐可以明显降低微量元素在日粮中的添加量，相应减少其在排泄物中的排出量，减少环境污染。

4.使用微生态制剂提高饲料转化率

家兔服用微生态制剂，在兔体内创造有利于生长的微生态环境，维持肠道正常生理功能，促进肠道内营养物质的消化和吸收，提高饲料利用率，同时，还能抑制腐败菌的繁殖，降低肠道和血液中内毒素及尿素酶的含量，有效减少有害气体产生。

（三）从饲养管理角度控制环境污染

1.加强饲养管理

严格控制养兔场环境，既能保证良好的舍内环境条件，又能有效防止养兔场内外的相互污染。为此，一要加强饲料卫生质量监测，严禁使用被污染的饲料原料；二要加强水源卫生质量监测，严禁使用被污染的水源，最好采用自动饮水器；三要保持畜舍清洁、卫生、干燥、通风，维持良好的生存和生产小环境；四是严格执行消毒措施，包括进出人员消毒、环境消毒、畜舍消毒、用具消毒、带畜消毒、贮粪场消毒、病尸消毒等；五要严格执行病畜隔离制度，加强对病死兔的处理措施；六要采取合理的粪尿、污物处理措施，减少蛆、蝇、蚊、螨等害虫的繁殖，降低环境污染，消除循环污染。目前粪尿、污物的主要处理措施有：作肥料、制成饲料、用于沼气发酵、污水净化等，尽量避免将粪尿、污物直接用作饲料和肥料。

2.畜用防臭剂的使用

为减轻畜禽排泄物及其臭味的污染，从预防的角度出发，可在饲料中或兔舍内添加各种除臭剂。沸石是一种常用的除臭剂，对氨、硫化氢、二氧化碳以及水分有很强的吸附力，因而可降低兔舍内有害气体的浓度，同时由于它的吸水作用，降低了舍内空气湿度和兔粪的水分，也可减少有害气体的产生。与沸石结构相似的膨润土、海泡石、蛭石和硅藻土等均有类似的吸附、除臭作用。

在兔舍或粪便上喷洒益生素也可以消除粪尿恶臭，净化环境。因为益生素中含有酵母菌、乳酸菌等有益生物菌群，对有机固体物质进行发酵分解，同时光合成菌、固氮菌等细菌可利用分解过程中产生的有害物质（沼气、氨气、硫化氢等）及分解产物（无机盐）进行合成，有效降低了环境中有害物质的含量。

3.改进清粪工艺

对兔场的粪便污水治理，改变过去的末端治理模式，改进生产工艺，采用干清粪法。通过干粪与尿、冲洗水分离，减少污染源的处理数量和难度，实现干粪与污水的各自处理利用，干粪堆积发酵，污水经处理达标后还田或排放。

4.严格规范用药

为保证养兔业生产的健康发展，必须规范用药措施。一要根据国家出台的《饲料药物添加剂使用规范》和《禁止在饲料和动物饮用水中使用的药物品种目录》等文件，严格限制或禁止使用对人体有害药物添加剂（如抗生素、镇静剂类药物），提倡使用益生素、酶制剂、天然中草药等；二要合理使用消毒药，尽量少用或不用对环境易造成污染的消毒药

物(如强碱、强酸、醛类等药物),尽量采用高效、低毒、广谱的消毒药物;三要合理使用治疗药物,严格按照不同生理状态的用药规定用药,严格执行用药安全期制度,不要造成药物在兔体内的大量残留而危及人类健康和造成环境污染。

(四)从生物净化角度控制环境污染

为了有效控制养兔场对周围环境造成的污染,必须遵循现代生态学、生态经济学的原理和规律,采取经济有效、方便可行的方法,遵循"无污化、资源化、低成本、高效率"的原则逐步削减污染物,以使兔场周围的土壤、水体及大气自然生态系统免受污染。国内外普遍应用的以养殖业为中心,将养殖业与种植业紧密结合,运用生物工程技术对粪尿等排泄物进行厌氧发酵,将沼液、沼渣、沼气综合应用于农业种植和居民生活,形成良性的物质循环,促进生态养殖业、生态农业共同发展,实施集种、养、副和加工业为一体的种植业—养殖业—沼气工程三结合的物质循环利用型生态工程。在这个系统中,畜禽得到科学的饲养,物质和能量获得充分的利用,环境得到良好的保护。因此,生产成本低,产品质量优,资源利用率高,能收到经济效益与生态效益同步增长的效果。

用畜禽粪便养殖蚯蚓也是处理畜禽粪便的有效方法,可以取得一举两得的效果。以畜禽粪便作为饲料养殖蚯蚓,经蚯蚓消化处理的蚯蚓粪,呈团粒结构,无臭味和异味,是十分理想的优质有机肥料,可用于草坪、蔬菜、花卉、果树等作物;蚯蚓可用于生产蚓激酶医药制剂,或用作特种养殖的高蛋白动物饲料及垂钓饵料。

第五节　规模化兔场污染物的综合处理技术

随着社会的发展,环境保护日益得到重视,养殖场废弃物对环境的污染被列为继工业污染、城市废水污染之后的第三大污染源，畜禽养殖污染防治已经迫在眉睫。养殖场废弃物对环境的污染主要体现在2个方面：一方面是畜禽排泄物对环境造成的污染，另一方面是有机污水带来的污染。除此之外，病死动物尸体、污染的垫草、注射用器具、药品包装盒等也会对环境造成污染。

排泄物是畜牧生产中最主要的污染源，表现为有机物的污染（主要为含N、P）、空气污染（CO、NH_3、H_2S、甲烷、胺类、醛类、粪臭素、硫醇等）、生物污染（致病菌、寄生虫卵等）、金属元素污染（Se、Cu、Zn、As等）。病死动物尸体、污染的垫草、注射用器具、药品包装盒等的污染主要表现为病畜尸体携带的致病菌和医疗器具的药物残留对周围的水源和土壤带来环境污染，影响动物和人体健康。

规模化养兔场废弃物对环境造成污染的重要原因是没有对养兔场废弃物进行综合管理。主要表现：一是大多数养兔场都集中在城市郊区，缺少足够自然消纳兔粪尿的耕地，造成兔粪堆积，粪尿横流，产生的废气（NH_3、H_2S、CO_2）造成环境恶化，对兔机体慢性刺激，导致机体抗病力下降，罹患疾病，甚至威胁人类的健康。二是养兔场每天排出的污水直接流入水域和池塘，这些污水中含有大量的病原微生物和其他有机物，当它通过稀释、沉淀、吸附、分解、降解等一系列自净作用后仍无法达到环保要求时，就必然会对水质产生污染，使水生生物大量繁殖，消耗水中氧气，使植物根系腐烂、鱼虾死亡，产生H_2S、NH_3、硫醇等恶臭物质，人与家兔饮水或生活其中，常常引起过敏反应和发生中毒性疾病。三是病死兔尸体、污染的垫草、注射用器具、药品包装盒等未经过无害化处理就被随意丢弃或掩埋，致病菌和药物残留对周围的水源和土壤造成了污染。规模化养兔场中出现的常见多发病，并非全都是外来感染，而主要还是饲养环境恶化造成的。

针对规模化养兔场废弃物对环境造成的污染，可以从以下几个方面进行综合处理。

一、合理处理和利用家兔粪尿

为防止环境污染,保障人民身体健康,防止重大动物疫病发生,促进养兔业可持续发展,我们必须要加强养兔场粪便的科学贮存与使用。

①养兔场产生的兔粪应设置专门的贮存设施,其恶臭及污染物排放应符合《畜禽养殖业污染物排放标准》;贮存兔粪的位置,必须远离各类功能地表水体(距离不得小于400米),并应设在养兔场生产及生活管理区常年主导风向的下风向或侧风向处;专门的贮存兔粪的设施应设置顶棚等防止雨水的设施,并采取有效的防渗处理工艺,防止兔粪污染地下水。

②对于种养结合的养兔场,兔粪贮存设施的总容积,不得低于当地农林作物生产用肥的最大间隔时间内本养兔场所产生粪便的总量。

③兔粪必须经过无害化处理,并且符合《粪便无害化卫生标准》后,才能进行土地利用。养兔场的粪便必须通过堆积发酵、沼气发酵。固体粪肥的堆制可采用高温好氧发酵或其他适用技术和方法,以杀死其中的病原菌和蛔虫卵,缩短堆制时间,实现粪便无害化。高温好氧堆制法分自然堆制发酵法和机械强化发酵法,可根据本场的具体情况选用。兔粪还田时,不能超过当地的最大农田负荷量,避免造成面源污染和地下水污染。

④经过处理的兔粪作为土地的肥料或土壤调节剂来满足作物生长的需要,其用量不能超过作物当年生长所需养分的需求量。在确定粪肥的最佳使用量时,需要对土壤肥力和粪肥肥效进行测试评价,并应符合当地环境容量的要求。对高降雨区、坡地及沙质容易产生径流和渗透性较强的土壤,不适宜施用粪肥;粪肥使用量过高易使粪肥流失引起地表水或地下水污染时,应禁止或暂停使用粪肥。

⑤对没有充足土地消纳利用粪肥的大中型养兔场和养殖小区,应建立集中处理兔粪的有机肥厂或处理(置)机制。

⑥小型养殖区的污水处理主要通过沉淀、过滤和消毒等程序进行,

而一些大中型的养兔场由于污水排放量较大,一次处理后仍无法达到排放标准,需要进行二次处理后才能排放,可以采用人工湿地生物滤床的方法。

目前,我国的畜禽粪便处理大致可分为:施用于农田作肥料、用于沼气发酵和制成饲料等方式。

1.用作肥料

兔粪尿中的主要成分是粗纤维以及蛋白质、糖类和脂肪类物质,还有一些微量元素,因此可将兔粪由废弃物变为资源,直接作为肥料施入农田可改善土壤的团粒结构,提高土壤的保水、保肥能力,改良土壤,粪肥在保持和提高土壤肥力的效果上远远超过化肥。走"农牧结合"、"渔牧结合"、"果牧结合"等生产形式,将粪便作为肥料还田是一种促进农牧良性循环、维持生态平衡的有效措施。将兔粪由废弃物变为肥料的关键是,去臭、杀菌、去水分、分解有机物,使之变为植物易吸收的营养成分。

由于目前畜禽饲料中重金元素的不充分利用以及饲料添加剂的不适当使用,粪便直接返还农田,会造成重金属等的富集,对土壤、地下水造成污染。粪便需经过物理、生物处理后,才能还田使用。堆肥法是一种好氧发酵处理粪便的方法,通过在粪便中添加活菌制剂改变粪便中的细菌结构,利用微生物分解粪便中的有机物,放出 H_2S、NH_3 等气体,使非蛋白氮转化为可消化氮,分解过程产生的高温杀死粪便中的病原微生物、寄生虫及其卵等,腐熟的粪便中大分子有机物被降解为易被植物吸收的小分子物质,实现兔粪的无害化处理,使兔粪变成高效有机肥料。畜禽粪便发酵模式处理兔粪是在生物菌的分解作用下进行,温度逐渐升高,并保持 60～70℃之间,对兔粪中的营养形不成损失,反而促进了粪便中大分子养分向小分子养分的转变并衍生出更多有利作物生长的物质,这样的有机肥使植物更易吸收,增强了有机肥的速效性。利用兔粪发酵堆肥模式生产有机肥料,可以多掺、少掺和不掺农作物秸秆,掺农作物秸秆更好,兔粪与农作物秸秆比例3∶1,生产出的肥料有机质含量可达 85%以上,秸秆还田能保持土壤结构,提高土壤肥力,有

利农业生产，减少秸秆焚烧，有利环境卫生。大型养兔场建工厂将兔粪加工成有机肥料，是增加收益、减少排泄物污染的一条好途径。

堆肥操作需要注意以下几个方面：

(1)堆肥时间　堆肥时间随 C/N、湿度、天气条件、堆肥运行管理类型及废物和添加剂种类不同而不同，运行管理良好的垛发酵堆肥，在夏季其堆肥时间一般为 14～30 天，复杂的容器内堆肥只需 7 天即可完成。实际堆肥时间要考虑堆肥固化和贮存时间。

(2)温度　堆肥初期，堆肥物质温度同外界温度，但随着细菌微生物的繁殖，温度迅速上升。要想杀灭病原体，堆肥温度要超过 55℃。若湿度或氧气不足，或食物来源消耗殆尽，则堆肥温度下降。利用翻堆充氧的堆肥方法，温度常随着翻堆而变化。

(3)湿度　过低或过高的湿度会使堆肥速度降低或停止。湿度过高会使堆肥由好氧转变为厌氧，产生气味。高温可去除大量水分，堆肥混合物或许会过于干燥，需要补充水分。

(4)气味　气味是堆肥运行阶段的一个良好指示器。腐烂气味可能意味着堆肥由好氧转为厌氧，厌氧条件是缺氧造成的，也可能是湿度过大造成的，需要翻堆充氧。

2.用于沼气发酵

沼气是有机物质在厌氧条件下，经过微生物的发酵作用而生成的一种可燃气体。由于这种气体最先是在沼泽中发现的，所以称为沼气。人畜粪便、秸秆、污水等各种有机物在密闭的沼气池内，在厌氧条件下发酵，即被种类繁多的沼气发酵微生物分解转化，从而产生沼气。通过厌氧发酵装置获得的沼气中，甲烷含量高达 70%以上，可以直接燃烧用于做饭、烘干农副产品、供暖、照明和气焊等外，还可作内燃机的燃料以及生产甲醇、福尔马林、四氯化碳等化工原料；经沼气装置发酵后排出的沼液和沼渣，含有较丰富的营养物质，可用作肥料和饲料。它的优点主要是经济实用、环保低耗、处理量大、程序简单、无二次污染、便于操作和掌握。

(1)沼气的用途　沼气是一种优质的气体燃料，可用于做饭、供暖、气焊等或用来发电;亦可把沼气通入温室大棚,利用沼气燃烧产生的 CO_2 进行气体施肥,以达到增产的效果;还可利用沼气中甲烷和 CO_2 含量高、含氧量极低、甲烷无毒的特性,来调节贮藏环境中的气体成分,控制粮食、水果的呼吸强度,减少养分的消耗,实现无虫保鲜。

(2)沼液的用途　沼液中含有多种营养元素和微量元素,长期施用沼液肥,能增强土壤保水保肥的能力,改善土壤的理化性状,使土壤中有机质、总氮、总磷及有效磷等养分均有不同程度的提高;用沼液浸泡各种农作物种子,具有催芽、刺激生长和抗病作用;沼液作为无土栽培的营养液,既适合植物的营养要求,又可节约成本;沼液还可排入鱼塘,促进水中浮游生物的生长,增强鱼池活性,保存水中的溶解氧,以减少鱼病、提高成鱼产量。

(3)沼渣的用途　沼渣含有较全面的养分和丰富的有机物,是优质有机肥料,可以做基肥也可以做追肥;亦可作为鱼饲料用于养鱼,降低养殖成本。

规模化养兔场可以运用生物工程技术对家兔的排泄物进行厌氧发酵,将沼液、沼渣、沼气综合运用于农业种植,形成良性循环,建立种植业—养殖业—沼气三结合物质循环系统,利用生态工程搞种植业—养殖业—加工业—沼气四结合的生态工程。

实践证明,利用沼气技术治理畜禽粪污,能在常温条件下使污染物生化需氧量(BOD)减少70%~90%,是使养殖业有机废弃物达到无害化处理、资源化利用的最佳途径。在此方面,政府应以法律形式明文规定适当规模的养殖户,均应配建厌氧净化沼气池,使畜禽粪便污水得到无害化处理和资源化综合利用。今后凡新建、改建和扩建的养兔场,必须按建设项目环境保护法律、法规的规定,进行环境影响评价,办理有关审批手续。配建治理畜禽养殖污染的沼气工程,必须与主体工程同时设计、同时施工、同时使用。

发酵是复杂的生物化学变化,有许多微生物参与。反应大致分两个阶段:①微生物把复杂的有机物质中的糖类、脂肪、蛋白质降解成简单的物质,如低级脂肪酸、醇、醛、二氧化碳、氨、氢气和硫化氢等。②由

甲烷菌种的作用，使一些简单的物质变成甲烷。要正常地产生沼气，必须为微生物创造良好的条件，使它能生存、繁殖。因此，沼气池必须符合多种条件：①沼气池要密闭。有机物质发酵成沼气，是多种厌氧菌活动的结果，因此要造成一个厌氧菌活动的缺氧环境。在建造沼气池时要注意隔绝空气，不透气、不渗水。②沼气池里要维持 20～40℃，因为通常在这种温度下产气率最高。③沼气池要有充足的养分。微生物要生存、繁殖，必须从发酵物质中吸取养分。在沼气池的发酵原料中，人畜粪便能提供氮元素，农作物的秸秆等纤维素能提供碳元素。④发酵原料要含适量水，一般要求沼气池的发酵原料中含水 80%左右，过多或过少都对产气不利。⑤沼气池的 pH 值一般控制在 7～8.5。

3. 制成饲料

在实际生产中，针对粗饲料资源匮乏的问题，将兔粪发酵处理后替代部分粗饲料与其他饲料原料一起制成颗粒饲料是很好的选择。将兔粪制成饲料有其科学依据：①家兔具有食粪性，健康家兔从采食植物性饲料之后不久，便吞食自己的粪便。研究表明，这是健康家兔的正常的生理行为，只有健康的家兔才具有这种行为，患病家兔失去这种行为。食粪对于家兔健康没有任何损害，相反，可以使营养得到充分消化吸收，补充一些具有生物活性的营养物质，缓解饲料的某些缺陷带来的负面影响和预防一些营养代谢性疾病。②粪便是饲料的代谢残渣，但其中含有很多未被消化吸收的营养物质。正常情况下，动物对于饲料中的蛋白质的消化率在 70%左右，微量元素在 50%左右，家兔对粗纤维消化率在 20%左右，其营养物质利用的潜力巨大。③动物粪便最终在后肠产生，而后肠是微生物的活动场所，粪便中含有无计其数的微生物，而微生物蛋白的生物学价值很高，基本属于全价蛋白。此外，微生物的代谢产物具有生物活性物质，尤其是 B 族维生素是一般饲料中含量所不足的。

河北农业大学谷子林进行了大量试验研究兔粪作为饲料的可行性。首先收集健康家兔的新鲜粪便，将混杂在其中的植物纤维、毛发等异物清除掉，根据粪便的含水率情况，将其调整到总含水率在 50%左右;然后进行生物发酵,按照干物质计算:粪便100份,玉米粉2份或红糖0.5份,生态素(厌氧菌种,河北农业大学家兔课题组研发)0.5份,充分混合,然后装入密闭的塑料袋或大缸,厌氧发酵,夏季7天,其他季节酌情延长,发酵结束后,开包晾晒至普通含水率10%左右,装袋保存。对发酵好的兔粪进行常规营养成分的测定,并按照国标GB 13078—2001《饲料卫生标准》进行了安全性的评价,发现发酵兔粪的各项卫生指标均达到了规定的标准。随后以15%、20%、25%的比例将发酵兔粪添加到基础日粮中替代粗饲料的用量,饲喂獭兔,通过研究不同添加比例的发酵兔粪对生长獭兔生产性能、营养物质消化率、被毛品质等的影响,发现发酵兔粪确实可替代部分粗饲料应用于家兔日粮中。

二、合理处理有机污水

(一)污水处理的基本原则

(1)采用用水量少的干清粪工艺。干粪与尿污水分流,可最大限度地保存粪的肥效,减少污水量和污水中污染物的浓度,降低废水处理的难度和成本。

(2)走种养结合的道路。要想从根本上解决畜禽粪尿污染问题,就必须将规模化养殖业与种植业相结合,那种单纯依靠终端治理的思路,无论在经济上还是技术上皆难以承受。污水经过净化处理后可灌溉农田、果树、蔬菜、草地和养鱼等,是宝贵的肥料资源,多余的污水也可经消毒处理后用于冲洗畜舍。养殖场应尽量做到污水零排放。

(3)对于养殖规模小、有土地的偏远地区,尽量采用自然生物处理法。实行干清粪工艺后,其污水处理可充分利用当地的自然条件和地理优势,利用附近废弃的沟塘、滩涂,采用投资少、运行费用低的自然生物处理法,同时要避免二次污染。

(4)对于大中型养殖场,特别是水冲粪养殖场,必须采用厌氧消化

法为主、配合好氧处理和其他生物处理的方法。因为此类养殖场废水浓度高，$\rho(COD_{Cr})$一般在 10 000 毫克/升以上，单纯采用好氧法处理必须稀释和曝气，耗能多且运行费用高，一般养殖场难以承受。而采用厌氧消化处理，能将废水化学需氧量(COD)去除 80%以上，处理后的水可用于灌溉，多余的废水再经氧化塘好氧处理，基本可达到排放标准。

(5)对农村经济比较发达，农业生产已经形成规模和专业化经营的自然村，可以实施以村为单位修建大中型沼气工程，这样不仅可以促进养殖场本身生态环境趋向良性循环，而且可以是养殖场走向以畜产为主的多种经营的发展道路，形成规模效益。

(二)污水处理的方法

污水处理的方法可分为物理、化学、生物处理三大类。

(1)物理处理法　一般为养殖污物处理的第一道工序。包括过滤、沉淀、固液分离等，主要去除养殖污物中的不溶性或机械杂质。

(2)化学处理法　是在污水中加入化学药剂，将污水中的溶解物质、胶体物体和悬浮物质沉淀除去，实现污水净化的方法。本方法因需要化学药剂，费用较高，存在二次污染问题，需有专门的处理技术人员，一般不用作污水处理的预处理。

(3)生物处理法　是利用微生物将污水中的有机物分解，使不稳定的复杂有机物降解为简单的无机物或合成微生物体，达到处理污水、保护环境的目的。按照处理过程所需的微生物类型，生物处理法可分为好氧生物处理和厌氧生物处理。

(三)污水处理的具体要求

(1)在畜禽养殖过程中产生的污水应坚持农牧结合的原则，经处理后尽量充分还田，实现污水资源化利用；污水作为灌溉用水排入农田之前，必须采取有效措施进行净化处理，以达到《农田灌溉水质标准》(GB 5084—92)的要求；在畜禽养殖场污水排入农田时，必须进行预处理(格栅、厌氧、沉淀等工艺)并配套设置田间贮存池,以解决农田在非施肥期间的污水出路问题,田间贮存池的容积不得低于当地农作物生产用肥的最大间隔时间内畜禽养殖场排放污水的总量。

(2)对没有充足土地消纳污水的畜禽养殖场,不得将污水直接排入敏感水域和有特殊功能的水域。可根据当地实际情况将污水进行生物发酵后,浓缩制成商品液体有机肥料;或进行沼气发酵,对沼渣、沼液、沼气尽可能实现综合利用。污水的净化处理应根据养殖种类、养殖规模、清粪方式和当地的自然地理条件,选择合理、适用的污水净化处理工艺,尽可能采用自然生物处理的方法,达到回用标准或排放标准。

(四)污水处理的具体措施

在兔场设计时,配置两条排水系统,将雨水和污水分开;实行粪水分流,即粪与尿、污水分流;弃用饮用水与地面粪尿污水分流;采取地面上清粪,不经常冲洗地面,既减轻固液分离负荷,又减小污水浓度;同时加强管理,提倡节约用水,避免长流水,减少污水排放量。对养兔场的高浓度有机废水在采用各种综合利用措施(沼气化、酸化、沉淀等)使污染负荷大大降低之后,因地制宜地采用一些天然净化系统(如稳定塘、养鱼塘、水生生物塘及土地处理系统)或经污水处理厂进行终端处理,实现达标排放。

在实际操作中,养兔场可以采用以下两种综合处理系统对污水进行无害化处理:

1.固液分离与理化处理系统

处理流程:

固液分离→沉淀→气化→酸化→净化→鱼塘→排放

这种处理系统基本可将污水净化到排放标准得到综合利用。

2.厌气池发酵处理系统

处理流程:

兔舍排出的粪水→厌气池→沉淀池→净化池→灌溉农作物

此处理系统能使厌氧发酵生产的沼气作为能源。

三、合理处理其余废弃物

除家兔排泄物和有机污水外，养兔场的污染物还有病死兔尸体、污染的垫草、注射用器具、药品包装盒等。

病害动物无害化处理：是指用物理、化学或生物学等方法处理带有或疑似带有病原体的病死兔尸体和污染的垫草等其他废弃物，达到消灭传染源，切断传播途径，阻止病原扩散的目的。目前对于病害动物尸体及其产品进行处理，大体可分为掩埋、焚烧、湿化、干化、消毒等几种方法。我国对病害动物尸体及其产品的处理，主要是采用掩埋法、焚烧法和湿化法。

（一）掩埋法

采用土坑将病害动物尸体和其他废弃物进行深埋处理。

养兔场病死兔及其他废弃物具体掩埋要求如下：

(1)掩埋地应远离学校、公共场所、居民住宅区、村庄、动物饲养和屠宰场所、饮用水源地、河流等地区。

(2)实施掩埋处理时，参加人员均应穿戴工作服、工作帽、胶鞋、手套、口罩、风镜。

(3)运送病死兔及其他废弃物应采用密封、不渗水的容器，装前卸后必须消毒。

(4)掩埋前应对需掩埋的病死兔及其他废弃物实施焚烧处理。

(5)病死兔装车后，对病死兔躺过的地方，用消毒液喷洒消毒，如为土壤地面，应铲去表层土，连同病死兔一起运走。

(6)掩埋坑的坑底铺 2 厘米厚生石灰，掩埋后需将掩埋土夯实，病死兔及其他废弃物上层应距地表 1.5 米以上。

(7)焚烧后的病死兔及其他废弃物表面，以及掩埋后的地表环境应使用有效消毒药喷洒消毒。

(8)装运过病死兔的车辆、用具都应严格消毒,工作人员用过的手套、衣物及胶鞋等也应进行消毒。

掩埋法的优点是简便易行,常在实际工作中被采用。缺点是没有杀灭病死兔及其他废弃物中携带的病原体,存在散毒的危险,安全性较差,不如焚烧法效果好。

(二)焚烧法

对病害动物尸体和其他废弃物投入焚化炉或用其他方式烧毁碳化的处理方法。焚烧法是一种高温热处理技术,即以一定的过剩空气量与被处理的有机废物在焚烧炉内进行氧化燃烧反应,废物中的有害有毒物质在高温下氧化、热解而被破坏,是一种可同时实现无害化、减量化、资源化的处理技术。焚烧法处理危险废物是目前世界上应用最广泛、最成熟的一种热处理技术,是最可靠的无害化处理方法,也是杀灭病原微生物最彻底的方法,可以用于处理病害动物尸体及其产品、垫草、医疗废物、高浓度有机废液等。

(三)湿化法

采用蒸汽高温高压消除有害病菌的一种方法。湿化法的原理是利用高压饱和蒸汽,直接与畜尸组织接触,当蒸汽遇到动物尸体及其产品而凝结为水时,则放出大量热能,可使油脂溶化和蛋白质凝固,同时借助于高温与高压,将病原体完全杀灭。经湿化法处理后的动物尸体可做掩埋处理,也可制成工业用油,残渣制成蛋白质饲料或肥料,比较经济实用。

(四)干化法

通过一种具有高压干热消毒作用的干化机,利用循环于干化机机身夹层中的热蒸汽提供的热能,使被处理物不直接与热蒸汽接触,而是在干热和压力的作用下,达到脂肪熔化、蛋白质凝固和杀灭病原微生物的目的。干化法的优点是处理过程快,油脂中水分和蛋白质含量较低,

残渣既可作饲料又可作肥料，缺点主要是不能化制全尸（整个的尸体）和大块原料，因此，不允许用于处理恶性传染病的畜尸。

（五）消毒法

消毒是指用物理的、化学的和生物学的方法，杀灭物体上或外界环境中所存留的有传播可能的活病原微生物的卫生防疫措施。包括高温处理法及煮沸，酸、碱等消毒液处理法。

养兔场排出的兔粪和污染物中含有大量的有机物、矿物元素、腐殖质及其他物质，经无害化处理后，可杀灭其中的病原微生物、寄生虫和虫卵，处理后的粪便和污物施入农田后，可起到改善土壤结构，提高土壤保水保肥能力的效果；发酵后的兔粪可以作为生物饲料饲喂家兔，缓解粗饲料资源匮乏的问题；产生的沼气可以作为燃料，经济环保；分离出来的污水在净化以后还可做简单的再利用，可谓一举多得。

思考题

1. 生态养兔对养殖环境的基本要求有哪些？
2. 规模化生态兔场对饮用水和空气有哪些要求？
3. 规模化兔场环境污染主要来自哪些方面？怎样控制？

第七章

规模化兔场的卫生与防疫

导　读　疾病是养兔的大敌,是一些兔场失败的重大原因。家兔疾病有哪些特点?怎样控制疾病?很多人非常茫然,对此束手无策。本章针对这些问题,重点介绍生态养兔的防疫理念、环境控制与消毒、兔场的防疫措施、规模化兔场的疫病发生规律与特点、规模化兔场主要疾病的综合防控技术。

第一节　生态养兔防疫理念

家兔是草食小动物,抗病力差,规模化养殖一直存在"疾病传播快、发病后难控制"的问题,所以规模化养兔场应加强防疫,避免暴发疾病。

目前很多养兔者都重视治病而不重视防病,一旦兔发生疾病,才心急火燎地到处求医,且舍得花钱买药。而在没有发生疾病时,他们思想上存在两方面的问题:一是不舍得花钱,二是怕麻烦,因此忽略了兔场的防疫工作,这些做法其实都是不对的,违背了防疫原则,必将导致事

倍功半。

在兔病防治方面有一句老话:“防重于治,平安无事;治重于防,买空药房”,也有专家提出“不治有病治无病”的原则。这些话的意思其实差不多,就是在兔处在无病状态时要采取正确的防病措施,使兔群处于健康状态,保持兔群稳定,这样养兔就会有很高的经济效益。一旦兔患了疾病,早发现、早治疗,会收到较好的效果。对病情严重的兔要做到“三不治”,即病情严重的不治,治愈后价值不大的不治,治疗过程花钱多的不治。

防疫理念主要是指养殖场管理人员、技术人员、从事生产的广大员工对动物防疫工作重要性的认识和对防疫工作全面性的了解。树立正确的动物防疫理念能引导包括管理人员、技术人员和广大员工思想上重视防疫工作,行动上自觉地遵守防疫制度,工作上严格按要求实施防疫措施。如果大家对防疫工作抱着无所谓的态度,有关防疫措施实施不到位,疾病的发生也就成为必然。应该说,正确的防疫理念是能否认真贯彻落实相关防疫制度、能否正确实施相关防疫措施、能否有效控制疾病、促进动物安全生产的关键所在。

规模化兔场的防疫理念落实到具体行动上应包括以下几个方面。

一、选址

养兔场的选址工作往往被人们所忽视,认为选址理想不理想无关防疫大局,这其实是大错特错的。在所有的动物防疫工作中或者疾病防控措施当中,选址工作恰恰是最重要的环节,如果不依规划选址,将兔场建于靠近主要交通干线、居民区、其他养殖场或畜禽加工厂的禁养区或限养区,或见缝插针的建设养兔场,或不按场所的养殖承受能力计划生产,那么即使管理工作做得再好,疾病的发生概率也会大大提高;反之,如果将兔场建在远离主要交通干线、民居和其他畜产品加工厂的偏远山区等宜养区,场所养殖承受能力又能满足生产要求,就能在动物防疫工作中就占得先机,疾病的发生概率就会大大降低。在选址时还应把隔离考虑在内，可以把一些天然的山丘、绿化带、广阔的水面等屏障物作为养殖场隔离屏障；在缺少天然隔离物时，我们在布局时就应人为设置一些隔离物，如围墙、水沟、绿化带等。

二、布局

在这里说的布局主要是指单一养兔场的建筑布局，养兔场如果布局不合理，如生活区、管理区、生产区、排泄物治理区（污染区）没有明确的划分或相互倒置，净道与污道的多点交叉或同一条道合用，饲养密度过大超过单位面积的承载能力，造成机体接触过频、排出的废气过多等，均不利于防疫工作的正常开展，极易引发疾病，一旦发病则不易控制。所以，各功能区块的明确划分和正确的风向座次、净污道的严格分开不交叉、严格控制饲养密度是广大生产者应该努力去做的，能给兔场的防疫工作打下坚实的基础。

三、绿化工程

表面上看，绿化工程与防疫工作无多大关联，实则不然。养兔场首先应做好环境清洁工作，重要的一个措施是在兔场内种植大片的树木、花木，在兔场附近种植大量的牧草；兔场在建造中，舍与舍之间的大片空地作为绿化带，在兔舍旁种植落叶树木，这些树夏季可遮阴降温，冬季落叶后则不会影响采光，其他地面种植麦冬及茶花等花木，能吸收大量生产过程中产生的废气、臭气，起到绿化环境和净化空气的作用，也能有效地阻断外界的传染源传入，尤其是通过空气传播的疾病，动物就不易发病。

四、环境条件

环境可分为生产大环境和生产小环境，生产大环境指一个地区、一

个区域的外在环境，生产小环境是指一个养殖场的内部环境。不论是大环境还是小环境，对有效的动物防疫工作是至关重要的。如果在一个卫生状况差、周边环境污染严重的大环境内从事养兔生产，那么疫病控制就相当困难；同样，在一个空气质量差、通风不良、温湿度不能满足动物的生长发育和生产的需要的小环境内从事养兔生产，家兔的疾病也很难得到有效控制。

五、饲养管理

饲养管理与家兔的疾病息息相关。家兔体质较弱，胆小怕惊，喜爱清洁干燥，如果不注重兔舍的清洁消毒，不能保持环境安静，又不注意防寒防暑，家兔极易患病。饲料营养不能满足家兔的生长发育需要、饲料质量不符合相关标准，机体的抵抗力会随之下降，也将直接影响家兔的健康。因此，科学合理的日常管理和良好的饲料营养也是兔场防疫的关键。

六、疫苗接种和药物预防

传统的防疫概念是指疫苗接种和药物预防，它们是疾病防疫的根本，是防疫工作中最重要的环节。在未发病之前给健康的家兔接种疫苗，增强家兔的免疫力，是防止疫病的有效措施。有些疫苗免疫效果不理想，而采取药物饲料添加剂或药物饮水等来预防某些特定传染病和寄生虫病的发生，有较好的效果。每年要根据季节及疫病的流行状况进行防疫，尤其是急性、烈性传染病的预防工作，对兔瘟、魏氏梭菌病、巴氏杆菌病等重大疫病要定期注射疫苗，对球虫病和其他一些寄生虫病则要定期进行药物预防。

七、严禁滥用抗生素

抗生素是由微生物(包括细菌、真菌、放线菌属)或高等动植物在生活过程中所产生的具有抗病原体或其他活性的一类次级代谢产物,不仅能杀灭细菌而且对霉菌、支原体、衣原体等其他致病微生物也有良好的抑制和杀灭作用,是一类能高效抵抗致病微生物的药物。但在我国养殖业中,特别是在中小养殖户中,抗生素的滥用问题极为严重,不仅大量使用具有严重毒副作用的已被淘汰的抗生素,就连人类还在试用的某些新抗生素也已用于动物。养兔场大量使用抗生素会影响兔的消化道系统,导致肠道菌群紊乱和免疫力低下,许多动物不是病死的,而是过量用药致死。由于抗生素在动物体内无法得到有效降解,还会形成抗生素残留。人食用了含有抗生素的肉类,即使是微量的,也可能使人出现荨麻疹或过敏性症状及其他不良反应。长期食用含有抗生素的肉类,人的耐药性也会不知不觉增强,等于在人体内埋下一颗"隐形炸弹",将来一旦患病,很可能就无药可治。

在实际生产中可以用金银花、连翘、大青叶、牛蒡子、马齿苋、鱼腥草等中草药代替抗生素。饲料中添加中草药可明显改变肠道细菌组成及数量,使有益菌类增加,并抑制大部分条件致病菌的生长,而且中草药添加剂在畜禽体内发挥有效作用后可被分解,没有毒害与残留,不产生抗药性。

第二节　环境控制与卫生消毒

家兔的环境是指影响家兔的进化、生态和行为反应,及其生长的一切外界条件的总称,即是指与家兔生活、生产有关的兔舍、兔笼和设备等事物所构成的整个环境。环境是家兔进行新陈代谢的必需条件,机

体的一切营养物质的消化、吸收、利用和能量转化、热能平衡以及体温调节等机能活动都离不开环境。兔舍环境是一个温热环境，包括物理因素、社会因素和热因素三类主要因素。物理因素是指空间、声音、光线、压力和设备等；社会因素指的是舍内和笼内所养兔子的数量、体格大小和强弱等级及生活活动等；热因素是指温度、相对湿度、空气流动、辐射等和热传递有关的因素。其中每种单个因素或综合因素都会影响家兔的健康和生产力，因此，调控好家兔的生活环境对提高家兔的生产力具有重要的意义。

一、环境控制

(一)温度的控制

温度的控制可分为增温和降温。

1. 兔舍的人工增温

我国北方寒冷地区进行冬繁冬育难以达到理想的温度，应给兔舍进行人工增温。

(1)集中供热　寒冷地区的规模化养兔场进行冬繁，可采用锅炉或空气预热装置等集中产热，再通过管道将热水、蒸汽或热空气送往兔舍。

(2)局部供热　在兔舍中单独安装供热设备，如锅炉、热风、电热器、保温伞、火炉或火墙等。

(3)天然温泉供热　我国有些地区有温泉，水温高达 80℃，这种天然的热源用来为养兔供热，十分经济有效。

2. 兔舍的散热与降温

我国南方广大地区夏季炎热，持续时间又长，养兔场必须十分重视防暑降温工作，确保兔子健康生长。

(1)兔舍隔热　夏季气温高，太阳辐射强，舍外的热量主要是通过兔舍的门窗、墙壁和屋顶传入兔舍内，因此必须注意兔舍结构的隔热，特别是对屋顶或笼顶一定要采取隔热措施。兔舍的墙壁应为浅色，最好是白色，这样可以减少太阳对兔舍的辐射热。

（2）兔舍遮阳　可加宽屋檐、搭凉棚、种树、种攀缘植物、挂窗帘、窗外设挡阳板等。

（3）兔舍通风　这是兔舍防暑降温的一项主要措施，兔舍通风不仅能驱散舍内产生和积累的热量，还能帮助兔体散热，以缓解高温对兔子的不良影响。在舍内空气比较干燥时，可采用湿式冷却法降温，也可打开窗户靠自然风力、舍内外温差加强对流散热，达到通风散热的目的。兔场的场址应选择在开阔之地，建筑物之间必须有较大的距离，兔舍的方位应根据当地夏季的主风向确定，一般以南向为好。当自然通风不能满足需要时，可利用机械通风。

（4）兔舍洒水　水的蒸发可达到降温的目的。利用地下水或经冷却的水喷洒地面，降温效果更好。将低温水在舍内呈雾状喷出，也可达到降温的目的。此法只能在室内空气干燥、通风良好的情况下使用，尤其是其他降温措施效果不良的应急状态下采用。

（5）兔场绿化　兔场周围种植树木、牧草或饲料作物等，是缓解太阳辐射、降低环境温度、净化空气、改善小气候的有效措施。

（6）降低饲养密度　兔体不断向周围散发热量，每只兔都是一个热源。降低兔舍内的饲养密度，就等于减少了热源，这对缓解高温的不良影响有好处。

（7）合理配合饲料　饲料要求全价，蛋白质含量充足，以部分脂肪代替部分碳水化合物，降低碳水化合物的喂量，这样可以减少兔体的散热量。

（8）供给充足饮水　水要清洁、温度低，最好饮用井水，现打现用，有利于兔体散热。

（9）控制配种　这是减少兔体产热和减轻兔体散热负担的重要措施。母兔妊娠以后，体内的物质代谢加强，产热量也相应增加，从而加重了兔体热的负担，因此，在高温季节不宜配种繁殖。

(二)湿度的控制

兔舍内空气湿度过大，会导致笼舍潮湿不堪，污染被毛，影响兔毛品质，致使细菌、寄生虫繁殖，引起疥癣、湿疹蔓延。反之，如果空气湿度过低，同样会导致被毛粗乱，兔毛品质下降，引起呼吸道黏膜干裂，导致细菌、病毒感染等。因此，兔舍内湿度应尽量保持稳定，相对湿度控制在60%～70%为宜。为了防潮，对兔舍应采取如下措施：

(1)坚持打扫卫生　2～3天清扫一次兔舍，兔笼下的承粪板和舍内的排粪沟都要有一定的坡度，确保兔粪、尿能及时清除出兔舍。

(2)撒除吸湿性物质　在梅雨季节或连日下雨时，空气湿度会增大，可在舍内地面撒干草木灰或生石灰等物质吸潮。在撒除吸湿物质之前，要关好门窗，防止舍外的潮气进入舍内。

(3)舍内控制用水　舍内地面和兔笼尽量不要用水冲洗，饮水器要固定好，尤其是防止滴水。

(4)适时开关门窗　舍内温度高、湿度大、氨气浓时要多开门窗通风；天气凉、下大雨、刮大风时要关好门窗，防止凉风侵袭或雨水浸入舍内。

(三)通风的控制

通风能有效调节兔舍内的温湿度，清除空气中的微生物、灰尘及舍内产生的氨气、硫化氢、二氧化碳等有害气体，给兔子营造一个良好的生活环境。通风可分为自然通风、机械通风和混合式通风，设计兔舍时，应根据当地具体情况，选择合适的通风方式。

1.自然通风

自然通风即主要靠打开门窗或修建开放式、半开放式兔舍，达到通风换气的目的。在我国南方多采用此法通风，在北方温暖季节也靠自然通风，但在寒冷的冬季，为了保温需要关闭门窗，靠自然通风不能保证应有的换气量，应设置特殊的换气装置。自然通风适用于小规模兔场，对大规模、高密度的兔舍是不适用的。

2.机械通风

机械通风适用于机械化、自动化程度较高的大型兔场，尤其是跨度和长度均较大的兔舍。机械通风又分为正压通风、负压通风和联合通风。

(1)正压通风　是指风机将舍外新鲜空气强制送入舍内，使舍内压力增高，舍内污浊空气经风口或内管自然排出的换气方式。优点是：可对进入的空气进行加热、冷却或过滤等预处理，有效地保证舍内温度、湿度和清洁的空气环境，在严寒和炎热地区适用，但造价高，维护费也高。

(2)负压通风　是通过风机抽出舍内污浊的空气，使舍内气压相对低于舍外，新鲜空气通过进气口或进气管进入舍内而形成舍内外空气的交换。负压通风比较简单，造价低，维护费也低，适合多数兔场使用。

(3)联合通风　即同时用风机进行送气和排气，适用于兔舍跨度和长度均较大的规模兔场。

(四)光照的控制

兔舍采光一般采用自然光照为主，人工光照为辅的方式，保证舍内一天不少于14～16小时的光照时间。为保证充足的自然光照，兔舍窗户的采光面积与兔舍地面面积之比一般为1∶10；光线入射角度不低于30°；窗户与窗户之间间距宜小，以保证舍内采光的均匀性；光照强度以每平方米兔舍面积4瓦为宜；人工光照多用25～40瓦白炽灯或40瓦日光灯，灯泡距地面2米左右悬挂，灯泡之间距离为其高度的1.5倍。

(五)噪声的控制

兔胆小怕惊，突然的噪声可引起妊娠母兔流产，哺乳母兔拒哺、甚至吃仔兔等严重后果。为了减少噪声，兔场一定要建在远离公路、铁路、工矿企业等高噪声区，饲养员操作要轻、稳，尽量保持兔舍的安静。鞭炮声是对兔场影响最大的噪声，逢年过节，红白喜事，兔场应该禁止

燃放鞭炮，这也是兔场远离居民区的原因之一。

(六)灰尘的控制

为了减少兔舍内灰尘与微生物的含量，兔舍应尽量避免使用土地面；饲喂粉料时，要将粉料充分拌湿；清扫地面时，不能用大扫帚大力舞动，也不能太用力将承粪板上的粪便扫落，并将粪球打碎。此外，在兔舍周围种植植物和草皮，也可使空气中的含尘量大幅度减少。

二、卫生消毒

消毒的目的是消灭环境中的病原体，是杜绝一切传染来源，阻止疫病继续蔓延的重要措施。规模化兔场要建立严格的消毒制度，兔舍、兔笼及用具夏季每月进行 1 次大清扫、大消毒，每周进行 1～2 次重点消毒。冬季每季度进行 1 次大清扫、大消毒，每周进行 1 次重点消毒。进行兔舍消毒时，先要彻底清扫污物，再用清水冲洗干净，待干燥后进行药物消毒。选择高效、安全的消毒剂进行彻底消毒是十分重要的。

(一)消毒的分类

(1)按消毒目的不同可分为预防消毒、随时消毒、终末消毒。

①预防消毒：在平时对兔舍、兔笼、饮水器、饲槽、用具等进行定期消毒，以达到预防一般传染病的目的。

②随时消毒：当兔场发生传染病时或兔子发生腹泻时，为及时消灭从兔体内排出的病原体而采取的消毒措施。

③终末消毒：在病兔解除隔离、痊愈或死亡后，或者在疫区解除封锁之前，为了消灭疫区内可能残留的病原体所进行的全面彻底的大消毒。

(2)按消毒方法可分为物理消毒法、化学消毒法、生物热消毒法。

①物理消毒法：又可分为以下 4 种。

清扫洗刷：经常清扫粪便、污物，洗刷兔笼、底板和用具。

日光暴晒：日光中紫外线具有良好的杀菌作用，家兔的巢箱、垫草、饲草等在直射阳光照射下2～3小时，可杀死一般的病原微生物。

煮沸：一般的病原微生物经煮沸30分钟，可被杀死，此法适用于医疗器械及工作服等的消毒。

火焰：火焰喷灯产生的火焰温度可达400～600℃，可用于笼舍、产箱、地窝等的消毒，效果很好，但要注意防火。

②化学消毒法：化学药品的溶液可作为消毒剂用来进行兔场消毒。化学消毒的效果取决于许多因素，如病原体的抵抗力、消毒时的温度、消毒剂的浓度、消毒剂的作用时间等。在选择化学消毒剂时，应考虑选择对该病原菌的消毒力强，对人、畜的毒性小，不损害被消毒的物体，易溶于水，在消毒环境中比较稳定，不易失效，操作方便且价格低廉等。常用消毒手段有：熏蒸消毒、浸泡消毒、饮水消毒和喷雾消毒等。

③生物热消毒：生物热消毒主要用于污染粪便的无害化处理，兔场应该将兔粪和污物集中堆放在离兔舍较远的偏僻处，使粪便堆积后利用粪便中的微生物发酵产热，可使温度达到70℃以上，经过一段时间，可以杀死病毒、细菌、球虫卵囊等病原体而达到消毒的目的，同时又保持粪便的肥效。

(二)消毒药

随着养兔业向集约化的方向发展，养殖户的观念也逐步发生改变，从原来“治重于防”的做法转变到“防重于治”的认识，重点围绕“预防为主”的原则，因此，消毒药也就得到越来越广泛的使用。消毒药是作用较强且能迅速杀灭病原微生物的药物，主要用于笼舍、用具、器械及排泄物和环境消毒。理想的消毒药应该对人、畜无毒性或毒性较小，对病原微生物有强大的杀灭作用，不损害被消毒的物体，易溶于水，不易失效，操作方便且价格低廉。常用的消毒药有如下几种：

1. 碱类消毒药

碱类消毒药包括氢氧化钠(烧碱)、草木灰及生石灰，它们都是直接或间接以碱性物质对病原微生物进行杀灭作用。消毒原理是水解病原

菌的蛋白质和核酸，破坏细菌的正常代谢，最终达到杀灭细菌的效果。氢氧化钠作为消毒剂最常用的浓度是2%～4%，最好有热水溶液，在溶液中添加5%～10%的食盐消毒效果更好，兔笼、用具等在用氢氧化钠消毒半天后，要用清水进行清洗，以免烧伤兔子的腿部或皮肤。新鲜的草木灰含有氢氧化钾，通常在雨水淋湿之后能够渗透到地面，常用于对畜禽场地的消毒，特别是对野外放养场地的消毒，这种方法既可以做到清洁场地，又能有效地杀灭病原菌。生石灰在溶于水之后变成氢氧化钙，同时又产生热量，通常配成10%～20%的溶液对兔场的地板或墙壁进行消毒，另外生石灰也用于对病死兔的无害化处理，其方法是在掩埋病死兔时先撒上生石灰粉，再盖上泥土，能够有效地杀死病原微生物。

2.强氧化剂型消毒药

常用的强氧化剂型的消毒药有过氧乙酸及高锰酸钾，它们对细菌、芽孢和真菌有强烈的杀灭作用。过氧乙酸消毒时可配成0.2%～0.5%的浓度，对兔舍、饲槽、用具、车辆、地面及墙壁进行喷雾消毒，也可以带畜禽消毒，但要注意现配现用，因为容易氧化。高锰酸钾是一种强氧化剂，遇到有机物即起氧化作用，因此，不仅可以消毒，还可以除臭，低浓度时还有收敛作用，畜禽饮用常配成0.1%的水溶液，治疗胃肠道疾病；0.5%的溶液可以消毒皮肤和创伤，用于洗胃和使毒物氧化而分解，高浓度时对组织有刺激和腐蚀性；4%的溶液通常用来消毒饲槽及用具，效果显著。

3.新洁尔灭

新洁尔灭是一种阳离子表面活性剂型的消毒药，既有清洁作用，又有抗菌消毒效果，它的特点是对畜禽组织无刺激性，作用快、毒性小，对金属及橡胶均无腐蚀性，但价格较高。0.1%的溶液常用于器械、用具的消毒，但要避免与阴离子活性剂，如肥皂等共用，否则会降低消毒的效果。

4.有机氯消毒剂

有机氯消毒剂包括消特灵、优氯净及漂白粉等，它们能够杀灭细菌、芽孢、病毒及真菌，杀菌作用强，但药效持续时间不长，宜现配现用。主要用于兔舍、兔笼、饲槽和地面等的消毒，也可用于带兔消毒、饮水消毒。

5.复合酚

复合酚又名消毒灵、农乐等，可以杀灭细菌、病毒和霉菌，对多种寄生虫卵也有杀灭效果。常用的浓度是0.33%～1%，主要用于兔舍、器械、场地的消毒，杀菌作用强，通常施药一次后，药效可维持5～7天，但注意不能与碱性药物或其他消毒药混合使用，严禁用喷洒过农药的喷雾器喷洒该药。

6.双链季铵盐类消毒药

双链季铵盐类消毒药如百毒杀，它是一种新型的消毒药，具有性质比较稳定，安全性好，无刺激性和腐蚀性等特点。能够迅速杀灭病毒、细菌、霉菌、真菌及藻类致病微生物，药效持续时间约为10天左右，适合于饲养场地、笼舍、用具、饮水器、车辆的消毒，另外也可用于带兔消毒。

(三)兔舍的消毒

兔舍、兔笼清扫后，将粪便堆积生物热发酵，地面用自来水冲洗干净，待干燥后用10%石灰水或30%草木灰水洒在地面上，兔笼的底板可浸泡在5%来苏儿溶液中消毒，兔笼可用喷雾消毒，选用0.05%百毒杀、0.3%～0.5%过氧乙酸等。饲槽等用具可放在消毒池内用一定浓度的消毒液(如5%来苏儿、0.1%新洁尔灭或1∶200杀特灵等)浸泡2小时，然后用自来水刷洗干净；木制或竹制兔笼及用具可用2%～5%热碱水刷洗；顶棚和墙壁可用10%～20%的石灰乳刷白；金属物品最好用火焰喷灯消毒，为防止腐蚀，不得使用酸性或碱性消毒液；露天兔场(水泥)地面消毒，可用10%～20%的石灰乳或10%～20%的漂白粉溶液喷洒地面，待干燥后，再用自来水冲洗干净；工作服、毛巾和手套等经1%～2%的来苏儿洗涤后，高压或煮沸消毒20～30分钟；手可用0.1%新洁尔灭浸泡消毒；兔皮、兔毛可用环氧乙烷熏蒸消毒。

第三节　兔场防疫技术

兔病特别是一些传染病常常给规模化兔场造成巨大的经济损失，只有坚持“预防为主，防重于治”的原则，结合本场实际情况，实施综合防疫措施，有效地控制疾病发生，才能提高养兔的经济效益。

一、科学的饲养管理

(一)创造良好的饲养环境

良好的饲养环境是养好家兔的前提条件之一。兔场应建在地势高燥、水源优质、排水良好、环境安静的地方。兔舍要清洁干燥、通风良好、温度适宜、采光良好，日常管理中应注意冬季防寒、夏季防暑、雨季防潮，并保持兔舍环境安静。

(二)科学配料，合理饲喂

家兔是草食动物，应以青粗料为主，精料为辅。在高度生产的情况下，家兔需要全价的营养物质。因此，应根据家兔的生理特性，因地制宜、因兔制宜，科学的配合饲料，使饲料的营养趋于全面、平衡。在饲喂过程中，应根据不同的对象，制定合理的饲喂制度和科学的饲喂方法。在更换饲料时应逐渐增减，使家兔消化道有个适应过程。

(三)加强饲养管理

注重兔舍日常清洁工作，经常打扫兔舍、兔笼，清除粪便，定期对环境和各种用具进行消毒，勤换垫草，保持笼舍、料槽、水槽、饲料、用具、兔体的干净，严防猫、犬、鼠、蛇等兽害的侵袭。科学饲养，精心管理。

(四)坚持自繁自养

种兔应选择父母抗病力强、生产性能良好的后代自繁自养，完善和强化预防接种，严格控制传染病和寄生虫病的传入。

二、制定合理的卫生防疫制度

制定切实可行的防疫制度，能有效地控制传染病源、切断传播途径，有利于控制疾病的发生。

(一)合理选址，合理布局

兔场要建在地势高燥、背风向阳、宽阔、地下水位低、排水良好、水源充足、沙质土壤的地方；应远离公路、铁路、河道、村镇、工厂、学校等场所；兔场周围应建 2 米高的围墙。兔场的布局应将生产区与其他区分开，粪便与污物的发酵池应设在围墙外；兔舍的建筑应考虑到经常保持适宜的温、湿度，阳光充足，空气流通，防兽害等，起到冬季保暖，夏季通风的作用。

(二)建立制度，严格执行

兔场工作人员进入生产区，要换工作服和鞋；尽量不接待外来人员的参观；严禁将已调出的兔子再送回兔场；兔场内不养其他畜禽，并严禁其他畜禽和兽类进入兔场；兔场人员明确分工，用具不准乱拿乱用；种兔不随意对外配种。

(三)讲究卫生，灭鼠杀虫

兔舍、兔笼、场地及用具应定期清洗消毒，保持清洁干燥；严禁结核病人在兔场工作；老鼠、蚊蝇等是病原微生物的宿主和携带者，应定期开展灭鼠杀虫工作。

(四)监测疫情,及时扑灭

由专人每天认真观察兔群及个体饮食、排泄、行动、呼吸、睡眠、口鼻分泌物、被毛等有无异常,及时进行检疫、隔离治疗、消毒、预防接种或药物治疗,尽可能在短期内控制与扑灭疫病。

三、严格执行消毒制度

消毒的目的在于消灭散布在外界环境中的病原微生物和寄生虫,坚持严格的消毒制度,可有效预防疾病的发生与流行。

兔场的入口处应设有石灰盘或消毒药液槽,常用的药物有1%~3%火碱溶液,10%~20%石灰乳,5%来苏水等;更衣室用紫外线灯消毒;兔场、兔舍、兔笼及用具按先消毒后打扫、冲刷,再消毒、再冲刷的原则,定期进行消毒;工作服等使用肥皂水煮沸消毒或高压蒸汽消毒;注射器械可用煮沸或高压蒸汽消毒;饲料库使用福尔马林熏蒸的方法消毒;粪便及垫草可采取焚烧、深埋或生物堆积发酵消毒;病死兔的尸体、污物应运往远离兔场的地方焚烧或深埋。

四、严格按免疫程序进行预防接种

针对预防家兔不同的传染病疫苗的特性和幼兔母源抗体的状况,制定合理的初次免疫日龄、免疫间隔时间,称为免疫程序。有目的、有计划地按免疫程序接种,是预防、控制和扑灭家兔传染病的综合措施之一。

在生产实践中,特别是家庭养殖户,往往不注重预防接种,有的虽然进行了预防接种,但由于疫苗的质量、剂量、时间、次数和注射方法存在问题,到头来仍然暴发传染病。因此,对这些疫群、疫区和受威胁的兔群进行紧急接种疫苗,对控制和扑灭家兔传染病具有重要作用,但对已发病的家兔不能再接种疫苗,应进行隔离治疗或淘汰。无论是预防接种还是紧急接种时，都要防止通过针头器械引起的二次感染，一定要做到每兔1个针头，注射部位应严格消毒。

五、有计划地进行药物预防

有计划、有目的地对兔群应用药物进行疾病预防，也是重要的防疫措施之一，尤其是在某些疫病流行季节到来之前或流行初期，应用安全、有效的药物加入饲料、饮水内进行群体预防和治疗，可以收到比较明显的效果。

在实践中，对于家兔的寄生虫病，最有效、可行的防治措施是进行定期驱虫，它具有消灭传染源、防止病原扩散和治疗病兔的双重意义。一般选择在春、秋两季各对兔群普遍进行一次驱虫。如对兔常见的线虫、绦虫、绦虫蚴及吸虫的驱除，可选用抗虫谱较广的丙硫苯咪唑，或吡喹酮与左旋咪唑复合剂等定期给家兔内服。仔兔容易暴发球虫病，可选择氯苯胍等抗球虫药物在仔兔从断乳至3月龄这段时间内，每日服用氯苯胍10毫克，可以收到很好的预防效果。对家兔的各种螨病，要定期全面进行普查，发现病兔及早治疗，可选用阿维菌素皮下注射或用其粉剂内服。

定期驱虫应注意如下要点：①所使用的驱虫药物剂量要准确；②驱虫后要加强护理和观察，发现问题要及时采取对症治疗措施，及时解救出现毒副作用的病兔；③先做小群驱虫的安全试验，取得经验并肯定药效和安全性后，再进行全群驱虫；④驱虫后对所排出的粪便要做无害化处理，以防病原扩散。

六、合理使用益生菌

在动物微生态理论指导下，采用已知的有益微生物，经培养、发酵、干燥等特殊工艺制成的用于动物的生物制剂或活菌制剂称为益生菌。益生菌有以下作用：可加大肠道有益菌的比例，使肠道常在病原菌的比

例缩小，由于肠道有益菌占绝对优势，可抑制病原菌的生长与繁殖，从而使兔不发生肠道病；有益菌在肠道内繁衍，促进肠道内多种有机酸、维生素系列营养成分有效合成和吸收利用，降低肠道 pH 值，抑制肠道内包括多种革兰氏阳性菌在内的病原菌的繁殖；益生菌代谢物仅是一种免疫激活剂，可有效提高巨噬细胞的活性，增强兔体的免疫力；能抑制肠道有害物质产生，从而净化肠道内环境。同时，在畜舍内喷洒一定量的益生菌，并对排出体外的粪便进行处理，实现体内外连续发酵，能彻底地消除粪便恶臭，减少蚊蝇滋生，净化环境。

七、预防中毒

（一）防止农药中毒

常用的农药有敌敌畏、敌百虫等，家兔采食了刚喷洒过农药的植物，或治疗外寄生虫时用药不当，可引起中毒。防止方法：①严格防止饲料源被农药污染；②已喷洒过农药的饲料或青草，不能立即割喂；③治疗兔外寄生虫病时，要遵守使用规则，防止家兔啃咬。

（二）防止饲料中毒

常见的饲料中毒有发霉饲料中毒、棉籽饼中毒、马铃薯中毒、有毒植物中毒等。防止方法：①饲料库要干燥、通风，温度和湿度都不宜过高。②严禁饲喂发霉变质的饲料和发芽、发绿、腐烂的马铃薯。③禁止饲喂不认识或怀疑有毒的植物。④在棉籽饼中加入 10%面粉，掺水煮沸 1 小时，可使棉籽饼变为无毒。

（三）防止灭鼠药中毒

防止家兔误食兔舍内的灭鼠毒饵，饲料库禁止投放灭鼠毒饵。

八、发生疫情的处理措施

(1)发现疑似传染病时,必须及时隔离病兔,尽快确诊,并将疫情上报相关部门。

(2)确诊为传染病时,要迅速采取扑灭措施。按照“早、快、严、小”(早发现,快行动,严格规范操作,要在小群体发生时实行封锁,不让疫情蔓延)的原则进行封锁、消毒、检疫、紧急预防接种,或应用抗生素及磺胺类药物进行预防。

(3)被污染的场地、兔舍、兔笼、产箱及用具等要彻底消毒,死兔、污染物、粪便、垫草及余留饲料应焚烧或深埋,兔群改饮 0.1%的高锰酸钾水。

(4)发生疫情的兔场必须停止出售种兔,谢绝参观。

(5)病兔及可疑病兔要坚决淘汰,可以利用者要在兽医监督下加工处理。

(6)通知周围兔场采取预防措施,防止疫情扩大。

第四节　规模化兔场的疫病规律与特点

一、兔瘟

兔病毒性出血症俗称兔瘟,或称兔出血症。本病是由兔病毒性出血症病毒引起的兔的一种急性、高度接触性传染病。全国各地均有本病发生,亚洲、美洲、非洲及欧洲的许多国家和地区都有本病流行,已成为一个世界性的疫病。本病的特征为潜伏期短,发病迅速,发病率和死亡率均很高,病兔体温升高,呼吸急促,死前发出尖叫声,口鼻流血。剖

检可见支气管和肺部充血、出血，肝坏死，实质脏器水肿、淤血及出血。兔病毒性出血症病毒为二十面立体对称结构，无囊膜，有纤突，对人和绵羊的红细胞有凝集作用。能抵抗乙醚、氯仿等有机溶剂，可被1%氢氧化钠灭活。0.4%甲醛在40℃条件下能够杀死全部病毒，但仍能保持病毒的免疫原性。

流行病学　病兔、死兔和隐性感染兔为本病的主要传染源。本病可通过病兔与健康兔的接触而传播，病兔的排泄物、分泌物等污染饲料、饮水、用具、兔毛以及往来人员，也可间接传播本病。本病只发生于兔，毛用兔最易感，青年兔和成年兔易感。本病的发生没有严格的季节性，北方以冬、春季节多发。本病一旦发生，往往迅速流行，给兔场带来毁灭性后果。

临床症状　本病的潜伏期为2～3天。根据病程可分为3种病型：

(1)最急性型　多见于流行初期或非疫区。病兔无任何先兆或仅表现短暂的兴奋即突然倒地、抽搐、鸣叫而死。有的鼻孔出血，肛门附近带有胶冻样分泌物。

(2)急性型　在整个流行期占多数。病兔精神沉郁，体温升高到41℃以上，食欲明显减退或废绝，被毛粗乱，呼吸急促，临死前体温下降，瘫软，四肢不断划动，抽搐，尖叫。部分病兔鼻孔流出带泡沫的液体，死后呈角弓反张。病程1～2天。

(3)慢性型　多见于流行后期或疫区，潜伏期长，病程长。病兔精神沉郁，食欲减退或废绝，消瘦。有的病兔站立不稳，甚至瘫痪。有的病兔可以耐过，但生长缓慢。

病理变化　本病的特征性病理变化为各器官的出血、淤血、水肿，实质器官的变性和坏死，呼吸道发生病变。鼻腔、喉头、气管黏膜和胸腺高度充血及点状出血，鼻腔和气管内充满血样泡沫和液体；肺水肿，有明显的大小不等的出血点，切面呈紫色；心显著扩张，内积血凝块，心壁变薄；肝肿大，呈土黄色或褐色，质脆，有出血点；肾脏明显肿大、淤血，呈红褐色，切面有出血点；脾肿大淤血，呈暗紫色；胃黏膜脱落，小肠黏膜有小出血点；肠黏膜淋巴结、圆小囊和胸腺多数充血、出血，脑膜和脑内出血;胰有出血点;膀胱积尿。

诊断方法

(1)电镜检查　将新鲜病兔尸体或采病死兔肝、肾和淋巴结等材料制成10%悬液,经超声波处理,离心沉淀后制备电镜标本,用2%磷钨酸染色,电镜观察。若检出病毒,可确诊。

(2)血清学检查　用人的O型红细胞作血凝(HA)试验和血凝抑制(HI)试验。

①HA试验:将病料匀浆,取上清液,在微量板上做2倍稀释,加入1%人O型红细胞。于37℃作用60分钟,若凝集,则证明有病毒存在。

②HI试验:用已知抗兔出血症血清,检查病料中的未知病毒。在96孔V形微量滴定板上加被检病料(肝组织悬液),做2倍稀释,然后加抗血清,摇匀,再加入1%人O型红细胞悬液,于37℃作用30分钟观察结果。凡被已知抗血清抑制血凝者,证明本病毒存在,为阳性。

(3)动物试验　采取病死兔的肝、脾或肺,制成(1∶5)~(1∶10)悬液,经双抗处理,接种2~3只兔。若兔发病死亡,与自然病例的症状和病变相同,即可做出诊断。

防制措施

(1)预防　①加强饲养管理,坚持做好卫生防疫工作,加强检疫与隔离。②深埋病死兔,对兔笼、用具等进行彻底消毒。③用兔出血症组织灭活苗,对家兔按防疫程序接种,免疫期可达6个月。

研究表明,家兔的日龄不同,对疫苗的反应的敏感性不同。35日龄以前注射兔瘟疫苗,产生的抗体浓度低,持续时间短。而40日龄以后敏感性增强。因此,兔瘟疫苗的免疫时间非常重要。一般建议35~45日龄首次免疫,在颈部皮下注射兔瘟组织灭活苗2毫升,20天后加强免疫一次,皮下注射1毫升。此后每4~6个月免疫一次,一般免疫剂量2毫升。

生产中发现,注射兔瘟单苗较注射联苗(如兔瘟-巴氏杆菌二联苗、兔瘟-巴氏杆菌-魏氏梭菌三联苗等)免疫效果好。因此,建议首选单苗。

(2)治疗　本病无良好治疗方法,应用以下方法有一定作用。①发病后划定疫区,隔离病兔。②疫区和受威胁区可用兔出血症灭活苗或兔出血症细胞培养甲醛灭活苗进行紧急接种,每只兔注射3～4毫升。③对发病初期的兔肌内注射高免血清或阳性血清,成年兔每千克体重3毫升,60日龄前的兔每千克体重2毫升。待病情稳定后,再注射组织灭活苗。④在紧急预防接种的同时,腿部肌肉注射干扰素1毫升,以在短期内抑制兔瘟病毒的复制,对于在短期内控制病情有良好效果。⑤对病兔静脉或腹腔注射20%葡萄糖盐水10～20毫升,庆大霉素4万单位,并肌内注射板蓝根注射液2毫升及维生素C注射液2毫升,以增强抗病能力,防止继发感染。⑥板蓝根、大青叶、金银花、连翘、黄芪等份混合后粉碎成细末,幼兔每次服1～2克,日服2次,连用5～7天;成年兔每次服2～3克,日服2次,连用5～7天。也可拌料喂,以提高家兔的免疫力和抵御兔瘟病毒的能力。

二、兔传染性水疱性口炎

本病是由水疱性口炎病毒引起的兔的一种急性传染病,其特征为口腔黏膜发生水疱性炎症并伴有大量流涎,故又称"流涎病"。本病毒属于弹状病毒科,水疱病毒属,主要存在于病兔的水疱液、水疱皮及局部的淋巴结内。在4℃时能存活30天,－20℃能长期存活。加热至60℃或在阳光的作用下,很快失去毒力,常用消毒药可在数分钟内杀灭病毒。

流行病学　病兔是主要的传染源,经消化道而感染,发病率约67%,死亡率可达50%左右。主要侵害1～3月龄的幼兔,最常见的是断奶后1～2周龄的仔兔,成年兔发生较少。饲养管理不良,饲喂霉烂和有刺的饲料,口腔损伤等可诱发本病。春秋两季多发。

临床症状　该病的潜伏期为5～7天。发病初期口腔黏膜潮红、充血,随后在唇、舌、硬腭及口腔黏膜等处出现粟粒大至扁豆大的水疱,水疱内充满含纤维素的清澈液体。不久水疱破溃,形成烂斑和溃疡,同时大量流涎。随着流涎使下腭、髯、颈、胸部和前爪沾湿，该处的绒毛粘成一片。局部的皮肤由于经常浸湿和刺激而发生炎症和脱毛。外生殖器也可见溃疡性的损害。常由于细菌的继发感染而引起唇、舌和口腔其他部位黏膜的坏死，并伴有恶臭。由于口腔损害，食欲减退或不食，随着损害严重，则发热、沉郁、腹泻、日渐消瘦、虚弱。病程一般2～10天，最后因衰竭而死。但需注意与兔痘、化学药物、有毒植物、真菌毒素的刺激和物理损伤等引起的口炎相区别。

病理变化　口腔黏膜、舌和唇黏膜有水疱、糜烂和溃疡；咽、喉头部聚集有多量泡沫样的唾液，唾液腺肿大发红；胃扩张，充满黏稠的液体；肠黏膜特别是小肠黏膜有卡他性炎症变化，尸体十分消瘦。

诊断方法　采取患兔的水疱液、水疱皮或口腔分泌物等病料以Hank's液作1∶5稀释，加入抗生素后用6号玻璃滤器过滤，滤液接种兔肾原代单层细胞或BHK21细胞株，如有本病毒存在，常于接种后8～12小时发生细胞病变，并可用已知抗体鉴定所分离的病毒。也可应用已知病毒检查康复兔血清中的抗体浓度，进行诊断。

防制措施

(1)预防　平时应加强饲养管理，特别是在春秋两季要严格卫生防疫措施，防止引进病兔。对健兔也可用磺胺二甲基嘧啶预防，每千克精料拌入5克，或每千克体重0.1克内服，每日1次，连用3～5天。发现病兔立即隔离治疗，并加强饲养护理。兔舍、兔笼及用具等用2%烧碱液，20%热草木灰水或0.5%过氧乙酸消毒。

(2)治疗　用磺胺二甲基嘧啶治疗，每千克体重0.1克内服，每日1次，连服数天，并用苏打水作为饮水。也可用磺胺或抗生素治疗，控制继发感染。用病毒灵1片(0.2克)，复方新诺明1/4片(0.125克)，维生素B_1 1片、维生素B_2 1片，一起研成粉末，为1只兔1次内服量，每日2次，连服4天。口腔用2%硼酸液或明矾水冲洗、涂碘甘油或青黛散同时进行对症治疗，用金银花或野菊花煎水拌料喂，并给予优质柔嫩易消化饲料，避免使用粗硬饲料再损伤口腔黏膜。

三、巴氏杆菌病

巴氏杆菌病是由多杀性巴氏杆菌引起的疾病。兔对多杀性巴氏杆菌易感,并存在若干临诊类型。其中有传染性鼻炎、地方流行性肺炎、中耳炎、结膜炎、子宫积脓、睾丸炎、脓肿以及全身败血症等形式。常引起家兔大批发病和死亡,是家兔的一个主要细菌性疾病。多杀性巴氏杆菌,为革兰氏阴性,不产生芽孢,短的两极染色杆菌。在人工培养基上可形成光滑型、粗糙型和黏液型菌落,认为黏液型最有致病力。本菌对外界不利因素的抵抗力不强,在直射日光和干燥的情况下迅速死亡;加热到75℃,或在56℃时经过45～60分钟,就会很快死亡;一般消毒药的低浓度溶液(如1%石炭酸液、3%来苏儿、1%漂白粉液、5%石灰水)在数分钟至十数分钟内可使之死亡;但在尸体内可存活1～3个月,在粪便中也能存活1个月左右。

流行病学　巴氏杆菌病是家兔最常发生的疾病之一,秋季和春季发病率最高,而在夏季则最低,呈现散发或地方性流行。许多鼻腔内携带病原体的无症状兔,在某些应激形式削弱了寄主的抵抗力时,细菌便乘机繁殖,从而开始了明显的临诊经过。

多杀性巴氏杆菌广泛分布在养兔场内,经常可以从多数健康兔(带菌者)的鼻腔黏膜和病兔的血液、内脏器官以及死于本病的兔尸体中分离出来。多杀性巴氏杆菌可通过呼吸道途径由母兔传播给后代。当兔群内引进新兔时,可造成病原体的传播与扩散。无临诊症状的带菌兔引进兔群,病原体便迅速蔓延起来,易感兔因败血症和肺炎而死亡,耐过兔则发展成为传染性鼻炎、中耳炎以及前面所提到的其他临诊类型。

临床症状和病理变化　根据病菌的毒力、数量、兔体的抵抗力以及侵入部位等的不同,本病的潜伏期也不同,一般几个小时至5天或更长。本病有以下几种临床类型:

(1)传染性鼻炎型　它是以浆液性或黏液脓性鼻液为特征的鼻炎和副鼻窦炎。此类型很常见,一般传染很慢,但时常成为本病的病源,而导致兔群不断发病。发病的初期主要表现为上呼吸道卡他性炎症，流出浆液性液体，而后转为黏液性以及脓性鼻液。病兔经常打喷嚏、咳嗽，由于分泌物刺激鼻黏膜，常用前爪擦鼻部，使局部被毛潮湿、缠结、甚至脱落。上唇和鼻孔皮肤、黏膜红肿，发炎。一段时间后，鼻涕变得更多、更稠，在鼻孔周围结痂，堵塞鼻孔，致使呼吸困难；同时，病原菌通过喷嚏、咳嗽污染整个环境再感染其他家兔。由于病兔经常抓擦鼻部可将病菌带入眼内、耳内或皮下，从而引起化脓性结膜炎、角膜炎、中耳炎、皮下脓肿、乳腺炎等并发症。最后常因精神委顿、营养不良、衰竭而导致病兔死亡。

剖检病兔，鼻腔内有多量鼻液，其性状因病程长短而不同。当从急性型转为慢性型时，鼻液从浆液性变成黏液性以致黏液脓性。外鼻孔周围皮肤有炎症，鼻腔和副鼻窦黏膜发红或水肿，慢性阶段其黏膜增厚。组织学变化，急性阶段可见黏膜充血、黏膜下水肿、黏膜下层有炎性细胞。在亚急性至慢性阶段，黏膜上皮含有许多杯状细胞，有些区域可能出现糜烂，鼻腔内有大量的炎性细胞及细菌。

(2)肺炎型　本病往往呈现急性纤维素化脓性肺炎和胸膜炎，并常导致败血症的结局。

病初表现为食欲不振和精神沉郁，常以败血症而告终，很少能见到明显的肺炎临床症状。

剖检病兔，病变多见于肺的前下方。由于病程及严重程度有很大差异，所以病变分为实变、膨胀不全、脓肿和灰白色小结节病灶等 4 种形式。肺实质区有出血，纤维素覆盖胸膜表面，膨胀不全。严重时，可见包围脓肿的纤维组织。在病程的后期主要表现为脓肿或整个肺小叶的空洞。

(3)中耳炎型　家兔中耳炎的发生具有地方性，可直接感染，也可通过污染的笼具、食具或通过空气感染，但并不出现明显的临床症状，病原菌通过耳咽管而到达中耳引起感染。进一步感染内耳，严重时病原菌进入脑膜和脑实质。临床上见到的斜颈病兔是病菌感染扩散到内耳和脑部的结果，而不是单纯中耳炎的临床症状。如果感染扩散到脑

膜和脑组织，则可出现运动失调和其他神经症状。

剖检病兔，在一侧或两侧鼓室内有一种奶油状的白色渗出物。病的初期鼓膜和鼓室内壁变红，内膜上皮含有许多杯状细胞，黏膜下层有淋巴细胞和浆细胞浸润。有的鼓膜破裂，脓性渗出物流出外耳道。感染扩散到脑，可出现化脓性脑膜脑炎。

(4)生殖系统感染型　多见于成年兔，交配是主要的传染途径，因此，母兔的发病率高于公兔。另外，败血型和传染性鼻炎型的病兔，细菌也可转移到生殖器官，引起感染。母兔的发病通常没有明显的临床症状，但有时表现为不孕并伴有黏液脓性分泌物从阴道流出，如转为败血症，则往往造成死亡。公兔感染后，开始在附睾出现病变，进而表现一侧或两侧的睾丸肿大，质地坚硬，有的伴有脓肿。

剖检病兔，慢性感染时，子宫高度扩张，子宫壁变薄、呈淡黄褐色，子宫内充满黏稠的奶油样脓性渗出物，组织学变化主要表现为子宫上皮常发生溃疡，黏膜固有层有炎性细胞浸润。

(5)结膜炎型　主要表现为眼睑中度肿胀，结膜发红，在眼睑处经常有浆液性、黏液性或黏液脓性分泌物存在。炎症转为慢性时，红肿消退，而流泪经久不止。

(6)败血症型　急性型亦称出血性败血症。病兔精神委顿，废食，呼吸急促，体温40℃以上，鼻腔有浆液性、黏性分泌物，有时出现腹泻。临死前体温下降，四肢抽搐，病程短者24小时内死亡，较长者1～3天后死亡。流行开始也有不表现任何异常者，而突然死亡。

剖检病兔，主要表现为全身性出血、充血和坏死。鼻黏膜充血，有黏液脓性分泌物。喉头黏膜充血、出血，气管黏膜充血、出血，伴有多量红色泡沫。肺严重充血、出血，高度水肿。心内、外膜有出血斑点，肝变化，有许多小坏死点。脾、淋巴结肿大、出血。肠黏膜充血、出血。胸腔均有淡黄色积液。

诊断方法　根据临床症状和病理剖检可做出初步诊断，结合细菌学检查即可确诊。

(1)细菌学诊断　败血症病例可从心血、肝、脾或体腔渗出物等取病料作细菌学检查。其他类型病例主要从病变部位的脓汁、渗出物和呼吸道、阴道分泌物中分离检查病原菌。

(2)血清学诊断　可采用试管法、玻片法、间接荧光抗体法、琼脂扩散试验等血清学方法进行诊断。

防制措施

(1)预防　①建立无多杀性巴氏杆菌的种兔群是预防本病的最好方法。②坚持自繁自养,如引入兔子时,必须隔离观察 1 个月,并进行细菌学和血清学的检查,健康者方可混群饲养。③定期进行疫苗注射防疫,同时加强环境卫生和消毒措施。

以传染性鼻炎为特征的巴氏杆菌病是一种环境病,其发病规律如下:①饲养密度。饲养密度越大,发病率越高。反之,低密度饲养,发病率较低。②兔笼层次。以 3 层兔笼饲养来看,上层笼饲养的兔子,鼻炎的发生率较高,而底层笼发病率较低。③兔笼摆放位置。在一个多列式排放的兔舍内,鼻炎的发生特点是靠近北墙和南墙放置的兔笼发病率较高,尤其是冬季靠近南面墙的笼子发病率最高,位于中间放置的兔笼发病率较低。④饲养方式。室外笼养发病率低于室内笼养,小规模家庭兔场低于大规模兔场。⑤品种。肉兔的发病率最低,毛兔最高,獭兔居中。⑥年龄。幼兔阶段鼻炎的感染率和感染速率最大,幼兔到青年兔的过渡期也有较高的易感性。似乎在家兔快速生长发育阶段鼻炎的易感性也高。降低兔群的整体发病率,应从小兔开始,狠抓幼兔和青年兔,严格控制种兔。⑦季节。传染性鼻炎四季都可发生,除了冬季较重以外,其他季节间的差异表现得并不十分明显。每个季节都有不同的诱发因素。比如,春秋两季气温不稳定,而夏季高温加重了呼吸系统的负担,冬季寒流和污浊气体(主要是室内养殖)等,都可诱发鼻炎的发生,至于哪个季节发病率高与低,主要取决于当时当地诱发因素的刺激强度。⑧兔场。不同的兔场鼻炎的发病率差异很大,这除了与饲养密度、饲养方式、品种和营养条件以外,主要取决于兔群的基础条件和管理水平。当一个兔场引进高发病率的兔群时,必然给以后疾病的控制带来难度。一个管理不当的兔场,鼻炎及其他疾病的比例自然上升。

因此，控制本病，环境是关键。而在环境控制中，通风换气、湿度和饲养密度是关键要素。

(2)治疗　可用青霉素类、广谱抗生素等进行治疗。链霉素：每千克体重 2 万～4 万单位，肌内注射，每日 2 次，连用 5 天；氯霉素：每千克体重 60～100 毫克，肌内注射，每日 2 次，连用 5 天；急性病例按每千克体重 4～6 毫升，皮下注射高免血清效果显著；有呼吸道症状的病兔，可用青霉素、链霉素、卡那霉素等滴鼻，每次 3～4 滴，每天 2～4 次，有一定效果；氟苯尼考皮下或肌内注射，一次量：每千克体重 0.1 毫升，每隔 24 小时一次，连用 2 次；鼻炎一针灵用 20 毫升生理盐水或注射用水稀释，待摇匀充分溶解后，供肌内注射或静脉注射。一次量每千克体重 0.5 毫升，重症加倍，间隔 7 天再注射一次，防止复发；兔饮水每 100 克本品兑水 400 千克，集中饮水，连用 2～3 天，拌料 200 千克。预防量酌减或遵医嘱，适用于规模化兔场呼吸道疾病的全群治疗与预防。

四、支气管败血波氏杆菌病

支气管败血波氏杆菌病是由支气管败血波氏杆菌引起的一种家兔常见的传染病，其特征是慢性鼻炎、咽炎和支气管肺炎，成年兔发病较少，幼兔发病死亡率较高。支气管败血波氏杆菌为一种细小杆菌，革兰氏阴性，有鞭毛、能运动，不形成芽孢，严格嗜氧性，多形态，由卵圆形至杆状，常呈两极染色；在麦康凯培养基上生长良好，菌落大，圆整，突起，光滑，不透明，呈乳白色；在鲜血培养基上一般不溶血，但有些菌株具有溶血能力，不发酵多种糖类，不形成吲哚，不产生硫化氢，能分解尿素，利用枸橼酸钠，V-P 试验阳性。

流行病学　本病多发生于气候多变的春秋两季，经常和巴氏杆菌病、李氏杆菌病并发。主要通过呼吸道而感染，当机体受到各种因素，如气候骤变、感冒、寄生虫病等的影响而降低机体的抵抗力，或其他诱因如灰尘和强烈性气体的影响，致使上呼吸道黏膜的保护屏障受到破坏，易于引起发病。鼻炎型经常呈地方性流行，而支气管肺炎型多呈散发性。成年家兔多发生散发性、慢性支气管肺炎型，仔兔和青年兔则呈急性支气管败血型。

临床症状

(1)鼻炎　在家兔中经常发生，多数病例鼻腔流出少量浆液性或黏液性的分泌物，通常不变为脓性。当消除其他诱因之后，在很短的时间内便可恢复正常，但是出现鼻中隔的萎缩。

(2)支气管肺炎　其特征是鼻炎长期不愈，鼻腔流出黏液或脓性分泌物，呼吸加快，食欲不振，逐渐消瘦，病程较长，一般经过7～60天，可发生死亡。但也有些病例经数日之久不死，仅宰后检查肺部见有病变。

病理变化　病兔的鼻腔有浆液性、黏液性或黏液脓性分泌物。严重时出现小叶性肺炎或支气管肺炎，肺表面光滑、水肿，有暗红色突变区，切开后有少量液体流出。有的肺区有大小不一的脓灶，多者可占肺体积的90%以上，脓灶内积满黏稠、乳白色脓汁。组织学变化主要表现为肺泡内充满纤维素和脱落上皮细胞及大量炎性细胞。

诊断方法　根据临床症状、病理剖检及细菌学检查即可确诊。进行细菌分离时，应注意与巴氏杆菌病和葡萄球菌病区别；葡萄球菌为革兰氏阳性球菌，而波氏杆菌为革兰氏阴性杆菌。巴氏杆菌和波氏杆菌均为革兰氏阴性，两者形态极为相似，但巴氏杆菌在普通培养基和肉汤培养基上易生长，而波氏杆菌则在麦康凯琼脂上生长良好；巴氏杆菌能发酵葡萄糖，而波氏杆菌则不发酵葡萄糖等。

防制措施

(1)支气管败血波氏杆菌与巴氏杆菌一样可在成年兔的呼吸道内繁殖，因此，必须检出带菌者，捕杀或淘汰，以建立无支气管败血波氏杆菌的兔群。

(2)注意加强饲养管理，改善饲养环境，做好防疫工作。

(3)对发病的家兔进行药物治疗，首先将分离到的支气管败血波氏杆菌作药物敏感试验，选择有效的药物治疗。可用磺胺类药物、庆大霉素进行治疗。

(4)用分离到的支气管败血波氏杆菌，制成氢氧化铝甲醛菌苗，进

行预防注射，每年免疫两次，可以控制本病的发生。

本病的发生往往与巴氏杆菌混合感染，可以饲用防治巴氏杆菌病的药物予以防治。疫苗注射选用巴氏杆菌-波氏杆菌二联苗，比单一疫苗效果好。

五、魏氏梭菌病

魏氏梭菌病是由 A 型魏氏梭菌产生的外毒素引起的一种急性肠道传染病，其特征为泻下大量的水样或血样粪便，脱水死亡。病原体为两端稍钝圆的革兰氏阳性大杆菌。该病的发病率和死亡率均较高。

流行病学 各种年龄的家兔均易感，但以 1～3 月龄的幼兔发病率最高，一年四季均可发生，但以冬、春季发病率最高，这主要是因为冬、春季饲料质量不稳定，饲料蛋白水平忽高忽低所致。此外，饲养管理不良及各种应激因素可诱发本病的暴发。

临床症状 突然发病，急性下痢，排黑色水样或带血胶冻样粪便，有特殊臭味，体温不高。多数病兔在下痢后 1～2 天死亡，少数可拖至 7 天或更长。

病理变化 尸体外观不见明显消瘦，主要表现为胃溃疡，胃黏膜出血、脱落。盲肠、结肠黏膜有出血斑，内充有气体和黑绿色稀薄内容物，并有腐败气味。肝脏质地变脆；脾脏呈深褐色。

诊断方法 取空肠或回肠内容物涂片染色镜检，可见革兰氏阳性、两端钝圆的大杆菌。同时用病料以生理盐水制成悬液，离心沉淀后，将上清液用蔡氏滤器过滤除菌，再将一定量滤液注入健康小鼠腹腔，如小鼠 24 小时死亡，则证明肠内有毒素存在，即可确诊。

防制措施

(1)预防 ①加强饲养管理，搞好环境卫生，以增强兔群的抗病能力。兔舍内要限制养兔的数量，避免过于拥挤。控制兔舍内的湿度，经常保持干燥。②严格控制饲料。首先饲料中的粗纤维含量适当提高，第二，保证饲料的质量，防止霉变和污染。当鱼粉质量不佳的时候，宁可不用也不要冒险。第三，饲喂有规律，防止饥饱不均，突然更换饲料等。③及时预防接种。一般繁殖母兔于春、秋季注射A型魏氏梭菌灭活苗1次，断奶仔兔应立即注射疫苗。④发病兔群应暂时撤离场地，彻底消毒。少喂菜根、菜叶等多汁饲料。⑤对于发生疾病的兔场，采取减少精饲料，增加青饲料和粗饲料，饮水中大剂量添加微生态制剂，对于尽快控制本病有良好效果。⑥兔场发病期间，严格饲养员的卫生管理，包括饲养员本人、用具、饲料和饮水，禁止相互串门。

(2)治疗　①在饲料中加入金霉素，每千克饲料加0.01克。②口服喹乙醇，每千克体重5毫克，每日2次，连用4天。③肌内注射卡那霉素，每千克体重20毫克，每日2次，连用3天。④在应用抗菌素的同时，还可在饲料中添加活性炭、维生素B_{12}等辅助药物。⑤大剂量口服微生态制剂(成年家兔每次10毫升，每天2～3次)。

对于发病初期的患兔，在用药的同时，给予补液和解毒，可达到事半功倍的效果。严重患兔，内脏已经受到严重损伤，治疗意义不大。

六、大肠杆菌病

大肠杆菌病是由致病性大肠杆菌及其毒素引起的一种暴发性、死亡率很高的仔兔肠道疾病。以水样或胶冻样粪便和严重脱水为特征，又称黏液性肠炎。大肠杆菌属于肠杆菌科中的大肠埃希氏菌属，为革兰氏阴性、无芽孢、有鞭毛的短小杆菌，该菌血清型较多，为需氧或兼性厌氧菌，最适生长温度37℃，pH值7.2～7.4。对营养要求不严格，在普通培养基上生长良好。在普通琼脂培养基上生长后，形成光滑、湿润、乳白色、边缘整齐、隆起的中等大菌落。在普通肉汤中生长，呈均匀浑浊，形成浅灰色粘液状沉淀。麦康凯培养基，由于本菌发酵乳糖，形成的菌落为紫红色；在伊红美蓝琼脂上生长，由于发酵乳糖产酸，使伊红和美蓝结合，形成紫黑色带金属光泽的菌落。该菌抵抗力中等，在水中能存活数周到数月，一般消毒药能将其迅速杀死。

流行病学　因大肠杆菌在自然界广泛存在，故本病一年四季均可

发生。当饲养管理不当或天气剧变时，兔体抵抗力下降，大肠杆菌数量会急剧增加，从而导致本病发生。该病常与沙门氏菌病、梭菌病和球虫病等有协同作用，导致肠道菌群紊乱，而引起腹泻，甚至死亡。各种年龄的兔均易感，但主要发生在1～4月龄的幼兔，断奶前后的仔兔发病率、死亡率都较高。

临床症状　本病潜伏期4～6天。最急性病兔无任何症状即突然死亡。急性者1～2天内死亡，慢性者经7～8天，由于下痢消瘦衰竭而死亡。病兔体温不高，精神沉郁，食欲不振，腹部由于充满气体和液体而膨胀，剧烈腹泻，肛门、后肢、腹部及足部的被毛被黏液及黄色水样稀便玷污，常带有大量胶冻状黏液和一些两头尖的粪便。病兔四肢发冷，磨牙，流涎，眼眶下陷，迅速消瘦。

病理变化　主要病变在消化道，胃膨大，充满大量液体和气体，胃黏膜上有出血、十二指肠充满气体和染有胆汁的黏液；回肠、空肠和结肠充满半透明胶冻样黏液，将细长、两头尖的粪便包埋其中，并伴有气泡；肠道黏膜充血，出血，水肿；胆囊扩张，黏膜水肿；肝、心局部有点状坏死病灶。

诊断方法

(1)病原学检查　采取病料涂片，染色后直接镜检，观察是否有大肠杆菌。取结肠、盲肠内容物于麦康凯培养基培养，呈粉红色较大菌落，可分离到纯大肠杆菌。可做生化反应或动物试验，进行诊断。

(2)血清学检查　可用血清学凝集试验、酶联免疫吸附试验等方法进行检查。此外，还可做家兔肠段结扎试验，检查肠毒素ST和LT，但效果较差。

防制措施

(1)预防　要靠加强饲养管理，搞好兔舍卫生，定期消毒，减少应激因素，特别在断奶前后饲料品质要稳定。可在断奶前后用药物预防本病发生。严格饲料质量，保证粗纤维含量的比例不低于12%，控制劣质饲料原料饲用比例，适当添加酶制剂，防止饲料霉变，控制兔舍湿度，保持干燥。对于刚刚断奶的小兔适当控制喂量，可以降低发病率。平时饮水中或饲料中添加微生态制剂,可以有效控制本病的发生。

(2)治疗　本病有很多药物治疗有效,但大肠杆菌易产生耐药菌株,最好先从病死兔分离细菌做药敏试验,选出特效的药物进行治疗。可用抗生素、磺胺类药物治疗。要实行对症疗法,静脉滴注或皮下注射葡萄糖生理盐水,或口服补液盐及收敛药物,防止脱水,保护肠黏膜,促进治愈。大剂量使用微生态制剂,可有效控制其发生和发展。

七、葡萄球菌病

葡萄球菌病是由金黄色葡萄球菌引起的致死性脓毒败血症和各器官部位的化脓性炎症,是一种常见的兔病,死亡率很高。金黄色葡萄球菌在自然界中分布很广,如在空气、水、尘土和各种物体表面以及人、畜的皮肤、毛发和爪甲缝中都会大量存在,尤其在肮脏潮湿的地方更是如此。在正常情况下,本菌一般不会致病,但当皮肤、黏膜有损伤时,即可乘机侵入机体,造成危害。本菌对外界环境因素的抵抗力较强。

金黄色葡萄球菌对家兔的致病力特别强,能产生很高效价的凝固酶、溶血素、杀白细胞素等 8 种有毒物质,这些毒素成为炎症发展过程的决定因素。葡萄球菌能够从原发病变的病灶进入血流,在急性败血症的情况下,它在血液内能够迅速繁殖,并进入其他部位。

流行病学　家兔是对金黄色葡萄球菌最敏感的一种动物。通过各种不同途径都可能发生感染,尤其是皮肤、黏膜的损伤,哺乳母兔的乳头口是葡萄球菌进入机体的重要门户。

临床症状及病理变化　根据病菌侵入机体的部位和继续扩散的情况不同,可表现多种不同的临床类型:

(1)转移性脓毒血症　在头、颈、背、腿等部位的皮下或肌肉、内脏器官形成一个或几个脓肿。一般脓肿常被结缔组织包围形成囊状,手摸时感到柔软而有弹性,脓肿的大小不一,一般由豌豆至鸡蛋大。患有皮下脓肿的病兔,一般精神和食欲不受影响。当内脏器官形成脓肿时,患部器官的生理机能受到明显影响;当脓肿向内破溃时,通过血液和淋

巴液导致全身性感染，呈现脓毒血症，病兔导致死亡。

病兔或死兔的皮下、心脏、肺、肝、脾等内脏器官以及睾丸、附睾和关节有脓肿。在大多数情况下，内脏脓肿常有结缔组织构成的包膜，脓汁呈乳白色乳油状。有些病例引起骨膜炎、脊髓炎、心包炎和胸、腹膜炎。

(2)兔脓毒败血症　仔兔出生后2～6天，在多处皮肤，尤其是腹部、胸部、颈、颌下和腿部内侧的皮肤引起炎症，这些部位的表皮出现粟状大小的白色脓疱。多数病例于2～5天内以败血症的形式死亡。较大的乳兔患病，可在上述部位皮肤上出现黄豆至蚕豆大白色脓疱，病程较长，最后消瘦死亡。幸存的患兔，脓疱慢慢变干，逐渐消失而痊愈。

患部的皮肤和皮下出现小脓疱为本病最明显的病理变化，脓汁呈乳白色乳油状物，在多数病例的肺脏和心脏上有许多白色小脓疱。

(3)脚皮炎　金黄色葡萄球菌感染兔脚掌心的表皮，开始出现充血、发红、稍肿和脱毛，继而出现脓肿，以后形成大小不一，经久不愈的出血溃疡面。病兔的腿不愿移动，同时食欲减退、消瘦，有些病例发生全身性感染，呈败血症症状，很快死亡。

(4)乳房炎　哺乳母兔由于乳头或乳房的皮肤受到污染或损伤，金黄色葡萄球菌侵入后引起炎症。哺乳母兔患病后，体温升高。急性乳房炎时，乳房呈紫红色或蓝紫色；慢性乳房炎初期，乳头和乳房局部发硬，逐渐增大。随着病程的发展，在乳房表面或深层形成脓肿。

(5)仔兔黄尿病(又称仔兔急性肠炎)　仔兔吃了患乳房炎母兔的乳汁而引起的一种急性肠炎。一般全窝发生，病仔兔的肛门四周被毛和后肢被毛潮湿、腥臭，患兔昏睡，全身发软，病程2～3天，死亡率较高。肠黏膜充血、出血，肠腔充满黏液，膀胱极度扩张并充满尿液。

(6)鼻炎　细菌感染鼻腔黏膜而引起的一种较慢性的炎症，患兔鼻腔流出大量的浆液脓性分泌物，在鼻孔周围干结成痂，呼吸常发生困难，打喷嚏；患兔常用前爪摩擦鼻部，使鼻部周围被毛脱落，前肢掌部也脱毛擦伤，常导致脚皮炎的发生；患鼻炎的家兔易引起肺脓肿、肺炎和胸膜炎。

诊断方法　根据本病的各种病型都有一定的特征性症状和病理变化，可以作出初步诊断。确诊必须根据镜检、病原分离以及鉴定。如菌落呈金黄色，在鲜血琼脂下溶血，能发酵甘露醇，凝血浆酶阳性，证明就是金黄色葡萄球菌。

防制措施

(1)兔笼、运动场要保持清洁卫生，清除一切锋利的物品；笼内不能太挤，将性情暴躁好斗的兔分开饲养；产箱要用柔软、光滑、干燥而清洁的绒毛或兔毛铺垫。

(2)怀孕母兔产仔前后，可根据情况适当减少优质的精料和多汁饲料，以防产仔后几天内乳汁过多过浓；断乳前减少母兔的多汁饲料，也可减少或不发生乳房炎。

(3) 仔兔黄尿病，首先应防止哺乳母兔发生乳房炎。对已患病的可用青霉素和庆大霉素肌内注射和口服磺胺噻唑或长效磺胺。

(4)仔兔脓毒败血症，对体表脓肿每天用5%龙胆紫酒精或碘伏溶液涂擦，全身治疗可肌内注射青霉素、庆大霉素。

(5)皮下脓肿、脚皮炎，用外科手术排脓和清除坏死组织，患部用3%结晶紫、石炭酸溶液或5%龙胆紫酒精溶液涂擦，应用青霉素局部治疗。

(6)鼻炎，防止家兔伤风感冒，对患兔应用抗生素滴鼻治疗。

八、沙门氏杆菌病(副伤寒)

本病是主要由鼠伤寒沙门氏菌和肠炎沙门氏菌引起的一种以败血症和急性死亡、并伴有下痢和流产为特征的疾病。以幼兔和怀孕母兔的发病率和死亡率最高。鼠伤寒沙门氏杆菌和肠炎沙门氏杆菌，新分离的菌株为卵圆形杆菌，革兰氏阴性，无荚膜，不产芽孢，除了鸡白痢沙门氏杆菌一类外，都能运动，嗜氧兼厌氧。沙门氏杆菌具有形成毒素的能力，尤其是肠炎沙门氏杆菌和猪霍乱沙门氏杆菌能形成耐热的毒素，75℃经1小时仍不能破坏。本细菌的抵抗力中等。常用消毒剂，如

1%～3%来苏儿、5%石灰乳，可于几分钟内将它们杀死；60℃可在15～20分钟内杀死。肠炎沙门氏杆菌在干粪中可以存活2年7个月，在干土中则为16个月，在湿土中12个月，在水中3周；在污水中也许还能繁殖；在酸性介质中则迅速死亡。

流行病学　沙门氏杆菌为动物肠道寄生菌，带菌者和患病动物的粪便中可排出病原菌。在流行地区的下水道、池塘、河流、食物和饲料中常出现本菌，但难以在其中长久生存。沙门氏杆菌的宿主范围广泛，包括哺乳类、爬虫类和鸟类动物，同时通过一个感染动物可以把病原菌扩散到许多其他动物。饲料、饮水、垫草和兔笼的污染，还有直接接触感染动物，可以导致易感动物的传染。在不存在沙门氏杆菌的兔群中、病原菌主要是由于患病动物和带菌者及长期排菌者传入的。野生啮齿类常被怀疑为传染源，蝇类也可能是本病的传播者。

本病的自然感染途径以消化道为主，但幼畜也有在子宫内被感染的，此外，带菌者随着内外条件的改变，也可发生内源感染。管理不善、条件不良及患其他疾病，都能促使本病发生和传播。

临床症状　病原菌被易感动物摄入后，便侵入消化道的淋巴组织的细胞质内以及肠系膜淋巴结内。在这些部位增殖后，随着病原菌被网状内皮细胞的输送而开始了原发性败血症。发热、厌食和沉郁即与此菌血症阶段有关，疾病可能在此时消散，宿主恢复或变成带菌者。病原菌也可能经历另一增生期，而引起继发性的更严重的菌血症。可发生胆囊感染，病原菌在这里增殖，并随胆汁排入消化道。与继发性菌血症相吻合的急性症状为腹泻、败血症及死亡。原发性和继发性菌血症二者的急性症状也许与血流中的病原菌碎裂并释放内毒素直接有关，能造成不明显的慢性感染。如果条件的改变有利于病原菌时，它们便迅速增殖，而引起全身菌血症和相应的急性临诊表现。

超急性病例只单纯发现家兔死亡。急性病例的症状没有特异性，具有厌食、沉郁和发热。腹泻并不经常发现。受害的妊娠母兔发生流产，并有黏液脓性的阴道排出物，常于流产后死亡，如果在流产后复原，母兔将不能再妊娠产仔。

病理变化 病变因病程而异。当死于超急性期时，存在与败血症有关的病变。多见许多器官的充血以及腹腔、胸腔器官的表面与其他浆膜面的淤血出血。在胸、腹腔中有浆液以至浆液血样的液体。在急性期，可见肝内针尖大坏死灶，脾肿大而充血，透过肠壁的浆膜面看到肿胀的淋巴小结。其中最大的是淋巴集结，它们含有坏死灶，并在这些区域的黏膜面上形成溃疡。有时肠黏膜上也有充血和出血。黏膜下水肿，并浸润纤维素和多形核白细胞。肠系膜淋巴结增大和水肿。妊娠母兔或已流产的母兔呈现化脓性子宫炎，并在黏膜上形成溃疡。

诊断方法 确诊依靠分离并鉴定特异性的病原菌。一般分离病原菌是在尸检时采取血液、肝、脾及其他器官做培养。对活的动物可采血液和粪便进行培养。但是，得到阴性结果却不能做出没有传染的结论。有的研究者建议把新鲜粪便立即画线接种于鉴别培养基上。此外，应画线于非鉴别培养基，并接种于增菌培养基。在增菌培养基中培养8～12 小时后，然后画线于鉴别和非鉴别培养基上。可疑为沙门氏杆菌的菌落要继代培养，同时用生物化学试验与凝集反应进行鉴定。

防治措施 改进经常性的环境卫生工作，增强家兔的抗病能力。必须注意灭鼠，清除潜在的传播媒介，防止对饲料、饮水、垫草的污染。采购种兔时，应充分了解该地区和兔场内部疫病流行情况，防止引进病兔。在发病率高的地区，经重复的粪便培养与血清学试验，查出带菌者随时处理。隔离病兔，进行治疗。

应用鼠伤寒沙门氏杆菌灭活菌苗，对断奶兔注射单价或多价灭活苗，皮下或肌肉注射，注射后 7 天产生免疫力，每年应进行两次预防接种。考虑到抗药菌株的出现以及临诊治愈后有变成带菌者的可能性，有条件时应对分离的菌株作药敏试验，从而选用最有效的药物。

九、李氏杆菌病

李氏杆菌病又称单核细胞增多症，是以败血病经过，并伴有内脏器官和中枢神经系统病变为特征的急性传染病。本病是家畜、家禽、鼠类

及人共患的一种传染病。李氏杆菌两端钝圆、平直或弯曲，革兰氏阳性小杆菌，不能形成荚膜和芽孢，在多数情况下呈粗大棒状单独存在、或成“V”字形、或形成短链，有一根鞭毛，能运动。李氏杆菌为需氧及兼厌氧性菌，在普通培养基上能生长，在肝汤和肝汤琼脂上生长良好，呈圆形，光滑平坦，黏稠透明的菌落。该菌对外界环境具有较强的抵抗力，对高温抵抗力也比较强，100℃经15～30分钟死亡；用琼脂培养物制的菌液，在65℃经1小时死亡；2.5％苛性钠溶液20分钟，2％甲醛溶液20分钟被杀死；在0.25％石炭酸防腐液的血液内可存活1年以上。

流行病学　兔及其他各种畜禽和野生动物都可自然感染本病。病畜和带菌动物的分泌物及排泄物污染的饲料、用具、水源和土壤，经消化道、呼吸道、眼结膜、损伤的皮肤及交配而感染。啮齿动物是本菌在自然界中的贮存宿主，吸血昆虫也可成为传播媒介。本病多为散发，有时呈地方性流行，发病率低，死亡率高。幼兔和妊娠母兔易感性高。

临床症状　潜伏期为2～8天。病兔表现分为急性、亚急性和慢性3种类型。

(1)急性型　多发于幼兔，病兔体温可达40℃以上，精神沉郁，不食，鼻腔黏膜发炎，流出浆液性或黏液性分泌物，几小时或1～2天死亡。

(2)亚急性型　主要表现中枢神经机能障碍，作转圈运动，头颈偏向一侧，运动失调。怀孕母兔流产或胎儿干尸化，一般经4～7天死亡。

(3)慢性型　病兔主要表现为子宫炎、发生流产并从阴道内流出红色或棕色的分泌物，出现中枢神经机能障碍等症状。

病理变化　急性或亚急性死亡的病兔，肝上有针头大的淡黄色或灰白色的坏死点，心肌、肾、脾也有相似变化；淋巴结肿大或水肿；胸、腹腔或心包内有多量清亮的液体；皮下水肿；肺出血或水肿。慢性病例除上述病变外，子宫内积有化脓性渗出物或暗红色的液体；妊娠兔子宫内有胎儿腐败；子宫壁增厚有坏死病灶。有神经症状的病例，脑膜和脑组织充血或水肿。

诊断方法 根据流行病学、临床症状及病理解剖变化，并结合细菌学检查可以确诊。但要与巴氏杆菌病、脑脊髓膜炎等病相区别。

防制措施 对李氏杆菌病，目前尚无有效治疗方法，主要是加强防疫，特别是李氏杆菌病属于条件性传染病，病原菌在土壤中滋生，在阴雨连绵的季节要加强防疫改善饲养管理。

十、乳房炎

乳房炎多发生于产后5～20天的哺乳母兔，由于外伤而引起链球菌、葡萄球菌、大肠杆菌、绿脓杆菌等病原微生物的侵入感染；或笼舍内的锐利物损伤乳房，以及泌乳不足，仔兔饥饿，吮乳时咬破乳头；产前、产后饲喂精料和青饲料过多，使母兔乳汁过多、过稠，有些母兔拒绝给仔兔哺乳，均可使乳汁在乳房内长时间过量蓄积而引起乳房炎。

临床症状 病兔初期乳房红肿充血、发热、敏感，乳头发干，皮肤肿胀发亮，触之有痛感，母兔行走困难，不愿哺乳。急性乳房炎时，患部红肿，与健康部位界限明显，病兔不食，拒绝给仔兔喂奶。如发生葡萄球菌感染，会引起脓毒败血症，体温升高到41℃以上，触诊患部柔软似化脓状，刺破患部会流出褐色的血水。本病死亡率较高，严重者2～3天内死亡。

防制措施

(1)预防 保持笼舍的清洁卫生，清除玻璃碴、木屑、铁丝、挂刺等锐利物，尤其是笼箱出入口要平滑，以防乳房外伤。产前、产后适当调整母兔精料和青饲料的比例，以防乳汁过多或不足。

(2)治疗 发病后应立即隔离仔兔，选择其他母兔代哺或人工喂养。对轻症乳房炎，可挤出乳汁，局部涂以消炎软膏，如10%鱼石脂软膏、10%樟脑软膏、氧化锌软膏或碘软膏等。局部行封闭疗法，如用0.25%～1%盐酸普鲁卡因液5～10毫升，加入少量青霉素，平行腹壁刺入针头，注射于乳房基部。发生脓肿时，应及早行纵切开，排出脓汁，然后用3%双氧水等冲洗，按化脓创治疗。深部脓肿，可用注射器先抽

出脓汁，向脓肿腔内注入青霉素，全身可应用青霉素、磺胺类药物，以防发生败血症。愈后不宜再用作繁殖母兔。

十一、附红细胞体病

目前国际上将附红细胞体列为立克次氏体目、无浆体科、附红细胞体属。附红细胞体的种类很多，现已命名的大约 14 种。常见的有牛温氏附红细胞体、绵羊附红细胞体、猪附红细胞体和小附红细胞体、猫附红细胞体、犬附红细胞体、兔附红细胞体、山羊的附红细胞体等。其中猪、绵羊的附红细胞体致病力较强。

流行病学 附红细胞体的易感动物很多，包括哺乳动物中的啮齿类动物和反刍类动物。动物的种类不同，所感染的病原体也不同，感染率也不尽相同。奶牛的感染率为 58.59%，猪的感染率为 93.45%，犬为 49.5%，兔为 83.46%，鸡为 93.81%，人为 86.33%。

关于附红细胞体的传播途径说法不一。但国内外均趋向于认为吸血昆虫可能起传播作用。以蜱为媒介感染牛附红细胞体已有报道。有人报道猪虱是猪附红细胞体传播媒介之一，而有人认为哺乳仔猪发病是子宫内感染造成的。由于腹膜内和静脉注射含附红细胞体的血液，可以发生接触感染。也有人认为，此病可以通过猪胎盘进行垂直感染。许耀臣等(2001)对病猪舍中的蚊子进行研究观察，并且用蚊子对健康猪进行自然接种，复制出了该病，首次用实验证明了蚊虫的传播媒介作用。

该病的发生有明显季节性，多在温暖季节，尤其是吸血昆虫大量滋生繁殖的夏秋季节感染，表现隐性经过或散在发生，但在应激因素如长途运输、饲养管理不良、气候恶劣、寒冷或其他疾病感染等情况下，可使隐性感染的家兔发病，症状较为严重。曾在一些地方呈流行性发生，造成大批死亡(秦建华等，2003)。

通过对不同地区家兔附红细胞体病的诊断和调研来看，一些病例发生在 6～9 月间，与蚊虫滋生繁殖季节相吻合。因此认为，吸血昆虫为主要的传播媒介之一。但是，在冬季和其他非蚊虫季节，刚刚出生的仔兔也发生该病。因此，通过母子胎盘传播是另外一种主要途径。该病成年家兔以泌乳中期的母兔为甚，发病率可达30%～50%，死亡率可达发病数的50%以上。断乳小兔更为严重，发病率可达50%以上，死亡率可达发病数的80%以上。

临床症状　家兔尤其是幼兔临床表现为一种急性、热性、贫血性疾病。患兔体温升高，39.5～42℃，精神委顿，食欲减少或废绝，结膜苍白，转圈，呆滞，四肢抽搐。个别家兔后肢麻痹，不能站立，前肢有轻度水肿。乳兔不会吃奶。少数病兔流清鼻涕，呼吸急促。病程一般3～5天，多的可达1个星期以上。病程长的有黄疸症状，粪便黄染并混有胆汁，严重的出现贫血。血常规检查，家兔的红、白细胞数及血色素量均偏低。淋巴细胞、单核细胞、血色指数均偏高。一般仔幼兔的死亡率高，耐过的小兔发育不良，成为僵兔。

怀孕母兔患病后，极易发生流产、早产或产出死胎。

根据病程长短不同，该病分成3种病型。

(1)急性型　此型病例较少。多表现突然发病死亡，少数死后口鼻流血，全身红紫，指压褪色。有的患病家兔突然瘫痪，禁食，痛苦呻吟或嘶叫，肌肉颤抖，四肢抽搐。

(2)亚急性型　患病家兔体温升高可达42℃，死前体温下降。病初精神委顿，食欲减退，饮水增加，而后食欲废绝，饮水量明显下降或不饮。患病家兔颤抖，转圈或不愿站立，离群卧地，尿少而黄。开始兔便秘，粪球带有黏液或黏膜，后来拉稀，有时便秘和拉稀交替出现。后期病兔耳朵、颈下、胸前、腹下、四肢内侧等部位皮肤有出血点。有的病兔两后肢发生麻痹，不能站立，卧地不起。有的病家兔流涎，呼吸困难，咳嗽，眼结膜发炎。病程3～7天，死亡或转为慢性经过。

(3)慢性型　隐性经过或由亚急性转变而来。有的症状不十分明显。有些病程较长，逐渐消瘦，近年体质较弱的泌乳母兔该类型较多，采食困难，出现四肢无力，爬卧不动，站立不稳，浑身瘫软的症状。如果得到及时的治疗和照料，部分可逐渐好转。

病理变化　剖检急性死亡病例，尸体一般营养症状变化不明显，病程较长的病兔尸体表现异常消瘦，皮肤弹性降低，尸僵明显，可视黏膜苍白，黄染并有大小不等暗红色出血点或出血斑，眼角膜混浊，无光泽。皮下组织干燥或黄色胶冻样浸润。全身淋巴结肿大，呈紫红色或灰褐色，切面多汁，可见灰红相间或灰白色的髓样肿胀。

血液稀薄、色淡、不易凝固。皮下组织及肌间水肿、黄疸。多数有胸水和腹水，胸腹脂肪、心冠沟脂肪轻度黄染。心包积水，心外膜有出血点，心肌松弛，颜色呈熟肉样，质地脆弱。肺肿胀，有出血斑或小叶性肺炎。肝有不同程度肿大、出血、黄染，表面有黄色条纹或灰白色坏死灶，胆囊膨胀，胆汁浓稠。脾肿大，呈暗黑色，质地柔软，切面结构模糊，边缘不齐，有的脾有针头大至米粒大灰白色或黄色坏死结节。肾肿大，有微细出血点或黄色斑点，肾盂水肿，膀胱充盈，黏膜黄染并有少量出血点。胃底出血、坏死，十二指肠充血，肠壁变薄，黏膜脱落。空肠炎性水肿，如脑回状。其他肠段也有不同程度的炎症变化。淋巴结肿大，切面外翻，有液体流出。

实验室诊断　取活兔耳血或死亡患兔心血 1 滴于载玻片上，加 2 滴生理盐水后混匀，置 400 倍显微镜下观察，可见受到损伤的红细胞及其附着在红细胞上的附红细胞体。被感染的红细胞失去原有的正常形态，边缘不整而呈齿轮状、星芒状、不规则多边形等。

防制措施

(1)预防　在发病季节，消除蚊虫滋生地，加强蚊虫杀灭工作。注射是传播途径之一，因此，在疫苗注射或药物注射时，坚持注射器的消毒和一兔一针头。整个兔群用阿散酸和土霉素拌料，阿散酸浓度为 0.1%，土霉素浓度为 0.2%。抗病力的高低对临床表现率有重大影响，因此，保持兔体健康，提高免疫力，减少应激因素，对于降低发病率有良好效果。

(2)治疗

①四环素、土霉素，每千克体重 40 毫克，或金霉素，每千克体重 15 毫克，口服、肌内注射或静脉注射，连用 7～14 天。

②血虫净(三氮脒,贝尼尔),每千克体重5～10毫克,用生理盐水稀释成10%溶液,静脉注射,每天一次,连用3天。

③强力霉素15毫克/千克 体重,2次/天,连用2天。

④贝尼尔(血虫净)5毫克/千克体重,隔日一次;同时用强力霉素15毫克/千克体重拌料,连用3天,或10毫克/千克体重肌内注射,每天一次,连用3天。

⑤血虫杀(中药),每千克体重每天0.5克,连用3天,停3天,再用3天。

此外,用安痛定等解热药,适当补充维生素C、维生素B等,病情严重者还应采取强心,补液,补右旋糖苷铁和抗菌药,注意精心饲养,进行辅助治疗。

十二、流行性腹胀病

流行性腹胀病的病原目前尚不清楚,可能有多种病原菌参与,与饲料和饲养管理有很大关系。

流行病学 2004年上半年以来,陆续在河北省及周边地区发现该病。全年均可发生,春秋两季多发,各年龄和品种均可感染,以1～3月龄的幼兔为甚。尽管有地方性流行性,但同一地区兔场间有很大差异。饲养管理较好的兔场很少发病。而卫生和管理不善的兔场发病率较高。

临床症状 以胃肠鼓气为主要外部特征。患兔精神沉郁,食欲减退,体温变化不明显;粪便不整,有的腹泻,有的便秘,有的排出胶冻样物;腹胀如鼓,腹部触诊有的有硬物,晃动兔体有流水声。病程一般3天左右,难以自愈。任何药物效果均不明显。

病理变化 胃部鼓胀,上气下水,胃黏膜脱落,有的出现溃疡斑;小肠充满气体和稀薄内容物,部分肠壁出血和水肿;盲肠高度充气,内容物多数干硬;结肠和直肠多数充满胶冻样物,肠壁高度水肿。个别患兔肝、肾、脾肿大出血,肺淤血或出血。

诱因分析　①消化道冷应激。饲喂受到冰冻的饲料和冬季饮用冷水，容易诱发本病。②采食过量。断乳后的小兔如果自由采食，发病率较高。而适当控料，能较好地控制该病。③饲料发霉。④突然换料。⑤其他疾病诱发。很多病例是混合感染，包括与大肠杆菌、球虫、魏氏梭菌、巴-波氏杆菌等。⑥环境应激。多数病例由环境应激而诱发，包括断乳应激、气候突变、转群或长途运输等。

防制措施　据薛家宾报道(2008)，复方新诺明对本病有一定的预防和治疗作用。而采取综合措施，疾病可得到较好控制。

(1)控制喂量　对患兔先采取饥饿疗法或控制采食量，在疾病的多发期1～3月龄的幼兔限制喂量(自由采食的80%左右)。

(2)大剂量使用微生态制剂　平时在饲料中或饮水中添加微生态制剂，以保持消化道微生态的平衡，以有益菌抑制有害微生物的侵入和无限繁衍。当疾病高发期，微生态制剂加倍。当发生疾病时，直接口服微生态制剂，连续3天，有较好效果。

(3)搞好卫生　尤其是饲料卫生、饮水卫生和笼具卫生，降低兔舍湿度，是控制本病的重要环节。

(4)控制饲料质量　一是饲料营养的全价性；二是饲料中霉菌及其毒素的控制；三是饲料原料的选择，尽量控制含有抗营养因子的饲料原料和使用比例；四是适当提高饲料中粗纤维的含量；五是尽量缩短饲料的保存期，控制保存条件。

(5)预防其他疾病　尤其是与消化道有关的疾病，如大肠杆菌病、魏氏梭菌病、沙门氏菌病、球虫病和其他消化道寄生虫病。

(6)加强饲养管理　规范的饲养，程序化管理，是控制该病所需要的。减少应激，尤其是对断乳小兔的“三过渡”(环境、饲料和管理程序)，减少消化道负担，保持兔体健康，提高动物自身的抗病力是非常重要的。一旦发生疾病，在采取其他措施的同时，放出患兔活动，尤其是在草地活动，可使病情得到有效缓解。由此得到启发，采取“半草半料”法，也不失为预防该病的另一途径。

十三、球虫病

兔球虫病是家兔最常见的一种寄生虫病，它对养兔业的危害极大。患病后幼兔的死亡率也很高，一般可达40%～70%。耐过的病兔长期不能康复，生长发育受到严重影响，一般可减轻体重12%～27%。

兔球虫是一种单细胞的原虫，它在分类上属于原生动物门、孢子虫纲、球虫目、艾美科、艾美耳属。据文献记载共有14个种，其中除斯氏艾美耳球虫寄生于肝胆管上皮细胞内之外，其余各种都寄生于肠黏膜上皮细胞内。根据我国的初步调查，在我国各地区常见兔球虫有以下多种：

(1)斯氏艾美耳球虫　寄生于肝脏胆管上皮细胞，是兔球虫中致病力最强的一个种，它能引起严重的肝球虫病。卵囊较大，为长卵圆形，呈淡黄色。在微孔的一端较平，其大小为(26～40)微米×(16～25)微米。孢子化的时间为41～51小时。

(2)穿孔艾美耳球虫　寄生于小肠上皮细胞，致病力较弱。卵囊小，呈椭圆形，无色，微孔不明显，其大小为(13.3～30.6)微米×(10.6～17.3)微米。孢子化的时间为35～51小时。

(3)中型艾美耳球虫　寄生于空肠和十二指肠，它可引起较严重的肠球虫病。卵囊为中等大小，短椭圆形，呈淡黄色，有微孔，其大小为(18.6～33.3)微米×(13.3～21.3)微米。孢子化的时间为42～47小时。

(4)大型艾美耳球虫　寄生于小肠和大肠，致病力很强。卵囊较大，卵圆形，呈淡黄色。微孔极明显，呈堤状突出于卵囊壁之外，其大小为(26.6～41.3)微米×(17.3～29.3)微米。孢子化的时间为32～48小时。

(5)梨形艾美耳球虫　寄生于小肠和大肠，致病作用轻微。卵囊为梨形，呈淡黄色或淡褐色，有明显的微孔，位于卵囊的窄端，其大小为(26～32.5)微米×(14.6～19.5)微米。孢子化的时间为57小时。

(6)无残艾美耳球虫　寄生于小肠中部,致病力较强。卵囊为长椭圆形或卵圆形,呈淡黄色。微孔明显,卵囊内无外残体,其大小为(25.3～47.8)微米×(15.9～27.9)微米。孢子化的时间为72～96小时。

(7)盲肠艾美耳球虫　寄生于小肠后部和盲肠,致病力不强。卵囊为卵圆形,呈淡黄色或淡褐色,其大小为(25.3～39.3)微米×(14.6～21.3)微米。孢子化的时间为3天。

(8)肠艾美耳球虫　寄生于小肠(十二指肠除外),致病力强。卵囊为卵圆形,其大小为(24.7～37)微米×(17.8～23.3)微米。孢子化的时间为24～48小时。

(9)小型艾美耳球虫　寄生于肠道,卵囊呈卵圆形或近似球形,卵囊壁光滑无色,微孔极不明显。其大小为(13～19)微米×(10.5～11)微米。

(10)黄艾美耳球虫　寄生于小肠后部、盲肠及大肠,有较强的致病性。卵囊呈卵圆形,卵囊壁光滑,呈黄色。在宽的一端具有明显的微孔。孢子囊具有一个小的斯氏体和一个残体。卵囊的大小为(25～37)微米×(14～24)微米。

(11)松林艾美耳球虫　寄生于回肠。卵囊呈宽卵圆形,有微孔,有外残体。卵囊的大小为(22～29)微米×(16～22)微米。严重感染时引起回肠伪膜性肠炎。

(12)新兔艾美耳球虫　寄生于回肠和盲肠,具有轻度至明显的致病性。卵囊呈长圆形,有微孔。孢子囊有残体。卵囊的大小为(35.6～43.8)微米×(21.9～27.4)微米。

(13)长形艾美耳球虫　寄生于小肠。卵囊呈长椭圆形,有微孔,有外残体。卵囊的大小为(35～40)微米×(17～20)微米。生活史和致病性不详。

生活史　兔艾美耳球虫的发育需要经过3个阶段:裂殖生殖、配子生殖和孢子生殖。前两个阶段是在胆管上皮细胞(斯氏艾美耳球虫)或肠上皮细胞(小肠和大肠上寄生的各种球虫)内进行的,后一发育阶段是在外界环境中进行的。

家兔在吃食或饮水时，吞入成熟的孢子化卵囊。卵囊进入肠道后，在胆汁和胰酶的作用下，子孢子从卵囊里逸出，并主动钻入肠(或肝胆管)上皮细胞，开始变为圆形的滋养体，长大以后细胞核多次分裂变为多核体，最后发育成为球形的裂殖体，内含许多香蕉形的裂殖子，上述过程称第一代裂殖生殖。这些裂殖子又侵入肠(或肝胆管)上皮细胞，进行第二代、第三代、甚至第四代或第五代裂殖生殖。如此反复多次，大量地破坏上皮细胞，致使家兔发生严重的肠炎或肝炎。在裂殖生殖之后，部分裂殖子变为大配子体，部分裂殖子变为小配子体。由大配子体发育为大配子，而在小配子体内发育形成许多小配子，每个小配子又有两根鞭毛，活动积极，能主动钻入大配子。大配子和小配子结合形成合子，合子周围形成卵囊壁，即变为卵囊。卵囊排入肠腔，并随粪便排到外界，在适宜的温度(20～28℃)和湿度(55％～60％)条件下进行孢子生殖，即在卵囊内形成4个孢子囊，在每个孢子囊内又形成2个子孢子。这种发育成熟的卵囊称为孢子化卵囊。

流行病学　各种品种的家兔对球虫都有易感性，断奶后至3月龄的幼兔感染最为严重，死亡率高；成年兔发病轻微。本病的感染途径是通过吃食和饮水。仔兔的感染主要是通过在哺乳时吃入母兔乳房上沾污的卵囊，幼兔的感染主要通过吃草、吃料或饮水。此外，饲养员、工具、鼠、苍蝇也可机械地搬运球虫卵囊而传播球虫病；营养不良、兔舍卫生条件恶劣所造成的饲料与饮水遭受兔粪污染等，最易促成本病的发生和传播。成年兔多为带虫者，在幼兔球虫病的感染中起着重要的作用。流行时间视温度和湿度条件而定，一般多在温暖多雨季节流行，如兔舍内温度经常保持在10℃以上时，则随时可发生球虫病。

根据河北农业大学谷子林教授研究，家兔球虫病具有如下新的特点：

(1)发病季节的全年化　由于球虫病的发生与环境条件有关，即主要发生在温暖潮湿的季节。因此，人们对于球虫病的防治工作重点放在每年的6～8月份(长江以北地区)。但是，近年来，该病在发生时间

上有扩大的趋势,在一年四季的任何季节都有发生的可能。比如,1996年冬季,保定一养兔场电话咨询:断奶后的幼兔不断死亡,使用多种抗生素(如青霉素、链霉素、庆大霉素等)都无明显效果。经解剖和镜检后确诊,万万没有想到,竟为球虫病。采用抗球虫病药物后,病情很快得到控制。此后,又处理了多起类似事件。经过对冬季发生球虫病的兔场调查后发现,造成球虫病发生全年化的主要原因是由于养殖场采取了增温保温措施,如建造了塑料暖棚、舍内生火等,饲养条件的普遍改善,给球虫卵囊的发育创造了条件所致。

(2)月龄的扩大化　一般来说,球虫病主要是断奶至3月龄的幼兔发生。但是,近年发现,虽然发病的主体是幼兔,但是,未断乳的仔兔及3个多月的青年兔,也有发生的可能。尤其是生长速度较慢的獭兔,发生的可能性更大。大量研究表明,家兔球虫的感染率很高。但是,感染并不等于发病。而发病主要取决于卵囊的种类、数量,家兔的抵抗力及是否感染其他疾病。由于獭兔的抗病力相对较弱,发育速度较慢,因而,成为球虫病的侵害的主要对象,在那些饲养管理不良、卫生状况不佳的兔场,发病月龄的扩大化也不难理解了。

(3)抗药性的普遍化　长期以来,在多数地区,预防和治疗球虫病主要使用氯苯胍、敌菌净、克球粉、痢特灵等少数几种药物。因而,与20世纪80年代相比,这些药物防治效果越来越差。比如,1998年处理的球虫病例十余起,它们均是长期使用这些药物而造成预防失败的。

(4)药物中毒的严重化　由于常规药物在防治球虫病中的效果不尽如人意,因此,人们寄希望使用新型药物。特别是近几年来使用马杜拉霉素,造成较大的损失。

(5)混合感染的复杂化　所诊断的多起家兔球虫病,单一感染球虫的有,但更多的是混合感染。比如:球虫与大肠杆菌、球虫和巴氏杆菌、球虫和其他体内外寄生虫、球虫病和普通病(如腹泻等)等等,这样,给生产中诊断工作带来了较大困难,也给治疗提出了难题。

(6)临床症状的非典型化　按照球虫侵害的部位不同,家兔球虫病分为肠球虫病、肝球虫病和混合型球虫病。在教科书和众多的养兔技术资料中都有关于球虫病临床症状的确切的描述。但是,近来发现,一些发生该病的患兔临床症状并非像书本上所说的那样典型,有的呈沉郁型,有的呈兴奋型,有的突然死亡,有的渐进性丧生,有的腹泻,有的便秘等等。由于家兔年龄、体质、生理状况的不同,感染球虫的种类不一,单一和混合感染的差异,在临床上表现的多样化,给生产中的诊治造成了困难。

(7)死亡率排位前移化　家兔的传染病种类很多,但发病率和死亡率的高低并不一样。近十几年来,按照死亡率高低而排序,似乎为兔瘟、肠炎、球虫病、巴氏杆菌病等。但近几年调查发现,球虫病的位次有明显的前移趋势,在一些地方或季节,已经上升到第二位,个别地方已排在第一位,即发病率和死亡率均超过了兔瘟。因此,人们必须清醒地认识到问题的严重性和防治工作的重要性。

致病机理　球虫对上皮细胞的破坏、有毒物质的产生以及肠道细菌的综合作用是致病的主要因素,病兔的中枢神经系统不断地受到刺激,使之对各个器官系统的调节机能发生障碍,从而表现出各种临床症状。胆管和肠上皮受到严重破坏时,正常的消化过程陷于紊乱,造成机体的营养缺乏,水肿,并出现稀血症和白细胞减少。由于肠上皮细胞的大量崩解,造成有利于细菌繁殖的环境,导致肠内容物中出现大量的有毒物质,被机体吸收后发生中毒,临床上表现为痉挛、虚脱、肠膨胀和脑贫血等。

临床症状　按球虫的种类和寄生部位的不同,可将兔球虫病分为三型:即肠型、肝型和混合型,但临床上所见的则多为混合型。

(1)肠球虫病　多发生在3月龄以内的幼兔,发病时突然侧身倒地,头向后仰,颈背及两后肢强直痉挛,前肢伸直划动,发出尖叫声并很快死亡。慢性过程的病兔,食欲不振,腹部膨胀,下痢并恶臭,后肢和肛门周围被粪便所污染,多因极度衰弱而死亡。

(2)肝球虫病　多发生在中、幼兔,病兔肚胀,肝肿大,有腹水。被毛无光泽,毛脆易脱落,结膜苍白,可视黏膜轻度黄染。四肢麻痹无力,走路划行,病兔出现下痢时很快死亡。

(3)混合型球虫病　食欲减退或废绝，精神沉郁，动作迟缓，伏卧不动，眼、鼻分泌物增多，唾液分泌增多，口腔周围被毛潮湿，腹泻或腹泻和便秘交替出现。病兔尿频或常作排尿姿势，后肢和肛门周围为粪便所污染。病兔由于肠膨胀、膀胱积尿和肝肿大而呈现腹围增大，肝区触诊有痛感。病兔虚弱，结膜苍白，可视黏膜轻度黄染。在病后期，幼兔往往出现神经症状，四肢痉挛、麻痹，多因极度衰弱而死亡。死亡率一般为40%～70%，有时可达80%以上。病程十余日至数周，病愈后长期消瘦，生长发育不良。

病理变化　尸体消瘦，黏膜苍白，肛门周围污秽。

肝球虫病时，肝表面和实质内有许多白色或淡黄色结节，呈圆形，如粟粒至豌豆大，沿小胆管分布。取结节作压片镜检，可以看到裂殖子、裂殖体、配子体、卵囊等不同发育阶段的虫体。陈旧病灶中的内容物变浓稠，形成粉粒样的钙化物质。在慢性病例中，肝管周围和小叶间部分结缔组织增生，使肝细胞萎缩，肝脏体积缩小(间质性肝炎)。胆囊黏膜有卡他性炎症，胆汁浓稠、内含许多崩解的上皮细胞。

肠球虫病时，病变主要在肠道，肠壁血管充血，十二指肠扩张、肥厚，黏膜发生卡他性炎症，小肠内充满气体和大量黏液，黏膜充血，上有溢血点。在慢性病例中，肠黏膜呈淡灰色，上有许多小的白色球虫结节，压片镜检可见大量卵囊，肠黏膜上有时有小的化脓性、坏死性病灶。

诊断方法　根据流行病学资料、临床症状及病理剖检结果，可作出初步诊断。用饱和盐水漂浮法检查粪便中的卵囊，或将肠黏膜刮屑物及肝脏病灶刮屑物制成涂片，镜检球虫卵囊、裂殖体或裂殖子，如在粪便中发现大量卵囊或在病灶中发现大量各个不同发育阶段的球虫，即可确诊为兔球虫病。

防制措施

(1)预防

①养兔场应建于干燥向阳处，兔场要经常保持干燥，兔舍应保持清洁、通风。

②幼兔和成年兔分笼饲养，发现病兔立即隔离治疗。

③加强饲养管理,注意饲料及饮水卫生,及时清扫粪便,防止兔粪污染草料及饮水。

④最好使用铁丝兔笼,笼底要有网眼,使粪尿流入下面的底盘之中。每周用开水、蒸汽或火焰对兔笼进行消毒,或将兔笼放在阳光下暴晒以杀死卵囊。

⑤合理安排母兔的繁殖,使幼兔断奶不在梅雨季节进行。

⑥消灭鼠类及苍蝇,杜绝卵囊的散布。

⑦在球虫病的流行季节内,对断奶后的仔兔,可在饲料中拌入药物(如氯苯胍、地克珠利、球净、盐霉素等),用以预防兔球虫病。

(2)治疗　发生家兔球虫病,可用下列药物进行治疗。

①氯苯胍:每千克体重 30 毫克混入饲料中,连用 5 天。隔 3 天后,再用一个疗程。

②地克珠利:一般作预防的用量为每吨水中加 1.0～2.0 克作兔的饮水用,连续使用。治疗量加倍。

③球净(河北农业大学山区研究所研制):一般作预防的用量为按 0.25%的浓度混入饲料中,连用 2 个月。治疗量为按 0.35%的浓度混入饲料中,连用 5 天。

④磺胺六甲氧嘧啶:按 0.1%的浓度混入饲料中,连用 3～5 天。隔 1 周后,再用一个疗程。

⑤磺胺二甲基嘧啶与三甲氧苄氨嘧啶:按 5∶1 混合后,以 0.02%的浓度混入饲料中,连用 3～5 天。隔 1 周后,再用一个疗程。

⑥盐霉素:按 40～50 毫克/千克浓度混入饲料中,连用 1 个月,对兔球虫病有预防作用。此药安全范围窄,用量严格控制,搅拌均匀。

⑦莫能菌素:按 40 毫克/千克浓度混入饲料中,连用 1～2 个月,可预防肝球虫病和肠球虫病。此药与盐霉素相似,安全范围窄,严格用量。

由于大多数药物对球虫的早期发育阶段——裂殖生殖有效,所以用药必须及时,当兔群中有个别家兔发病时,应立即使用药物对全群家兔进行防治。此外,要经常注意药物的交替使用,以免球虫对药物产生

抗药性。此外,盐霉素和莫能菌素等药物的安全范围较窄,使用时一定要严格药量,充分搅拌,防止中毒。

十四、螨病

兔螨病又称兔疥癣病,是由兔疥螨及痒螨寄生于兔的体表而引起的一种外寄生虫病,患病家兔以皮肤剧痒、发炎、形成痂皮、脱毛及消瘦等为主要特征,严重时可造成死亡,故对养兔业危害较大。

造成兔螨病的病原有以下两种:

(1)痒螨(吸吮疥螨) 体呈长圆形,口器呈圆锥形,两对前腿较发达。雌虫第一、第二和第四对及雄虫的第一、第二和第三对腿的跗节上有吸盘,雌虫和雄虫的第一对腿上有二根长刚毛,雄虫的第四对腿上没有吸盘和刚毛,各种动物的痒螨在形态上彼此相似。

兔痒螨的成虫大小:雄虫(431～547)微米×(322～462)微米,雌虫(403～749)微米×(351～499)微米。痒螨具有显著突出的螯肢及口器的其他部分,这些部分形成了伸长的"喙",通过喙咬透动物的皮肤,吞食淋巴、皮肤细胞的组织液。虫卵大小 300 微米×140 微米。

(2)疥螨(穿孔疥螨) 呈圆形,所有的腿部粗短。雄虫第一、第二和第四对腿,雌虫第一和第二对腿跗节的基上有钟形吸盘。口器发育良好,呈蹄铁形,口器为咀嚼型、兔疥螨的成虫大小:雄虫(303～450)微米×(250～350)微米;雌虫约为雄虫的 2 倍。疥螨生活在皮肤内,以淋巴液为食。虫卵呈椭圆形,有白而薄的卵壳,其长度为(130～250)微米,宽为(95～150)微米。

流行病学 本病多发生于秋、冬季及初春季节,因这些季节阳光照射不足,兔毛长而密,特别是在兔舍潮湿、卫生状况较差、皮肤表面湿度较高的条件下,最适于螨的生长、发育及繁殖,从而造成严重流行。在春末夏初季节,由于兔体换毛,阳光照射充足,皮肤温度较高,经常处于干燥状态,不利于螨的发育繁殖,故螨大多死亡,不会引起流行。兔疥螨病的传染源主要是病兔及被病兔污染的环境、兔舍、用具等,通过健康兔与病兔的直接接触或共用兔舍、用具等途径间接接触传播。

临床症状 当兔发生螨病时，首先表现剧痒，这也是贯穿本病前后的一个主要症状。这是因为螨的体表有许多刚毛、刺及鳞片，其口器还可分泌有毒素的唾液，故其在体表活动时，可刺激局部神经末梢，引起痒感。在外界温度升高及活动后，痒感加剧，这是因为螨虫随着皮肤表面温度的升高，活动加强的缘故。

当兔感染疥螨时，先在嘴、鼻孔周围及脚爪部位发病，病兔不停地用嘴啃咬脚爪或用脚爪搔抓嘴及鼻孔处，严重时，有前爪或后爪抓地等特殊姿势。随病情的发展，病兔脚爪出现灰白色的痂块，病变逐渐向鼻梁、眼圈、前爪底面及后脚部蔓延，同时伴有消瘦及结痂，嘴唇肿胀，影响采食，迅速消瘦，最后衰竭死亡。

当兔感染痒螨时，病变主要在耳边，引起外耳道炎，渗出物干燥后形成黄色痂皮塞满耳道，如纸卷样。病兔耳朵下垂，不断摇头，用腿抓挠耳朵，严重时蔓延至胸部引起癫痫症状。

病理变化 本病的病埋变化主要表现在皮肤。在虫体的机械刺激及毒素作用下，皮肤发生炎性浸润、发痒，发痒处形成结节及水泡，当病兔啃咬或磨蹭时，结节、水泡破裂，流出渗出液，渗出液与脱落的上皮细胞、被毛及污垢混杂在一起，干燥后形成痂皮。痂皮被擦破后，创面有多量液体渗出，毛细血管出血，又重新结痂。随病情的发展，毛囊及汗腺受到损害，皮肤角质化过度，故患部脱毛，皮肤增厚，失去弹性而形成皱褶。

诊断方法 由于兔螨病症状典型突出，皮肤病变明显可见，故本病临床上并不难诊断，必要时可采取病料进行实验室检查。采样时，在患部与周围健康皮肤的交界处，先剪毛、消毒，然后使用刀刃与皮肤垂直进行刮取，直至皮肤轻微出血。将刮下的皮屑放于载玻片上，滴几滴煤油使皮屑透明，然后放上盖玻片，在低倍镜下观察。兔疥螨为圆形，灰白色，长约 0.2～0.5 毫米，背部隆起，腹面扁平，身体背面有许多细的横纹、鳞片及刚毛，腹面有 4 对粗而短的腿，肛门在虫体背面，距虫体后缘较近。兔痒螨为长圆形，长 0.5～0.9 毫米，虫体前端有圆锥状的口

器，腹面有4对足，前面的两对足粗大，后面的两对足细长，突出身体边缘。雄虫腹面后部有两个大的突起，突起上有毛。

防制措施

(1)预防　兔舍要经常清扫，定期消毒，保持干燥和良好的透光通风性；经常检查兔群，发现病兔及时隔离治疗，并对污染的环境进行彻底的处理和消毒；引入兔时应对兔进行彻底检查，检查螨虫时，应隔离观察15天，确认无螨病时再合群饲养。

(2)治疗　对已确诊的病兔应及时隔离治疗。目前常用的杀螨药物很多，可根据具体情况选用。

①虫克星(阿福丁)注射液：内含1%伊维菌素，用前可先用生理盐水作10倍稀释，然后按每千克体重0.2毫升稀释液颈部皮下注射，一般1次即可痊愈。

②双甲脒溶液：用12.5%的双甲脒按1∶250加水稀释成0.05%浓度的水溶液，患处洗净后涂擦。

③三氯杀螨醇与植物油按5%～10%的比例混合后涂擦患部，同时可用0.1%～0.2%的水溶液喷洒环境及笼具。

④“敌酒来”合剂，配制方法是敌百虫2份，75%酒精96份，来苏儿2份，现用现配。局部剪毛、去痂，暴露新鲜组织后用药，治愈率100%。

十五、豆状囊尾蚴病

豆状囊尾蚴病是寄生在犬、狐等小肠内的豆状带绦虫(豆状囊尾蚴)寄生于兔的肝脏、肠系膜、大网膜和腹腔内引起的一种绦虫蚴病。

豆状囊尾蚴呈透明球形，如豌豆粒大小，内含半透明液体和1个头节。成虫的成熟节片和虫卵随粪便排到外界被兔吞食后24小时内六钩蚴可从卵内逸出进入肠壁，浸入血管，随血流到达肝脏，穿透肝包膜，经2～3个月发育成豆状囊尾蚴。囊尾蚴一旦被终末宿主犬、狐等吞食后，在小肠内又会发育为成虫。

临床症状 少量感染时症状不明显，仅表现生长缓慢；大量感染时常呈现慢性肝炎症状，严重影响肝脏的正常功能，表现精神不振，嗜睡，消化功能紊乱，食欲下降，渴欲增加。幼兔生长缓慢，成兔腹部胀大，逐渐消瘦，后期腹泻，重者可引起家兔死亡。

病理变化 尸体消瘦，肝肿大，腹水增多。早期由于幼虫的移行可致急性肝炎，形成嵌花肝，肝表面和切面有黑红、黄、白色条纹状病灶，慢性病例可转为肝硬变。在肠系膜、大网膜、肝表明有多个豌豆大小、半透明的囊泡，常形成葡萄串状。

诊断方法 本病生前诊断比较困难，死后剖检发现囊尾蚴后即可确诊。

防制措施

(1)预防 防止犬、狐、猫等粪便污染家兔的饲料、饲草及饮水。不用含有兔囊尾蚴的内脏喂犬和猫，兔场内禁止饲养犬、猫等动物。

(2)治疗 可使用吡喹酮，按每千克体重 25 毫升剂量皮下注射，每日 1 次，连用 5 天；甲苯咪唑，按每千克体重 35 毫升剂量口服，每日 1 次，连用 3 天。

十六、栓尾线虫病

栓尾线虫病是由兔栓尾线虫寄生于兔的盲肠、结肠和直肠等引起的消化道线虫病。栓尾线虫虫体呈线状，雌雄异体，雄虫体长 3～5 毫米，粗 0.14～0.2 毫米，为线头状；雌虫长 8～12 毫米。雌虫产出的卵为囊胚期卵，无感染性，累积在兔直肠内需经 18～24 小时后发育为感染性的虫卵，排到外界后污染饲料、饮水或直接被兔吞食，在兔胃内孵出，进入盲肠黏膜的隐窝中或肠腔中逐渐发育为成虫。本病分布较广，感染较普遍，是家兔常见的线虫病，严重者可引起死亡。

临床症状 少量感染时一般不表现临床症状，严重感染时，由于幼虫在盲肠黏膜隐窝内发育，并以黏膜为食物，可引起肠黏膜损伤，有时发生溃疡和大肠炎症，表现为食欲降低，精神沉郁，被毛粗乱，进行性消

瘦，下痢，严重者死亡。患兔后肠疼痒，常将头弯回肛门部，拟以口啃咬肛门解痒。大量感染后可在患兔的肛门外看到爬出的成虫，也可在排出的粪便中发现虫体。

防治措施

(1)本病不需要中间宿主，而是通过病兔粪便污染环境后通过消化道感染，因此，加强兔舍的卫生管理，经常彻底清洗消毒笼具，并对粪便进行堆积发酵处理。

(2)定期普查，及时发现感染兔，并用药物(盐酸左旋咪唑)驱虫。

(3)药物治疗可选用盐酸左旋咪唑，按每千克体重5～6毫克口服；丙硫苯咪唑，每千克体重10～20毫克，一次口服；硫化二苯胺，以2%的比例拌料饲喂。

十七、霉菌毒素中毒

霉菌毒素中毒是指家兔采食了发霉饲料而引起的中毒性疾病，临床上以消化机能障碍为特征。在自然环境中，有许多霉菌寄生于含淀粉的青粗饲料、糠麸和粮食上，如果温度(28℃左右)和湿度(80%～100%)适宜，就会大量的生长繁殖，有些霉菌，在其代谢过程中产生毒素，家兔采食后，即可引起中毒。目前已知的霉菌毒素有100余种，最常见的有黄曲霉毒素、赤霉菌毒素、白霉菌毒素、棕霉菌毒素等。霉菌中毒的病例，临床上不易确定是何种霉菌毒素中毒，常常是多种毒素协同作用的结果。

临床症状　常呈急性发作，中毒家兔出现流涎、腹泻，粪便恶臭，混有黏液或血液。病兔精神沉郁，体温升高，呼吸促迫，运动不灵活，或倒地不起，最后衰竭死亡。妊娠母兔常引起流产或死胎。

病理变化　肝明显肿大，表面呈淡黄色。肝实质变性，质地脆。胸膜、腹膜、肾、心肌及胃肠道出血。肠黏膜容易剥脱。肺充血、出血。

防制措施

(1)预防　严禁饲喂发霉变质饲料是防止霉菌中毒的根本措施，应当重视饲料的保管，采取必要的防霉措施。

(2)治疗　本病无特效解毒方法。疑为霉菌中毒时，应立即停喂发霉饲料，换喂优质饲料和清洁饮水，尤其是补充青绿饲料，同时采取对症疗法。实践中发现，发生霉变饲料中毒后，大剂量口服微生态制剂，以尽快恢复肠道的微生态系统，对于尽快控制本病有良好效果。

急性中毒，用0.1%高锰酸钾溶液或2%碳酸氢钠溶液洗胃、灌肠，然后内服5%硫酸钠溶液50毫升。静脉注射5%葡萄糖氯化钠溶液50～100毫升、维生素C 0.5～1克，每日1～2次。在饮水中加入电解多维和葡萄糖，对霉菌中毒也有解毒作用。久治无效者，则予以淘汰。

对于个别中毒患兔，药物治疗效果不好的情况下，可以放入草地自由活动。多数患兔7天左右康复。

十八、妊娠毒血症

妊娠毒血症发生于母兔怀孕后期，其发病机理尚不清楚，可能由于怀孕后期母兔与胎儿对营养物质需要量增加，而饲料中营养不平衡，特别是葡萄糖及某些维生素的不足，使得内分泌机能失调，代谢紊乱，脂肪与蛋白质过度分解而致。怀孕期母兔过肥也易发生本病。

临床症状　大多在怀孕二十几天出现精神沉郁，食欲减退或废绝，呼吸困难，尿量少，呼出气体与尿液有酮味，并很快出现神经症状，惊厥，昏迷，共济失调，流产等，甚至死亡。

防制措施　妊娠后期要提高饲料营养水平，喂给全价平衡饲料，补喂青绿饲料，饲料中添加多种维生素以及葡萄糖等有一定预防效果。如有本病发生，可内服葡萄糖或静脉注射葡萄糖溶液及地塞米松等。如病情严重，距分娩期较长，治疗无明显效果时，可采取人工流产救治母兔。

十九、便秘

本病是由于肠内容物停滞、变干、变硬，致使排粪困难，甚至阻塞肠腔的一种腹痛性疾病。精、粗饲料搭配不当，精饲料多，青饲料少，或长期饲喂干饲料，饮水不足，饲料中混有泥沙、被毛等异物，致使形成大的粪块都会发生便秘。环境突然改变，运动不足，也会打乱正常排便习惯而发病。便秘也可继发于排便带痛的疾病（肛窦炎、肛门脓肿、肛瘘等），不能采取正常排便姿势的疾病（骨盆骨折、髋关节脱臼等）以及一些热性病、胃肠弛缓等全身性疾病的过程中。

临床症状　病兔食欲减退或废绝，肠鸣音减弱或消失。精神不振，不爱活动。有的病兔频作排粪姿势，但无粪便排出或排少量的坚硬小粪球；有的排便次数减少，间隔时间延长，数日不排便，甚至排便停止。病兔腹胀，起卧不宁，常表现头部下俯，弓背探视肛门，此为腹部不适的征象。触诊腹部有痛感，且可摸到坚硬的粪块。肛门指检过敏，直肠内蓄有干燥硬结的粪块。如无继发症，体温一般不升高。

病理变化　死于便秘的家兔，剖检时可发现结肠和直肠内充满干硬成球的粪便，前部肠管积气。

防制措施

(1)预防　夏季要有足够的青饲料，冬季喂干粗饲料时，应保证充足、清洁的饮水；保持饲槽卫生，经常除去泥沙或被毛等污物；保持家兔的适当运动；喂养要定时定量，防止饥饱不均，使消化道有规律地活动，可以减少本病的发生。

(2)治疗　治疗原则是疏通肠道，促进排粪。

①病兔禁食1～2天，勤给饮水。

②轻轻按摩腹部，既有软化粪便的作用，又能刺激肠蠕动，加速粪便排出。

③用温水或2%碳酸氢钠水溶液灌肠，刺激排便欲，加速粪便排出。

④应用肠道润滑剂(如植物油、液状石蜡)灌肠,有助于排出停滞的粪便。由肛门注入开塞露液1～2毫升,效果更佳。

⑤内服缓泻剂,如硫酸钠4～8克,植物油(花生油、豆油)10～20毫升,或液状石蜡20～30毫升。

⑥全身疗法要注意补液、强心,治愈后要加强护理,多喂多汁易消化饲料,食量要逐渐增加。

二十、毛球病

毛球病是指食入过多的兔毛,在胃肠内缠结成团,影响胃肠机能或导致胃肠阻塞。其主要原因有:换毛季节兔毛大量脱落,没有及时清理,散落于笼舍、饲槽及垫草中误食,或混入饲料、饲草中食入。过度拥挤、通风不良引起应激而互相食毛或自咬其毛;某些微量元素、维生素、含硫氨基酸或粗纤维缺乏时引起咬吃其他兔毛或自身的被毛;发生皮肤病时啃咬被毛或分娩时的拉毛将毛食入等。

临床症状 病兔食欲不良,喜卧,好饮水,大便干燥或秘结,粪中带毛,逐渐消瘦,衰弱,贫血。严重时食欲废绝,腹部膨胀,触之胃内有毛球疙瘩,捏压不易开。粪球干硬、秘结,内含兔毛,粪球以毛纤维相连成串。严重者阻塞不通,触摸腹部可摸到团块状粗硬物。

防制措施

(1)针对病因,改善管理,搞好环境卫生与消毒工作,对脱落的兔毛应及时清扫,防止混入饲料中,降低饲养密度,不要过度拥挤,加强通风,配制全价配合饲料,及时治疗皮肤病等可有效地预防本病发生。增加富含胱氨酸较多的饲料(如苜蓿、亚麻饼、豌豆、芝麻饼等),饲料中添加蛋氨酸或胱氨酸0.2%,添加硫酸钠0.35%,可降低该病的发生率。如果出现食毛兔,应及时将其隔离饲养,防止相互模仿而扩大病情。

(2)如发生毛球病,可按便秘方法治疗。对毛球较小者,口服多酶片,每次3～4片,每天2次,使蛋白酶逐渐分解软化毛球,然后口服阿托品0.1克,使幽门松弛,过15分钟再灌服植物油15毫升,使毛球顺

利下排。

(3)严重患兔,药物不能解决问题,可考虑手术取出阻塞物。

第五节　规模化兔场主要疾病的综合防控技术

综合性的防控措施包括预防措施和扑灭措施两种。以预防传染病发生为目的而采取的措施,称为预防措施。预防措施一般包括:①坚持“自繁自养”原则,加强检疫工作,查明、控制和消灭传染源。②消毒、杀虫和灭鼠,以截断传染途径。③提高家兔对疾病的抵抗力,如加强饲养管理等。

以扑灭已经发生的传染病而采取的措施,称为扑灭措施。扑灭措施一般包括:①迅速报告疫情,尽快做出确切诊断。②消毒、隔离与封锁疫区。③治疗病兔或合理处理病兔。④严密处理尸体。

现将主要内容分述如下。

一、检疫

《中华人民共和国进出境动植物检疫法》中规定兔的检疫对象主要有兔病毒性出血症、兔黏液瘤病、野兔热,也应考虑属于共患病的几种病。

为了防止传染病的侵入,只能从那些不存在家兔传染病和不存在可以感染家兔的其他畜禽传染病的地区、农牧场输入家兔、饲料和用具。而这些农牧场应按规定进行检疫,凭合格的“检疫证明书”才能出场。对从外地购买或调进的家兔要隔离饲养1个月,进行全面检查。如果确属健康无病,才能混群饲养;如果发现有患传染病的家兔,即在指定的专门地点采取扑灭疫病措施。检疫场所(检疫室)应不邻近养兔场和饲料库,由专门人员负责饲养、看护被检疫的家兔,并遵守兽医卫生制度。在检疫室内应配备必需的用具，在检疫室门口，要设置消毒池。检疫室中的家兔粪便，应堆积经生物发酵消毒或掩埋起来。

成年家兔在每次配种前和分娩后的第 1～2 天，仔兔在出生后第 1～2 天和断乳前，以后则每隔 10～15 天进行临诊检查。

二、隔离和封锁

在发生传染病时，立即仔细检查所有的家兔，以后每隔 5 天至少要进行一次详细检查，根据检查结果，把家兔分成单独的兔群区别对待。

(1)病兔　指有明显临诊症状的家兔。应在彻底消毒的情况下，单独或集中隔离在原来的场所，由专人饲养，严加护理和观察、治疗，不许越出隔离场所。要固定所用的工具。入口处要设置消毒池，出入人员均须消毒。如经查明，场内只有很少数的家兔患病，为了迅速扑灭疫病并节约人力物力，可以扑杀病兔。

(2)可疑病兔　指无明显症状，但与病兔或其污染的环境有过接触(如同群、同笼、同一运动场)的家兔。有可能处在潜伏期，并有排菌(毒)的危险，应在消毒后隔离饲养，限制其活动，仔细观察。有条件时可进行预防性治疗，出现症状时则按病兔处理。如果经 1～2 周后不发病者，可取消限制。

(3)假定健康兔　无任何症状，一切正常，且与前两类家兔没有明显的接触。应分开饲养，必要时可转移场地。

此外，对污染的饲料、垫草、用具、兔舍和粪便等进行严格消毒；应妥善处理尸体；应做好杀虫灭鼠工作。

三、消毒

消毒是综合性防控措施中的重要一环，消毒的目的是消灭被传染源散布在外界环境中的病原体，以切断传染途径，阻止疫病继续蔓延。选择消毒剂和消毒方法时，必须考虑病原体的特性、被消毒物体的特性

与经济价值等因素。在养兔场中根据具体情况采用下述的消毒方法。

(1)对木制兔笼、用具等,可用开水或2%热碱水(碳酸钠溶液)烫洗,也可用20%新鲜石灰水刷白。

(2)兔笼的金属部分和金属用具,可用火焰喷灯烧灼,或浸泡在开水里10～15分钟。

(3)对运动场地面进行预防性消毒时,可将表层土铲去3厘米左右,用10%～20%新鲜石灰水或5%漂白粉溶液喷洒地面,然后垫上一层新土夯实。对运动场进行紧急消毒时,要在地面上充分洒上对病原体具有强烈作用的消毒剂,过2～3小时后,铲去表层土9厘米以上,并洒上10%～20%石灰水或5%漂白粉溶液,然后垫上一层新土夯实,再喷洒10%～20%石灰水。经5～7天,就可以将家兔重新放入。

(4)食槽、饮水器、喂草架、刮板等,可浸泡在开水或煮沸的2%～5%碱水内10～15分钟。

(5)毛皮可用1%石炭酸溶液浸湿,或用福尔马林熏蒸法消毒。

(6)粪便可采用生物发酵消毒。

(7)工作服等可放入1%～2%肥皂水内煮沸消毒。

在选用消毒剂时应考虑以下因素:

(1)效力　所用药剂是否能控制危害家兔的所有病原微生物(病毒、细菌和真菌);在不同条件下(如有机物污染、使用硬水、低温等)必须发挥药效;由实验来证实药效。

(2)安全性　对所有操作人员都有安全性;不危害动物,同时在畜产品中无残留;不会污染环境;对各种设备都没有腐蚀性。

(3)成本　成本低廉,能增加效益。

四、灭鼠、杀虫和尸体处理

因为鼠类动物是家兔的某些传染病病原体的携带者和传播者,因此消灭鼠类极为重要。可采用搞好卫生、堵鼠洞的方法;或用鼠笼、鼠夹等捕捉;亦可用灭鼠药毒鼠,如磷化锌、萘硫脲(安妥)以及天南星等。

为了杀灭蚊、蝇、虻、蚤、蜱等吸血昆虫,防止它们侵袭并传播疫病,可用有机磷杀虫剂喷洒于畜舍和家畜体表,如0.1%氯氰菊酯溶液喷雾,0.1%除虫菊酯喷雾。

必须正确而及时地处理尸体,可将尸体加工化制,或运往远离兔场的地方焚烧或深埋。

五、建立健康兔群

新建养兔场,在引进种兔时,必须首先考虑"无病",要从确实可靠的安全兔场购入。同时,通过以下方式获得健康群:如有条件,产后及早使仔兔与母兔隔离,用人工乳哺育生长;反复多次检疫,淘汰病兔、带菌(毒)兔,逐步实现相对的无病;反复多次驱虫,以达到基本无虫;加强一般性预防措施,严密控制任何传染源的侵入。

思考题

1.生态养兔应该树立怎样的防疫理念?

2.环境控制包括哪些内容?

3.兔场的防疫措施有哪些?

4.规模化兔场的疫病发生规律与特点是什么?

5.规模化兔场主要疾病的综合防控技术有哪些?

参考文献

[1] 谷子林,任克良.中国家兔产业化[M].北京:金盾出版社,2010.

[2] 李福昌.家兔营养[M].北京:中国农业出版社,2009.

[3] 谷子林,薛家宾.现代养兔实用百科全书[M].北京:中国农业出版社,2007.

[4] 任克良.兔场兽医师手册[M].北京:金盾出版社,2008.

[5] 谷子林,李新民.家兔标准化生产技术[M].北京:中国农业大学出版社,2003.

[6] 谷子林.獭兔养殖解疑 300 问[M].北京:中国农业出版社,2006.

[7] 陶岳荣.獭兔高效益饲养技术[M].北京:金盾出版社,2001.

[8] 谷子林.肉兔无公害标准化养殖技术[M].石家庄:石家庄科技出版社,2006.

[9] 谷子林.怎样提高养獭兔效益[M].北京:金盾出版社,2007.

[10] 范光勤.工厂化养兔新技术[M].北京:中国农业出版社,2007.

[11] 谷子林.家兔饲料配方与配制[M].北京:中国农业出版社,2002.

[12] 张宝庆.养兔与兔病防治[M].北京:中国农业大学出版社,2004.

[13] 杨凤.动物营养学[M].北京:中国农业出版社,2002.

[14] 中国畜牧业年鉴编辑部.中国畜牧业年鉴.北京:中国农业出版社,2009.

[15] 王志恒.微生态制剂及纳米活化水在獭兔生产中的应用研究[D].河北农业大学硕士学位论文,2008.

[16] 孙利娜.獭兔日粮中玉米和豆粕不同添加水平的研究[D].河北农业大学硕士学位论文,2010.

[17] 李艳军.两种复方中药渣饲用和药用价值评价及利用研究[D].河北农业大学硕士学位论文,2011.

[18] M E Ensminger,张和平.家兔的营养需要及日粮配合[J].中国养兔杂志,1990(4):24-26.

[19] Lebas,张岳周.家兔饲养[J].国外畜牧学-草食家畜,1989(4):51-54.

[20] 朱瑾佳,EI-Masry K. A.,Nasr A. S.,等.不同气候条件及日粮补充硒+维生素 E 或锌对新西兰白兔血液成分和精液品质的影响[J].中国养兔杂志,1995(2):34-38.

[21] 刘世民,张力,常城,等.安哥拉毛兔营养需要量的研究[J].中国农业科学,1991,24(3):79-84.

[22] 刁其玉,张乃峰.非常规饲料资源开发与应用评价[J].饲料与畜牧,2011.

[23] 高振华,吕炳起,杨淑亚,等.不同营养水平的日粮对生长期獭兔生产性能的影响[J].河北畜牧兽医,2001,17(6):16-17.

[24] 汪平,简文素.不同营养水平对獭兔生长和毛皮品质影响的研究[J].四川草原,2003(2):21-24.

[25] 李佩健,李周权,王兴菊,等.粗纤维水平对断奶新西兰兔营养物质消化率的影响[J].中国饲料,2009,2:24-26.

[26] 谷子林,陈宝江,黄玉亭,等.市场低迷期家兔低碳增效途径探讨[J].全国家兔饲料营养与安全生产学术交流会论文集,2011,10-19.

[27] 谢晓红,郭志强,雷岷.当前我国兔饲料安全存在的隐患及应对策略[J].全国家兔饲料营养与安全生产学术交流会论文集,2011,27-31.

[28] 任克良,曹克,李燕平,等.饲料营养、饲养方式与家兔疾病发生相关性分析[J].全国家兔饲料营养与安全生产学术交流会论文集,2011,43-47.

[29] 唐良梅.中国养兔业发展现状与趋势分析[M].2011 中国畜牧兽医学会兔业分会高峰论坛,2011 年 5 月,青岛.

[30] 王敦清. 国外生态农业发展的经验及启示[J]. 江西师范大学学报:哲学社会科学版,2011,4(1):68-73.

[31] 李哲敏, 信丽媛. 国外生态农业发展及现状分析[J]. 浙江农业科学,2007(3):241-244.

[32] 任爱华. 国外生态农业发展的比较借鉴[J]. 农村・农业・农民(A 版),2004(12):26-27.